AF390220

COMPRENDRE
LES MATHEMATIQUES

Claude-Paul BRUTER

COMPRENDRE LES MATHEMATIQUES

Pour mes enfants
Pour tous les enfants

Introduction

Cet ouvrage s'adresse à trois catégories de lecteurs, naturellement tous intéressés par une meilleure connaissance du monde mathématique.

La première catégorie est celle des lecteurs du monde universitaire, étudiants en particulier, qui s'interrogent sur l'univers mathématique dont ils aperçoivent seulement quelques pans, souhaitent en avoir une vision plus globale, et éprouvent parfois des difficultés à assimiler les diverses notions qu'ils rencontrent. La première partie de cet ouvrage, purement littéraire, tente succinctement de leur décrire différents aspects du monde mathématique, de ses origines, de son devenir. La seconde partie s'efforce de leur venir en aide, de faciliter leur compréhension de certains chapitres de leur cursus. Dans un esprit quelque peu étranger à celui des manuels classiques, ces pages espèrent apporter des compléments d'intelligibilité à ces ouvrages, formellement bons par ailleurs, mais où tout est mécaniquement et froidement démontré et enchaîné pour satisfaire à une vocation de rigueur qui, certes, répond à une nécessité, mais a perdu ses racines. Elles veulent aussi, comme il est naturel, apporter au lecteur une petite ouverture sur des développements des mathématiques plus avancés, mais point forcément récents.

Le souci d'intelligibilité, qui sous-tend cet ouvrage, a toujours été partagé par les savants : ils se sont toujours efforcés de faire connaître autour d'eux la manière dont ils comprenaient les événements, d'autant plus que cette manière, à tort ou à raison, leur semblait être en progrès par rapport aux savoirs antérieurs. Les philosophes tels que Diderot, quelques très rares mathématiciens comme

Poincaré, les physiciens ont été animés par le souci d'éveiller la compréhension du public. À titre d'exemple, le livre récent de F. Lurçat, cité dans la bibliographie, entend apporter « une contribution à l'intelligibilité des sciences » : il explique les grands phénomènes de la physique, sans formule, et les étudiants seront ravis. Le thème de l'intelligibilité devient aujourd'hui un thème philosophique, et il est hautement significatif et réjouissant que l'école mathématique américaine l'aborde dans les colonnes du bulletin de son association (cf. l'article de Thurston, médaille Fields, cité en référence).

La seconde catégorie de lecteurs est celle des décideurs. Hommes politiques, administrateurs issus de corps divers, pédagogues siégeant dans des commissions, ils fixent le contenu des programmes d'enseignement, et, à travers leurs décisions, engagent l'avenir culturel, mais aussi peut-être économique et humain, de générations, d'un pays. Ils pourront se satisfaire de la lecture de la première partie de l'ouvrage : si les deux premiers chapitres portent principalement sur la nature et la place des mathématiques, le troisième concerne la pédagogie des mathématiques. Il apporte, en matière de conception des programmes et de pédagogie, des éléments de discussion forts, fidèles à une tradition dont Henri Poincaré s'est fait le héraut.

L'un des rôles majeurs de l'éducation est de former l'esprit des jeunes gens pour qu'ils soient mieux à même, notamment par leur équilibre intérieur, de supporter les souffrances, de venir à bout des épreuves quelle qu'en soit la nature, d'apporter leur contribution pour réduire autant que faire se peut, à l'échéance la plus brève possible, les désagréments que notre humanité peut connaître.

Une telle formation suppose qu'on développe et élargisse la sensibilité de l'être, et non point qu'on la restreigne, qu'on développe et élargisse à travers cette sensibilité aiguisée le souci de comprendre, et non point qu'on fige l'intelligence dans les limites d'un domaine de pensée borné. L'intuition de Poincaré lui a fait pressentir des évolutions dont il s'est alarmé. Il a craint que l'enseignement, en particulier celui des mathématiques, ne se dirige vers des formes qui émoussent la sensibilité plutôt qu'elles ne l'exercent, comme cela lui paraît nécessaire.

L'avenir lui aurait-il donné raison ? Le tout-puissant esprit juridique français, si contraire aux transformations souples, à l'initiative, n'en finit pas d'essayer de s'adapter à un enseignement de masse : on a cru nécessaire de sacrifier sur son autel les qualités éprouvées d'une tradition pédagogique qui, en soi, n'avait rien de spécialement élitiste ou bourgeois. Toujours est-il que l'enseignement de la géométrie classique s'est effondré ; il éprouve bien des difficultés à renaître de ses cendres, sous une forme ou sous une autre. Quant à l'enseignement de la géométrie des premières années de l'enseignement post-secondaire, il s'avance pour le moins tristement masqué derrière les paravents du formalisme et du calcul, ce qui, bien sûr, ne peut que précipiter une certaine faillite de l'enseignement des mathématiques à ce niveau. Parente pauvre de l'enseignement présent, l'accent a été mis ici sur la géométrie, ce terme devant être, dans cet ouvrage, pris dans un sens large.

La dernière catégorie de lecteurs est celle du public cultivé, public peut-être devenu plus rare, et donc plus attachant et plus précieux à sauvegarder. Contrairement à ce que laissent croire certains journaux, la culture ne se confond point avec le divertissement, quelle qu'en soit la qualité éventuelle ; le public auquel s'adresse l'ouvrage le sait. On rencontre bien sûr des cultures en quelque sorte spécialisées, comme la littéraire ou la scientifique : C.P. Snow les voyait dorénavant dissociées. La culture vraie les englobe au sein d'une unité de sensibilité et de pensée, qui permet d'atteindre une forme de sérénité, sans illusion, mais non dénuée d'espoirs.

Certains chapitres de la première partie ont été rédigés à l'instigation de quelques amis : Miguel Espinoza (chapitre I), Théodore Ivainer et Francis Bailly (chapitre II), Michèle Leclerc-Olive (chapitre IV). Après m'avoir accueilli aux Éditions Odile Jacob, Gérard Jorland a relu le manuscrit avec un grand soin, proposant maints allégements stylistiques, faisant part de ses interrogations et de ses suggestions. À tous, j'adresse ici mes vifs remerciements.

Je n'aurai garde enfin d'oublier l'ARPAM. Cet ouvrage n'aurait jamais vu le jour sans son inestimable concours matériel.

PREMIERE PARTIE

DES MATHEMATIQUES
POUR QUOI FAIRE ?

Chapitre I

Sur la pertinence des mathématiques

La place des mathématiques au sein des instances universitaires, dans la cité, est-elle appréciée à sa juste valeur ? De la réponse à cette question, d'une éternelle actualité, dépendent entre autres le statut immédiat des mathématiques, l'importance du rôle qu'elles vont jouer, la manière dont elles vont pouvoir se développer. On découvre ainsi rapidement la très grande ampleur de l'enjeu.

Il ne semble pas que cette problématique ait été abordée de manière systématique. Il n'existe pas d'organisme, de commission même, qui se penche régulièrement sur cette question. Comme souvent en économie, on s'en remet à la décision d'une sorte de main invisible qui fait surgir des confrontations quotidiennes, et à tous les niveaux d'organisation de la société, une réponse spontanée que seule l'observation des pratiques permettrait de formuler plus ou moins.

On ne saurait traiter en quelques lignes du problème de la place des mathématiques dans la société. En mentionnant trois aspects classiques de cette question, ce problème ne sera ici qu'effleuré. On se propose de dire simplement quelques mots sur les liens entre les mathématiques et les sciences fondamentales, sur les rapports entre les mathématiques et les sciences appliquées, enfin sur les mathématiques comme instrument de formation de l'individu et d'insertion dans la société.

LES MATHEMATIQUES ET LES SCIENCES FONDAMENTALES

Les mathématiques souffrent d'un manque de définition : ce manque traduit le caractère ouvert de cet être quasi biologique, protéiforme, en évolution, qui grandit, croît sans cesse, se développe dans des directions inconnues autrefois.

Cet épanouissement s'effectue selon des schémas de nature endogène et exogène. Certains schémas endogènes, en particulier les procédures et les méthodes de raisonnement, ont pu être formalisés, donnant naissance à la logique. Quoique éminemment utiles à connaître pour comprendre et caractériser l'être mathématique, ces schémas, dont l'étude remonte à Aristote au moins, ne sont pas traditionnellement inclus dans le corpus mathématique proprement dit ; ni Aristote lui-même ni Bourbaki encore n'ont accompli le pas de procéder à cette inclusion.

Les mécanismes créateurs de l'être mathématique proviennent de l'activité même de notre pensée, où la part de représentation est si importante. Ce sont les phénomènes physiques les plus stables à notre échelle de perception qui ont donné naissance aux notions fondatrices.

Citons par exemple la vaste étendue des phénomènes électromagnétiques, à laquelle se rattache l'optique classique dont la branche principale est la géométrie, euclidienne, projective : étude des ombres que font les figures éclairées par des faisceaux lumineux, étude des invariants de ces ombres lorsqu'on déplace ces faisceaux. La géométrie est donc initialement la théorie des contours apparents des objets, fussent-ils des territoires, grands ou petits, privés ou collectifs, et, à travers l'étude de ces contours, la théorie de leur organisation interne.

Des données d'ordre physique sont à la source des notions fondatrices des mathématiques. La construction de l'édifice mathématique lui-même repose également sur d'autres raisons. Elles peuvent être d'ordre sociologique, personnel, ou internes à la science elle-même : ainsi les nécessités de cohérence, de réalisation *a minima*, de mettre au jour la totalité des conséquences impliquées par les propriétés fondamentales ont fortement contribué à façonner l'édifice.

On a pu même penser que la création de la théorie des nombres ou celle des géométries non euclidiennes s'étaient accomplies en l'absence de références physiques. Dans ces deux exemples, le poids des facteurs endogènes est important, mais l'exemple géométrique est plus subtil qu'il ne paraît.

Les raisons qui ont conduit certains mathématiciens à fixer leur attention sur la recherche (vaine) d'une démonstration de l'axiome des parallèles (le cinquième postulat d'Euclide) sont assez claires : il est apparu rapidement que la propriété de parallélisme jouait un rôle central en géométrie euclidienne, gouvernant le théorème de Thalès à partir duquel s'organisent les démonstrations des principaux théorèmes. Il était d'autre part évident que cette propriété de physique locale apparente, le parallélisme de deux rayons lumineux voisins, pouvait n'avoir effectivement que valeur locale, et permettre du point de vue global toutes les variantes. Les premières ont été décrites par Apollonius, puis par Desargues, sur les bases de l'observation courante : la création de la géométrie projective ne doit rien à toute forme d'analyse logique des fondements.

Quant au traité de Lobatchevski, il est tout à fait clair que le souci d'apuration logique que l'auteur manifeste n'aurait pu conduire à un résultat s'il n'avait eu constamment sous ses yeux la présence physique de la géométrie sphérique, en laquelle par ailleurs l'astronome Gauss, directeur de l'observatoire de Göttingen, était passé maître.

Il est donc tout à fait illusoire de croire que la naissance des géométries non euclidiennes est due au seul souci rationnel de l'esprit.

Le cas de la théorie des nombres est différent. Certes le modèle premier de l'arithmétique est de nature physique. Imaginons une salle, un espace peuplé d'objets : le modèle de l'arithmétique consiste en la description de cet espace par l'intermédiaire de ces objets, dont on affecte d'ignorer toutes les propriétés hormis celles de leur existence et de leur présence dans l'espace considéré. Si je dis « quatre », se dessine d'abord dans l'espace mental la vision fugace d'une salle où figurent effectivement quatre objets dont la localisation, la forme, la couleur, le poids physique, la pesanteur sociologique, etc., n'ont ici aucune portée : quatre est ce *modèle de présence*, mais qui, bien sûr, représente de manière potentielle une énergie physique.

Il faut souligner le caractère rudimentaire de ce modèle, qui lui assure sa grande généralité, en fait souvent la force, et le rend apte à un usage formel. C'est à propos de ce modèle que l'on peut mieux faire apparaître, à un premier niveau, les effets positifs du travail interne auquel se livrent les mathématiciens, à travers la création de corps de nombres, à travers la recherche de classifications et d'invariants de classes. On notera le caractère abstrait des corps créés, le temps qu'il a fallu pour admettre au moins l'un des premiers d'entre eux, celui des complexes, justement parce qu'il n'a pas de répondant physique immédiatement perceptible. L'univers physique auquel il s'applique en premier est celui de l'électromagnétisme qui, hormis le phénomène lumineux, échappe entièrement à nos sens. On notera aussi le rôle physique, majeur, joué par le mouvement dans la genèse de ces nouvelles études, ce qui atténue fortement l'importance que l'on pourrait attribuer à l'analyse structurale proprement dite, qui se ferait *a priori* : de manière générale, comme le pensait Cayley au siècle dernier, il est possible de faire apparaître tout groupe comme un groupe de mouvements, le plus ancien et le premier étudié étant celui des permutations. La permutation d'objets suppose bien sûr la possibilité de les mouvoir. L'interprétation d'une permutation comme une réflexion dans un miroir situé dans un plan médiateur entre les deux objets nous ramène au rôle fondateur joué par l'optique dans le développement des mathématiques.

Une bonne partie de l'algèbre et des mathématiques concerne l'invariance, rattachée évidemment au concept naturel de stabilité, de propriétés, de structures, etc., par rapport à des mouvements : des repères, des objets, ou des cheminements pour les atteindre, les parcourir et les décrire.

C'est encore la physique, exogène, qui aura fourni le concept fondamental. Mais il arrive que ce soit le formel, l'endogène, qui fasse apparaître l'objet nouveau, tantôt comme objet limite obtenu à la suite d'une infinité de démarches opérées sur des objets d'un monde connu, tantôt et souvent dans une première étape, comme objet situé au-delà de la frontière de ce monde.

La stabilité, prodigieuse, des phénomènes optiques, celle, acceptée, des objets, autorisent l'établissement de liens durables entre propriétés ; elles justifient la pérennité des causalités internes aux démonstrations et aux processus constructifs de la géométrie. L'implication « la proposition A entraîne la proposition B » n'est valide qu'en raison d'abord de la stabilité de la proposition A, des objets et sous-objets sur lesquels porte cette proposition, lesquels ont donné naissance à un corps d'énoncés décrivant leurs propriétés, contenus de manière implicite ou explicite dans le discours associé à A. L'émergence de B provient ou bien d'un réaménagement de l'enchaînement des énoncés à l'intérieur de ce corps, ou bien, plus généralement, de l'introduction exogène, physiquement admise au sein de la théorie, soit du changement du repère d'observation, de la procédure d'observation, du support de la représentation, soit d'une restriction à l'une des propriétés mises en jeu, ou au contraire d'une extension supputée ou déjà reconnue possible de l'une des propriétés, voire de l'ajout d'une propriété nouvelle.

Ces considérations ne portent pas de manière exclusive sur la géométrie classique. Elles concernent au contraire toutes les branches de l'édifice mathématique. Celui-ci apparaît alors comme un ensemble d'univers physiques abstraits, extraits du monde quotidien par oblitération de certaines propriétés qui ne jouent aucun rôle apparent dans l'architecture et dans la construction de l'édifice.

Cette physique théorique et abstraite, traitant de la nature, de l'occupation, des transformations et des métriques de l'espace, tire sa validité de la véracité des observations premières qui en constituent les soubassements, ainsi que de leur perennité spatio-temporelle. La mathématique, en tant que réalisatrice d'expériences de pensée, en tant que réflexion sur le monde physique, constitue ainsi le prolongement naturel et obligé de la physique dans laquelle elle trouve ses véritables fondements ; en retour, ses développements permettent d'approfondir la connaissance du monde physique, de voir ou même de prévoir des comportements ou des propriétés qui avaient encore échappé à la sagacité des chercheurs.

Bien des siècles peuvent s'écouler entre le moment où se réalise un travail mathématique et celui de son utilisation. Dix-huit siècles séparent l'étude des coniques par Apollonius de Perge de leur emploi par Kepler. Le problème de la manière dont la nature remplit l'espace par la matière est évidemment parmi les plus passionnants. Si l'on s'attache à un remplissage régulier de l'espace, on est amené à étudier la théorie des polyèdres, celle des groupes cristallographiques, plus généralement celle des pavages. Les cinq polyèdres réguliers euclidiens sont connus depuis Platon, les treize polyèdres euclidiens semi-réguliers sont connus depuis Archimède : ce n'est qu'aujourd'hui, vingt et un siècles donc après la découverte d'Archimède, que les chimistes ont pu utiliser ces travaux pour étudier les fullerènes, des corps nouveaux dans notre proche environnement. On peut s'interroger : dans combien d'années, dans quels domaines utilisera-t-on les polyèdres hyperboliques sur lesquels travaillent aujourd'hui divers mathématiciens ?

Ces deux derniers exemples montrent, avec assez d'éloquence, l'intérêt majeur de la spéculation mathématique, la nécessité d'en maintenir la vitalité si l'on veut accroître notre connaissance de l'univers physique et développer notre capacité à prévenir les effets catastrophiques que des transformations locales de cet univers pourraient avoir sur notre humanité, si l'on veut aussi pouvoir se doter d'objets nouveaux propres à mieux assurer notre protection et notre bien-être. Ces exemples montrent aussi la nécessité de faire preuve d'une grande patience, d'une grande tolérance, d'une sagesse à l'égard de cette même spéculation, qui nous apprend aussi à projeter un regard lointain, et parfois optimiste, sur l'avenir.

LES MATHEMATIQUES ET LES SCIENCES APPLIQUEES

La découverte, le choix des concepts féconds ont été le fait de quelques hommes seulement, illustres par leur puissance de pénétration. La justesse de leur intuition et la finesse de leurs remarques, corroborées plus tard par les observations physiques, ont assuré la pertinence des théories mathématiques qu'ils ont contribué à créer et à développer. Il est remarquable que ces grands esprits – citons par exemple Archimède – aient manifesté de l'aversion pour les mathématiques appliquées, telles que les conçoivent par exemple les biologistes ou les chimistes qui se trouvent éloignés, par leurs conceptions et leurs pratiques, des sciences fondamentales.

Ceux qui ignorent la mathématique font parfois preuve d'une grande naïveté à leur égard : ils la croient toute-puissante, capable de modéliser sur-le-champ le phénomène qu'ils ne comprennent pas, de suggérer l'expérience cruciale qui donnera corps à une intuition encore très obscure. Les mathématiciens sont beaucoup plus modestes dans leurs ambitions et recommandent la prudence avec certains illusionnistes qui, succombant peut-être eux-mêmes à la magie de leur propre verbe émaillé de termes mathématiques, impressionnent quelques personnes dans un auditoire crédule.

Les mathématiques appliquées n'ont pas, non plus, de statut bien défini. On conçoit souvent le mathématicien appliqué comme un technicien chargé de mettre en marche le moteur d'une machine qui conduira à la solution du problème que s'est posé un créateur de modèle. Ce mathématicien peut être lui-même associé à la création du modèle, voire en être le concepteur. Mais, plus souvent, placé entre le marteau du puriste et l'enclume de l'utilisateur, il met en œuvre les méthodes élaborées par d'autres mathématiciens purs. Tel qu'il est formé à l'heure actuelle, il est en général spécialisé dans l'emploi d'une certaine technique (équations différentielles, analyse fonctionnelle, optimisation, statistiques). Cette spécialisation a tendance à mouler l'esprit dans une sorte de corset mental. Elle peut ainsi avoir un effet néfaste sur les facultés d'imagination, au point d'empêcher toute ouverture sur des théories nouvelles plus puissantes que les anciennes, peut-être parce qu'elles font appel à des concepts de base situés en dehors du champ de spécialité. En s'en tenant au seul numérique, le mathématicien ferait fausse route : les théories n'ont de pertinence pour les applications que par la valeur de leur arrière-plan géométrique. La géométrisation des objets et des processus est le grand procédé par lequel nous avons pu progresser dans la connaissance de la nature. Ce procédé est constamment utilisé dans les mathématiques elles-mêmes, comme vient de le montrer encore avec éclat la preuve récente d'un célèbre théorème d'arithmétique. En matière d'équations aux dérivées partielles, dont l'emploi est constant en physique, la seule théorie permettant d'obtenir un calcul effectif des solutions, celle de W. Shi, est encore une théorie géométrique.

En général, le mathématicien dit appliqué n'est pas un géomètre *stricto sensu*, sinon il aurait sans doute choisi de pratiquer d'autres formes de mathématiques. Or, en dehors du numérique pur qui a son intuition particulière, chaleureuse et subtile, c'est, soutenue certes par un arrière-plan rationnel, par une sorte de vision spatiale, de nature physique, que l'on comprend les phénomènes, que l'on voit des propriétés. Si donc les capacités du fin calculateur lui font défaut, le mathématicien appliqué restera en porte à faux tant vis-à-vis du mathématicien dit pur qu'à l'égard de celui qui aura fait appel à lui.

Ainsi, sur le plan de la connaissance mathématique, le mathématicien appliqué n'apporte pas toujours de résultat significatif, le mathématicien pur non plus, bien sûr, soit parce qu'il n'a pas encore eu la chance d'être frappé par la grâce, soit parce qu'il lui manque la pratique profonde de la discipline dans laquelle opère son modèle, et qui lui permettrait d'entrevoir des propriétés intéressantes, originales : ayant deviné leur présence, il les ferait surgir du modèle, découvrant ainsi peut-être des propriétés mathématiques nouvelles. Un exemple de réussite dans ce sens est le travail de Lorenz en 1962 qui a représenté une évolution hydrodynamique par une équation différentielle, laquelle a permis de découvrir le premier attracteur étrange.

Les cas de succès analogues sont aussi rares que célèbres. Ils ne sont pas d'ailleurs le fait de mathématiciens appliqués en tant que tels, mais de physiciens faisant preuve d'une grande pénétration dans leur domaine, connaissant également assez de mathématiques pour formuler convenablement leur problème, et, de cette formulation, en tirer la quintessence. L'espoir de voir les mathématiques appliquées parvenir à des résultats de cette nature est plutôt fragile, pour des raisons qui tiennent en grande partie aux capacités intrinsèques des individus et à leur formation scientifique actuellement incomplète.

Par ailleurs, certains modèles sur lesquels travaillent ou pourraient travailler des mathématiciens appliqués n'ont guère de pertinence. Bien des modèles biologiques ou économiques, eu égard à la très riche réalité sous-jacente, apparaissent comme trop simplificateurs pour présenter un intérêt. Faut-il rappeler que Max Planck commença par étudier l'économie qu'il abandonna pour la physique, s'apercevant très vite de la complexité du sujet ? La biologie théorique se cherche, au même titre que l'économie théorique. En dehors de certains modèles relevant de la microéconomie, en particulier ceux qui touchent la gestion et l'organisation des entreprises (par exemple les modèles de contrôle de fabrication ou de gestion des stocks), les théories économiques et les modèles qui en relèvent, comme par exemple celui de Debreu, ne sont encore que des exercices d'école. On sait bien que les modèles sont, entre autres, parfois utilisés pour justifier par le mirage du discours mathématique des présupposés de diverse nature. Parler de mathématiques biologiques ou économiques est pour le moment abusif. Contrairement à ceux, en général, de la physique, les modèles inspirés par la biologie ou l'économie n'ont pas encore été la source de structures, de théories ou d'énoncés marquants, même si certains, comme les jeux, les automates, les réseaux, ont atteint un statut déjà enviable. Par énoncé marquant, entendons celui d'un fait ou d'une propriété jouant un rôle important dans différentes branches des mathématiques. Nul n'en déduirait, bien sûr, que toute recherche dans ces domaines doit se défaire de l'emploi des mathématiques ; bien au contraire, ces recherches demandent des efforts de réflexion accrus et sous-tendus par de très vastes connaissances.

Les propos précédents, reflets d'une impression générale, jettent bien sûr quelques doutes sur la pertinence des mathématiques appliquées, telles qu'elles peuvent être pratiquées. Le statut psychologique du mathématicien appliqué est naturellement victime de ce statut scientifique.

Pourtant, les mathématiciens appliqués, dans notre pays tout au moins, ont pris une place grandissante : des raisons d'ordre scientifique sérieuses se sont ajoutées à des raisons socio-psychologiques et politiques. La communauté mathématique, pour mieux assurer sa pérennité et son développement, a joué la carte des mathématiques appliquées auprès des pouvoirs publics, chez qui le court terme et l'utilitaire immédiat pèsent d'un très grand poids. Des raisons objectives se conjuguaient à ces raisons stratégiques : le développement des industries liées à l'atome, le déplacement dans l'espace, l'armement, la télécommunication et l'informatique, la mise en application des méthodes modernes de gestion, nécessitent la formation d'ingénieurs et de techniciens dotés d'un savoir mathématique adapté à leur fonction de recherche et de mise au point pratique de techniques nouvelles, au moins capables de comprendre le fonctionnement de ces produits nouveaux pour mieux en vanter les mérites. Ne serait-ce que pour ces raisons d'ordre industriel et commercial, la place des mathématiques appliquées méritait d'être davantage reconnue. Par ailleurs, les mathématiciens appliqués (analystes fonctionnels appliqués, statisticiens), qui souffraient d'un manque de reconnaissance honorifique de la part des puristes, se sont rassemblés en un groupe de pression très actif, lequel, pour ces mêmes raisons, a su s'imposer, notamment au sein de la plupart des instances nouvelles. Mais, animés de passions engendrées par les blessures anciennes, leur influence sur la conception des programmes d'enseignement n'a pas toujours été heureuse.

SUR DIVERSES CONCEPTIONS DE L'EMPLOI DES MATHÉMATIQUES

Avant d'aborder la question pédagogique, il convient de dire quelques mots sur les manières de concevoir l'emploi des mathématiques.

La première manière, traditionnelle et qui imprègne encore avec tant de force l'esprit de beaucoup, est essentiellement métrique en ce sens que le quantitatif y joue le rôle de premier plan. Pour certains, les mathématiques ne sont qu'un outil domestique destiné à leur donner une appréciation chiffrée, une description numérique, une prévision quantitative.

L'univers topologique sous-jacent au monde géométrique n'a été dévoilé qu'à partir du siècle dernier. Poincaré, après avoir démontré l'impossibilité de donner des solutions analytiques au problème à n corps, a pris conscience que, pour nombre de problèmes, la prévision de nature topologique, non quantitative, était ce que l'on pouvait faire de mieux. On notera que le renoncement à un idéal de prévision complètement quantifiée sauvegarde l'essentiel : la compréhension des phénomènes.

En l'occurrence, il s'agit encore de phénomènes physiques, c'est-à-dire se rapportant à des systèmes relativement simples, homogènes quant à la nature de ses constituants au nombre gigantesque, et sur lesquels agissent des champs de même nature.

Si l'on quitte le domaine des systèmes physiques ou des systèmes de constitution analogue, on rencontre les systèmes biologiques, économiques, les sociétés animales et humaines : il arrive qu'on puisse faire des modélisations de type physique parce que les conditions de constitution et de nombre sont réunies. Mais en général le niveau de complexité y est tel que le quantitatif n'est, pour l'instant, que rarement accessible, et même, le plus souvent, nous savons encore trop mal représenter ces systèmes pour pouvoir utiliser efficacement les outils topologiques et en déduire des prévisions qualitatives. Cependant, dans certains cas, ces outils, sous forme de modèles locaux analogiques, ont pu être utilisés avec un succès sociologique relatif non point pour prévoir, mais pour comprendre, ou tout au moins pour faire éprouver le sentiment rassurant que l'on comprend ce qui advient.

Les mathématiques ont cette vertu d'exemplifier certaines situations, certains comportements, et finalement d'en montrer l'universalité. Elles ont contribué à révéler l'importance de concepts facilement accessibles tels que la stabilité, la singularité, la bifurcation, et issus de l'examen attentif de situations physiques. Ce sont des concepts de nature dynamique, en rapport direct avec la manière dont se structurent tous les milieux en évolution, qu'ils soient physiques ou non.

Leur seul emploi permet de comprendre, ou même de justifier, la présence de nombreuses structures morphologiques, de bien des phénomènes des mondes biologique et social. Pourquoi cela ? Dans sa démarche, la pensée postule l'existence d'un modèle du phénomène ; elle n'a pas besoin de connaître ce modèle explicitement pour envisager les conditions, les modalités et les caractéristiques de son évolution. À ce niveau de généralité, la recherche d'une prévision qualitative est abandonnée, pour un temps au moins. Reste seulement la compréhension de la structure spatio-temporelle du phénomène, voire simplement l'acceptabilité de son existence.

Les mathématiques ne sont plus alors conçues comme outils de représentation explicite et de prévisibilité parfaite, mais plutôt comme outils conceptuels. Elles font figure d'instrument universel d'intelligibilité. Telle est l'une de leurs principales fonctions.

LES MATHÉMATIQUES ET LA FORMATION DE LA PENSÉE

Il semblerait alors nécessaire que chacun puisse être formé au maniement de l'outil mathématique, pour être à même d'utiliser les capacités étendues de cet outil à la représentation des situations, à la simulation de leurs évolutions, à l'intelligibilité des faits.

Toutes les sociétés un peu évoluées sur les plans technique et marchand ont bien sûr reconnu cette valeur pragmatique des mathématiques, et ont accompli les efforts nécessaires pour dispenser des enseignements répondant aux exigences économiques de l'époque. Le développement récent et important des mathématiques appliquées témoigne de cette attention du pouvoir politique.

Paradoxalement, dans le même temps, les médias ont dénigré les mathématiques. On dénonçait « l'impérialisme des mathématiques », présentées comme l'instrument principal de sélection. Si donc les mathématiques ont servi d'outil de sélection, alors les hommes qui tiennent aujourd'hui en main les rênes du pouvoir immédiat, politique, administratif ou financier, ont été choisis sur leur aptitude à faire des mathématiques. Or que constate-t-on en fait à la lecture des *curriculum vitae* de tous ces hauts responsables ? Ils n'ont pas, en général, de formation scientifique. Les médias n'ont-ils pas assené, propagé des contre-vérités ? Pourquoi ?

Il est exact que les mathématiques ont tenu une place importante dans le système d'enseignement des sociétés occidentales, surtout de la société française moderne. On connaît la fonction que leur attribuait Platon dans la formation du citoyen de sa République idéale. On connaît aussi le rôle joué par les mathématiciens pendant la première République et au cours du premier Empire. Lazare Carnot a été non seulement l'« organisateur de la victoire », mais aussi le créateur de l'École polytechnique, avec son ancien professeur Monge, un des meilleurs amis de Napoléon Bonaparte. Chez eux, la géométrie, « accessible » ou non (la géométrie non accessible se confond dans leur esprit avec le génie et l'intuition), était souveraine : les premiers recrutements à l'École polytechnique se faisaient sur la base d'une seule épreuve de géométrie. Les conceptions pédagogiques de ces deux maîtres ont contribué à modeler le paysage pédagogique français jusqu'au seuil des années 1980.

Le développement considérable des sciences a obligé l'empire des disciplines classiques à se rétrécir. Seuls le français et les mathématiques ont conservé une place importante. Mais le contenu des programmes a été beaucoup modifié.

Les premières révisions des années 1960 ont été apportées dans le souci très légitime de moderniser le contenu des enseignements. Alors que plusieurs siècles d'expérience avaient permis d'asseoir le contenu et la pédagogie des anciens programmes, qui, sur le plan de la formation intellectuelle, donnaient d'excellents résultats, les premières réformes ont été conçues sur des bases psychologiques incorrectes, et appliquées de manière hâtive, dans de mauvaises conditions puisque les enseignants n'étaient nullement formés pour assurer ces nouveaux enseignements. Au fil des ans, des corrections ont été apportées, et la réforme s'est étendue à toutes les classes du secondaire avec un résultat honorable sur le plan mathématique. Quelques années supplémentaires auraient permis d'améliorer la qualité de cet enseignement.

Celui-ci a finalement été détruit au cours des années quatre-vingt. Plusieurs causes se sont évidemment conjuguées pour aboutir à cette issue.

1. Les premières années du remodelage ont laissé de mauvais souvenirs, et imprimé une mauvaise image de marque aux mathématiques.

2. Le contenu psychologique et scientifique des nouveaux programmes n'a jamais été fameux, et il a contribué au rejet des mathématiques. Il faut rappeler que la communauté mathématicienne était divisée sur le contenu des programmes. Qu'on se souvienne des réserves de Denjoy ou de Thom, ce dernier assurément moderne, qui soulignait les mérites de l'enseignement de la vieille géométrie euclidienne dans le secondaire. Quoi qu'il en soit, un certain contenu a prévalu, pas assez bien pensé il faut le croire, puisqu'il n'a pas survécu.

3. Une dernière cause, et non des moindres, qui a conduit à la situation actuelle, est de nature sociologique et politique. Le niveau du chômage montait. N'était-il pas judicieux d'essayer de le stabiliser en retardant l'arrivée des jeunes sur le marché du travail tout en profitant du délai supplémentaire accordé avant l'entrée dans la vie active pour améliorer la qualité professionnelle et culturelle de cette future main-d'œuvre ? Tel, semble-t-il, a été l'un des ressorts véritables des politiques éducatives suivies par nos gouvernants pendant plusieurs années.

Comment faire aboutir, au moindre coût et *rapidement*, car les échéances électorales et les contraintes économiques étaient là, une telle politique qui, dans son principe, n'a rien d'offensant ?

Une procédure d'urgence s'est imposée : supprimer les principaux obstacles qui détournaient les moins aptes des études, allonger la durée moyenne nécessaire à l'acquisition des connaissances, tout en exerçant une intense action psychologique auprès des familles et des enseignants pour faire valoir le bien-fondé des réformes proposées et entraîner l'adhésion, pour masquer aussi la perte obligatoire de qualité engendrée par cette politique hâtive.

Les enseignements littéraires et celui des mathématiques ont fini par être attaqués de front. Le résultat de cette politique a été le suivant : les élèves du secondaire n'ont plus l'esprit structuré par une théorie qu'ils dominent, on leur apprend des résultats parcellaires et hybrides, sans pratique ferme de la démonstration. Comment s'étonner que, pour la plupart, les nouveaux étudiants de nos universités n'aient aucune base sérieuse en mathématiques, éprouvent tant de difficulté à trouver une explication, ne savent même pas construire un raisonnement ! Un collègue va même jusqu'à dire que ces étudiants ont l'esprit déformé. *Et ces défauts, on les retrouve dans toutes les disciplines !*

Avant de rappeler les mérites de la formation de l'esprit par les mathématiques, posons encore une question, dont on voudra bien peut-être pardonner la trivialité. Tout pays a besoin d'être conduit au mieux. Les hommes chargés de le diriger font partie de ce qu'on appelle « l'élite intellectuelle » de la nation, ils doivent donc recevoir la meilleure formation possible. Est-il admissible que cette future élite, tout entière façonnée dans le même creuset jusqu'à sa majorité, le soit constamment dans un moule présentant de telles déficiences ?

Venons-en à la partie finale de ce propos, à savoir pourquoi tous les enfants méritent de recevoir un véritable enseignement de mathématique, à travers un bref rappel des vertus formatrices d'un tel enseignement : structuration de l'esprit, entraînement aux formes diverses du raisonnement qui aident à reconstruire l'enchaînement des causalités du monde physique, entretien de la mémoire, des facultés d'attention et de persévérance, développement de l'intuition spatiale et des capacités de représentation, d'analyse, de synthèse, d'imagination.

Du point de vue de la formation de l'esprit, l'avantage des mathématiques reste inégalé, car aucune autre discipline ne permet d'atteindre autant d'objectifs avec autant de pugnacité, de densité, de rapidité.

Il est remarquable et étonnant que les programmes d'enseignement n'aient pas été forgés avec ce souci premier de former l'esprit. Ils ont apparemment davantage été conçus dans une perspective utilitaire et immédiate. Les programmes furent établis, semble-t-il, en tenant compte avant tout des intérêts soit des mathématiciens pour leur Église, soit des physiciens pour leur pratique. Une conception de l'enseignement des mathématiques uniquement fondée sur ces intérêts serait sectaire, naïve et préjudiciable : sectaire évidemment, naïve et préjudiciable car le remplissage d'un réservoir mal fait ne saurait être optimal, le fonctionnement d'une machine mal conçue sera toujours déficient.

On imagine volontiers qu'interrogés sur le contenu de programmes orientés d'abord vers la formation de l'esprit, même prenant en compte les facteurs psychologiques, les mathématiciens puissent répondre de manière diverse. Voici trois des points de vue qui mériteraient une discussion.

La démonstration doit être réhabilitée dans le secondaire : les élèves doivent connaître les faits mathématiques en même temps que leur preuve. S'il n'a pas l'intelligence immédiate d'un énoncé et de sa démonstration, l'élève entraînera son esprit à la réflexion, à l'observation, au raisonnement, apprenant l'effort sur soi-même pour parvenir à ce degré de compréhension et de maîtrise à partir duquel la démonstration autant que l'énoncé paraissent naturels. Cet exercice lui sera utile non seulement pour apprendre plus facilement les mathématiques qui viendront dans la suite, mais également dans son étude du monde physique qui requiert les mêmes qualités mentales.

En second lieu, il serait nécessaire que l'élève finisse par connaître une partie des mathématiques assez importante pour éprouver le sentiment de dominer une théorie. Ainsi formera-t-il son esprit à la synthèse, par l'apprentissage progressif d'un tout quelque peu complexe mais organisé de manière harmonieuse. Dans un monde envahi d'informations, compliqué, difficile, dangereux, il paraît indispensable de développer en chacun cette capacité de synthèse qui soutient le jugement.

En dernier lieu, il convient de développer la vision spatiale et l'intuition géométrique tout en faisant apparaître les premiers éléments descriptifs formels qui sont de puissants outils techniques de démonstration. La raison principale de ce choix vient du fait que toutes les sciences, mathématiques comprises, comme nous l'avons déjà dit, traitent en définitive, sous une forme ou sous une autre, de l'espace – sa définition, sa structure, les objets qu'il peut contenir, leur comportement –, de sorte que les exercices mentaux portant sur la représentation spatiale contribuent au développement de l'intelligence intuitive et rationnelle de la nature.

On tiendra compte aussi de ce que la réalité est spatiale avant d'être formelle, du fait également que le topologique a une primauté sur le métrique : ce qui caractérise la vie est la différenciation progressive de singularités totipotentes, différenciation accompagnée d'une cristallisation progressive au caractère métrique de plus en plus accentué. Ainsi, par exemple, le bébé a une perception topologique de l'espace, et il élabore petit à petit ses repères métriques, selon une, puis deux et trois dimensions.

L'enseignement des mathématiques traditionnel a cru bien faire en oblitérant le topologique et en fixant la perception de l'espace sur l'uni- puis le bidimensionnel. On ne peut alors s'étonner de l'énorme difficulté que rencontrent les étudiants à se représenter les objets mathématiques dans l'espace ordinaire, à comprendre les faits d'analyse, faute de la compréhension géométrique des résultats et des mécanismes traduits numériquement ou formellement. La conséquence de cette habitude pédagogique rigide et limitée, c'est un frein à l'imagination, à l'intuition : il faut rompre avec une telle habitude mutilante.

Ainsi, dans l'enseignement secondaire où l'emploi utilitaire des mathématiques est très restreint, mais où, par contre, le caractère formateur des mathématiques est prépondérant, il apparaît nécessaire de soutenir et d'asseoir la perception topologique initiale tout en assurant une formation géométrique sérieuse. L'adhésion à ces nouvelles formes d'enseignement de la géométrie, prise dans un sens large, sera d'autant plus vive que l'accompagnera la stimulation des affects provoqués par la vue des merveilleuses réalisations artistiques que l'alliance de la couleur et de la géométrie parvient aujourd'hui à réaliser.

Sur la pertinence psychologique des mathématiques

Cette dernière remarque a l'apparence anodine d'une petite remarque d'ordre technique sur la pédagogie des mathématiques. Mais, à l'évidence, elle s'insère dans un cadre beaucoup plus général et profond qui concerne les rapports que l'homme entretient avec la société, la nature, et où affleure un autre aspect, et non des moindres, de la pertinence des mathématiques.

Peut-on encore, de nos jours, faire le rêve platonicien, caresser l'espoir de parvenir à construire un monde harmonieux, beau, dans lequel tous les hommes puissent éprouver constamment une joie intérieure qui illumine leur vie ? Les cataclysmes de la nature, qui se joue de notre impuissance, les événements tragiques qui ont jalonné et secouent toujours l'histoire des hommes, ont tendance à détruire un optimisme inné ou immédiat. Pourtant, l'homme a besoin du rêve pour concevoir de meilleures organisations, il a besoin de s'évader, par moments, de la réalité et de reposer son psychisme afin de reprendre assez de forces intérieures pour pouvoir affronter à nouveau les difficultés quotidiennes. L'homme est ici un enfant.

Les constructions ou modèles mathématiques apparaissent alors parfois comme des jouets, inoffensifs, initiatiques et curatifs, avec lesquels les hommes peuvent faire travailler leur imagination, se donner de l'importance et une raison d'être, construire des mondes parfois baroques, dévoiler les fantasmes qui peuplent leur esprit et dont ils se délivrent par le jeu. Sans doute ces jouets n'ont-ils pas exactement les mêmes fonctions chez les adultes et chez les enfants. Mais les uns et les autres partagent à leur égard des réactions communes dans la mesure où ils pratiquent les mêmes opérations mentales et de la même manière.

Ces réactions, parce qu'elles sont d'ordre affectif, marquent les individus : découragement et parfois rejet de la part de ceux qui éprouvent quelque difficulté, quelles qu'en soient les raisons, à comprendre et interpréter le discours mathématique, enthousiasme au contraire de la part d'autres, tenaces, stimulés par la difficulté à vaincre, joyeux de l'avoir surmontée, excités par le merveilleux d'une démonstration où la perfection du raisonnement n'a pas voilé l'éclat de l'étincelle divinatoire, épanouis enfin par la beauté de la perspective des théorèmes réunis en une théorie harmonieuse.

Une bonne intelligence des programmes donnerait à chacun la possibilité d'éprouver ces plaisirs de l'intellect qui contribuent à la stabilité psychique des individus. Les mathématiques ont, par ce rôle affectif, une pertinence psychologique particulière dans l'insertion de l'être au sein de la société. Il n'est pas exclu qu'à l'avenir ce rôle ne devienne plus important.

L'homme trouve son équilibre dans la chaleur de la diversité protectrice, où règne, selon Héraclite, « une harmonie des tensions opposées ». Le cadre visuel d'autrefois, fixé par l'œil des peintres, était plus le fait de la nature que celui des hommes. Il est vraisemblable que le paysage visuel de demain sera davantage l'œuvre de l'homme, et que, dans ce nouveau monde, la richesse de la combinatoire assurera la diversité requise, alors que les symétries de formes et de dispositions continueront de révéler la présence d'équilibres internes de forces, peut-être fictives, exerçant autour d'elles une action apaisante.

L'œuvre artistique, qui flatte les sens et apaise l'âme, réunit la vitalité réjouissante de la couleur, la vibration émotive des sons, les propriétés charnelles des formes, dans un univers d'équilibre. Il se trouve que l'objet mathématique est en général une œuvre d'art conceptuelle, que les moyens techniques d'aujourd'hui permettent de rendre visible, manipulable, presque palpable par tout un chacun. Ainsi, le groupe cristallographique élémentaire que constituent les frises et qui possède sept éléments, est évidemment entièrement représentable en couleurs sur un écran d'ordinateur ou sur une feuille de papier. Voici une représentation figurée du premier et du dernier élément du groupe :

Par ce biais de la représentation matérielle, les mathématiques permettent de créer autour de chaque personne un environnement local, peuplé de beaux objets, et donc favorable à l'épanouissement de l'être.

Dans cette optique un peu futuriste, la pertinence des mathématiques ne concerne plus seulement la représentation et l'intelligibilité du monde, la formation intellectuelle des jeunes gens, mais aussi, par le contact permanent avec l'expression artistique des objets mathématiques, le précieux maintien de l'équilibre individuel dans un monde où l'être est souvent impuissant devant les facéties des tourbillons quelquefois cartésiens du ciel et de la vie.

Chapitre II

La mathématique,
science expérimentale ?

Est-il sensé d'aller, apparemment, à l'encontre des bons auteurs ? Dans *La Science et l'hypothèse*, Henri Poincaré écrit : « On voit que l'expérience joue un rôle indispensable dans la genèse de la géométrie ; mais ce serait une erreur d'en conclure que la géométrie est une science expérimentale. » Et il consacre un chapitre entier à étayer ce propos.

Si donc la géométrie elle-même n'est pas une science expérimentale, il est certain que les mathématiques en général ne peuvent l'être.

Naturellement, le propos de Poincaré est lié à sa définition précise d'une discipline expérimentale : son objet est la matière, le tangible, le concret. Avez-vous déjà rencontré en effet un géomètre en train de construire et de manipuler dans un laboratoire un système optique pour essayer de découvrir un nouveau théorème de géométrie euclidienne, sphérique, ou mieux hyperbolique, dont il publierait l'énoncé par exemple dans un journal de mathématiques expérimentales ? La question fait sourire.

Or un tel journal existe. Est-ce donc un journal d'ignorants ou d'humoristes ? Plein d'humour, probablement. Ignorants ? Certes pas : des médailles Fields figurent dans son comité éditorial.

Doit-on alors penser qu'ont poussé de nouvelles branches des mathématiques qui méritent le titre d'expérimentales ? Non. La réponse serait-elle à trouver dans un élargissement implicite de la définition de science expérimentale ? Nous allons reconnaître que, comme les sciences expérimentales, les mathématiques sont une science de représentation et d'observation, une science de manipulation, une science hypothético-déductive, une science de preuves. Mais on verra bien sûr que les mathématiques possèdent des caractères spécifiques, qui les différencient des sciences proprement expérimentales.

LA MATHÉMATIQUE, SCIENCE DE REPRÉSENTATION ET D'OBSERVATION

• *La mathématique, science de représentation*

Le propre de toute activité humaine impliquant la pensée est de représenter et en même temps d'observer : représentation et observation directe par les sens, ou au second degré par des artéfacts qui décuplent leurs pouvoirs ; représentation simplement mentale et souvent immédiate, ou bien représentation différée et réalisée sur des supports physiques qui la rendent visible.

Comme en d'autres domaines, la création, l'invention des représentations joue un rôle des plus importants dans le progrès des mathématiques. Ces représentations se font à trois niveaux.

Le niveau mental, le premier, fondamental, s'établit par le prolongement de l'activité sensori-motrice. C'est à ce niveau que le mathématicien travaille avant tout.

Le second niveau est le niveau physique : sable et doigt, papier, carton et crayon, écran et souris sont les instruments des représentations à ce niveau. On rendra hommage, en passant, au rôle majeur que joue la technologie ; la création du matériau malléable, argile, métal, verre, a permis celle d'objets ; l'invention du papier, du compas, de l'ordinateur, a facilité la découverte de formes insoupçonnées. Cette représentation appelée « dessin », qu'il soit mental, sur papier ou sur écran, a joué et continue de jouer un rôle considérable dans le développement des mathématiques. Le dessin scriptural est d'abord une aide au dessin mental. Il supplée au défaut d'inattention de l'esprit due à une instabilité interne, il permet de fixer une image mentale, de l'analyser, de la faire évoluer. Le dessin sur ordinateur joue lui aussi ce rôle de fixation de l'image et d'aide à l'observation et à l'analyse.

Le niveau abstrait est le troisième : on utilise ici comme supports de la représentation les objets mêmes fabriqués par les mathématiciens. Que l'on se rappelle l'impulsion extraordinaire donnée au développement des mathématiques par l'introduction de la représentation numérique des données géométriques, et dont l'étude est appelée « l'analyse ». D'autres exemples de modes de représentations ayant eu une grande portée, celui, algébrique ou analytique, des nombres, celui des fonctions par des séries de fonctions élémentaires, polynomiales ou trigonométriques, celui des groupes, bien que moins connus du grand public, sont constamment présents à l'esprit du mathématicien.

Ces représentations sont tout à fait analogues aux outils de détection et d'observation du physicien, sans lesquels la physique ne se serait pas développée.

• *La mathématique, science d'observation*

Toute science est science d'observation, personne n'en doute aujourd'hui. Il a certes fallu convaincre les néophytes que la science mathématique ne dérogeait pas à la règle, et, de temps à autre, un mathématicien éprouve le besoin de le rappeler. Par exemple, dans un ouvrage paru en 1973 et intitulé *Sur la nature des mathématiques*, j'ai consacré un paragraphe à le faire, citant notamment un propos très clair de Charles Hermite au siècle dernier : « On peut néanmoins, à l'égard des procédés intellectuels propres aux géomètres, faire cette remarque très simple, que justifiera l'histoire même de la science, c'est que *l'observation y tient une place importante et y joue un grand rôle. Toutes les branches des mathématiques fournissent des preuves à l'appui de cette assertion*, mais je les choisirai de préférence dans l'une de celles qu'on regarde comme plus abstraites, je veux parler de la théorie des nombres. » Les passages essentiels ont été soulignés par Hermite.

Deux questions intimement liées se posent ici : qu'observe le mathématicien ? L'observation se fait-elle directement par les sens ou par des instruments appropriés ?

L'observation s'effectue en premier lieu sur des objets particuliers, appelés « exemples ». Ils sont de quatre types : les premiers sont de nature physique comme les solides, leurs ombres portées, leurs trajectoires ; on observe d'abord les formes des objets, leurs propriétés métriques, leur organisation. La géométrie est d'abord l'étude, pratiquement statique, des propriétés des ombres portées des objets de l'espace, éclairés par une source lumineuse située à distance infinie (géométrie affine) ou finie (géométrie projective). Ancienne ou moderne, elle apparaît ainsi comme une théorie physique d'un monde idéal. Notons que l'observation du monde physique conduit à la formulation des concepts les plus profonds des mathématiques ; ils sous-tendent l'activité technique des mathématiciens. Le concept de vitesse a donné naissance à celui de dérivée, le concept de force à celui de vecteur, les concepts de volume et d'énergie locale se sont fondus dans le concept de forme différentielle, la stabilité des objets physiques, leurs comportements en situations critiques sont à la source des notions d'équivalence, d'invariance ou plus finement de stabilité, de bifurcation, exploitées de manières très diverses et sous des appellations différentes dans les différentes branches des mathématiques. C'est encore l'observation des états physiques qui suggère les grands théorèmes, comme celui attribué à Thalès, comme celui de Stokes qu'aurait voulu démontrer Bourbaki. Issue de l'électrostatique, la théorie de Morse a permis de faire de grands progrès en analyse différentielle. Aujourd'hui, ce sont encore les idées des physiciens théoriciens qui stimulent le développement de la géométrie, celui, par exemple, de la théorie des nœuds.

Les objets du second type soumis à l'observation, de nature locale, sont représentables sur un support physique, comme le sable, le papier, un écran. Les objets du troisième type, souvent issus, par généralisation, des objets physiques n'admettent que des représentations mentales partielles. Donnons comme exemples élémentaires de tels objets celui d'une boule ouverte dans un espace euclidien de grande dimension, ou de la bouteille de Klein comme espace-quotient du plan par le groupe discret engendré par une translation et une symétrie glissante. Les objets du dernier type, de nature locale ou globale, symbolique ou structurelle, n'admettent pas de telles représentations physiques. On ne peut pas montrer un groupe abstrait, mais seulement, parfois, une réalisation de ce groupe par des transformations qu'il opère sur un autre objet mathématique. Le nombre transcendant admet une définition seulement formelle, de sorte qu'on ne pourra jamais le montrer physiquement, mais seulement, dans certains cas, en donner une représentation numérique approchée sous forme d'une liste de chiffres qui réalisent un dessin spécifique, voire lui associer une représentation géométrique, par exemple une courbe particulière, comme un cercle ou une exponentielle.

La visibilité des objets mathématiques s'accomplit également à plusieurs niveaux. Le niveau fondamental est celui de la visibilité morphologique, au caractère statique, celle que nous apportent l'objet physique ou bien le dessinateur, le peintre, l'ordinateur.

Le second niveau est celui de la visibilité structurelle, au caractère beaucoup plus dynamique, qui met en évidence les processus génératifs des objets, de leur organisation, de leurs propriétés. C'est de ce point de vue, moderne et actif, qu'on présente aujourd'hui le corps des connaissances mathématiques. Il y a là un problème de pédagogie que le prochain chapitre abordera.

Rappelons simplement ici que le développement et le fonctionnement de la pensée ont leurs règles qui ne sont pas sans rapport avec le comportement spontané du substrat biologique. Méconnaître ce point évident, ou en faire fi, ne peut que conduire à l'échec, ce qui arriva à certains émules de Bourbaki, qu'ils soient pardonnés. Dans sa phase initiale, tout développement est passif, réceptif : cette phase première est celle de l'acquisition de l'énergie en même temps que celle de la structuration de l'être, qui lui permettront plus tard d'agir. La phase passive de la pensée est celle de l'enregistrement des données, de leur rangement et de leur structuration dans notre boîte pensante. À ce premier stade de développement, où l'être humain utilise principalement ses sens pour reconnaître le monde, c'est la visibilité morphologique qui joue le rôle principal dans la formation de l'intelligibilité. Le mathématicien, comme tout homme de savoir, quel que soit le niveau auquel on se place, passe par cette phase d'observation morphologique et statique des apparences, des dessins, des écritures qui font l'objet de sa première lecture du monde.

Pendant cette phase passive, la science est certes une science d'expériences vécues, mais elle est peu expérimentale dans la mesure où ce n'est pas l'homme qui est l'agent de modification des données. L'observateur rationnel se contente de recenser les faits apparents, d'accumuler les données, de les organiser. Il fait de la taxonomie.

La mathématique, science active

En quel sens l'objet mathématique est-il un objet d'expérience ? L'expérience dans une discipline proprement expérimentale vise à dévoiler la structure intime de l'objet, et à faire apparaître ses caractères spécifiques, son mode de génération ; elle cherche à reconnaître et à justifier les différentes transformations qu'il peut opérer, individuellement ou bien au sein de complexes plus vastes. Ce programme n'est-il pas également celui qui est suivi dans l'étude de toute classe d'objets mathématiques ?

La science entre dans sa phase expérimentale lorsqu'elle commence à agir sur les objets de son étude. Cette phase est de nature dynamique. Elle concerne deux aspects essentiels de la science : la découverte de faits et leur explication. Réservons pour plus tard la question de l'explication en mathématiques, et intéressons-nous ici au seul problème de l'observation dynamique qui conduit à la découverte.

Cette observation est le résultat de manipulations opérées sur les objets mathématiques par l'intermédiaire de leurs représentations souvent multiples, la manipulation profonde étant celle que le mathématicien réalise sur les représentations mentales des objets.

En tant qu'idéalités, les objets mathématiques nous sont en principe inaccessibles. Mais pensons par exemple au point, nous en avons des descriptions linguistiques, symboliques, formelles, voire physiques, à partir desquelles nous élaborons des représentations mentales, ou bien qui les révèlent. Nous en avons aussi, souvent, différents modes de description et de représentation mathématique : ainsi au cours de l'ouvrage, le lecteur découvrira l'existence de plusieurs « modèles » de la géométrie hyperbolique. Chaque représentation permet d'observer les objets sous un jour particulier : certaines propriétés se font voir plus facilement par l'emploi de telle représentation plutôt que de telle autre ; en ce sens, la représentation devient un outil de découverte.

Plus le mathématicien devient familier de ces diverses représentations plus ou moins abstraites, plus elles s'incarnent dans le cerveau sous forme de représentations mentales. Souvent même, le mathématicien ne dispose que de représentations de ce type ; on ne voit pas, par exemple, et en général, le répondant physique des groupes de cohomologie, de leurs coefficients. Mais c'est principalement au niveau de la construction des représentations, de la découverte et de la démonstration des propriétés que l'on opère sur les représentations mentales. L'élaboration d'un raisonnement implique la mise en jeu d'hypothèses, de données et de relations de causalité ; il arrive qu'on puisse établir ce raisonnement sur la base de l'observation immédiate et physique. Cependant, en général, ce raisonnement s'établit sur des bases dites abstraites, dont on connaît certes le lien d'origine avec la réalité concrète, mais qui ont acquis une autonomie propre. Les propriétés des objets mathématiques, mises en relation les unes avec les autres, conditionnées les unes par les autres, font apparaître d'autres propriétés saillantes : leur description s'accomplit par des actes linguistiques gouvernés par une activité qualifiée ici encore de sensori-motrice, mais essentiellement interne au cerveau, dirigée vers le monde mental. Dès qu'on vise à la généralité, en particulier dès qu'on s'éloigne des situations courantes où le nombre est petit, la dimension faible, dès qu'on franchit le seuil de la quatrième et même parfois de la troisième dimension, la visibilité physique s'atténue, et il est nécessaire, au moment de la démonstration, de faire appel à des procédures algorithmiques, exprimées en termes numériques ou algébriques, et qui traduisent des transformations opérées sur les représentations mentales des objets mathématiques.

De la même façon et plus simplement, la représentation scripturale, sur papier ou sur écran, permettant à l'attention de se pencher sur les propriétés plus ou moins cachées mais inscrites et figées dans le dessin, devient un instrument d'observation ; comme nombre de découvertes résultent d'observations soutenues, la représentation elle-même, autant que l'outil par lequel on parvient à la réaliser, accède alors au statut d'instrument de découverte.

Le rôle de l'ordinateur dans la découverte, moins souvent d'objets que de propriétés, est maintenant bien connu. Il permet ainsi d'obtenir des dessins, par exemple ceux de surfaces dites minimales, que l'imagerie mentale ne parvient pas à produire ; il permet de réaliser des manipulations commandées, entre autres des calculs, que l'esprit humain ne peut, souvent, effectuer en un temps acceptable. Certains en viennent même à se demander si, dans un futur proche, tout mathématicien ne sera pas obligé d'utiliser, à un moment ou à un autre, l'ordinateur comme instrument de découverte. Des exemples de telles réussites existent en effet par dizaines, probablement maintenant dans toutes les branches des mathématiques, celle des équations de récurrence étant la plus populaire, qui donne naissance à toutes ces belles images fractales. Voici un exemple emprunté à la géométrie élémentaire. Il existe des procédures simples pour construire à partir d'une configuration donnée, disons la configuration de Pappus ou un pentagone, une autre configuration du même type. Ainsi, dans le premier numéro du *Journal of Experimental Mathematics*, l'un des auteurs, R. Schwartz, énonce le théorème selon lequel deux pentagones construits selon la bonne procédure sont projectivement équivalents, et il ajoute : « J'ai découvert ceci expérimentalement, et ce fait est facile à démontrer par l'algèbre. »

Peut-on établir une typologie des manipulations entreprises par le mathématicien ? Comment même le mathématicien en vient-il à concevoir ces manipulations ? Les deux questions sont liées, et très ouvertes. Commençons par aborder la seconde d'entre elles. Nous distinguerons les manipulations à fin probatoire et celles à fin de découverte, qui nous intéressent dans ce paragraphe. Ces dernières procèdent souvent par analogie avec des situations déjà connues. Si elles sont constructives, et ce sont souvent les plus fécondes et les plus novatrices, elles reproduisent fréquemment, de manière idéalisée, des procédures naturelles des règnes physique ou biologique. L'une des méthodes fréquemment utilisées consiste, dans un premier temps, à rechercher des caractères extrémaux, des objets extrémaux, des situations symétriques, tous présentant un aspect singulier, puis dans un second temps à s'en écarter insensiblement, à les déformer. Prenons l'exemple, en géométrie affine, du théorème célèbre affirmant que concourent les hauteurs, médianes et bissectrices d'un triangle quelconque. Cette situation s'observe dans le cas singulier d'un triangle équilatéral, où le théorème est évident par suite de la symétrie de la figure. Le théorème persiste lorsqu'on déforme la figure (de manière bien sûr qu'elle reste un triangle). La démonstration du théorème – nous en verrons plus loin l'intérêt général – consiste à plonger la figure déformée et la figure parfaite dans un espace de dimension plus grande qui les contient, de sorte qu'une projection dite parallèle d'une figure sur l'autre déforme les angles mais non les incidences entre droites.

Il arrive aussi que l'on parvienne à la découverte en procédant par analogie généralisante ; cette méthode conduit à apurer l'exemple soumis à l'examen, ce qui peut permettre de mettre en évidence des propriétés plus intrinsèques éclairant la présence de propriétés secondaires ; dans certains cas, l'étape finale de ce processus consiste à dégager un substratum plus fondamental et général. Par exemple, la création de la géométrie projective provient de la décision de ne plus considérer la source lumineuse seulement à l'infini : il apparaît alors qu'une des propriétés clés de cette géométrie est de conserver les alignements. Autre exemple très classique, celui de la découverte par Hamilton, au siècle dernier, des quaternions : il y parvint en cherchant une extension des nombres complexes par généralisation dans l'espace à trois dimensions habituel de leurs propriétés géométriques dans le plan.

Bien d'autres procédures de découvertes sont plus cachées, et, pour l'instant, incompréhensibles, notamment dans tout ce qui touche la théorie des nombres. Ayant évalué le nombre u_n des dispositions des points d'inflexion que pouvait présenter une courbe polynomiale de degré n, la décision fut prise, sans raison apparente, de fabriquer la différence $(u_{n+1}/u_n) - (u_n/u_{n-1})$; on vit rapidement, par le calcul à la main puis sur ordinateur, qu'elle convergeait vers $2/\pi$, ce qu'on démontre. π a une signification géométrique intrinsèque liée au rapport des longueurs du cercle et de son diamètre ; ce que vient faire cette géométrie dans celle des courbes polynomiales reste un mystère total.

Peut-on comparer les manipulations des mathématiciens et celles qui sont pratiquées dans les sciences traditionnellement qualifiées d'expérimentales ? Dans ces disciplines, l'objectif principal semble être de comprendre la structure et la genèse, et, grâce en grande partie aux connaissances acquises en ces domaines, de pouvoir reconstituer les objets. Une méthode très souvent employée pour parvenir à ces fins est de séparer, s'il le faut de détruire, puis d'essayer de reconstruire. Si les mathématiciens partagent les mêmes ambitions, la situation se présente chez eux sous un jour légèrement différent ; ils travaillent en effet à l'intérieur de cadres bien définis, dont la structure et la genèse ne font plus guère problème : les axiomes indiscutés les définissent en fait. Les princes qui gouvernent ce monde passeront ; par contre, la structure de groupe, et les axiomes qui l'établissent, peuvent être choisis comme symbole d'éternité. Mais les objets définis par les mathématiciens à l'intérieur de leurs cadres sont loin d'être connus dans toute leur étendue, et pour avancer dans cette connaissance, on emploie, comme dans les sciences expérimentales, différentes méthodes d'exploration, plus ou moins traumatisantes. Au siècle dernier, Riemann et Dedekind pratiquaient des coupures. Aujourd'hui, on emploie parfois des méthodes plus délicates. Par exemple, pour étudier localement la morphologie d'un objet on procède à un certain effeuillage : localement l'objet est vu comme une sorte de livre ; des feuilles, appelées strates, se raccordent entre elles le long d'une strate singulière ; on disperse ces feuilles en utilisant des procédures de disjonction plus ou moins douces et contrôlées appelées éclatements. Mais ces procédures ne peuvent se comparer par exemple à ces bombardements que pratiquent les physiciens nucléaires pour accéder à la connaissance de la structure intime de la matière. Il existe quand même, selon les disciplines, des manipulations spécifiques.

Le problème essentiel, mais évidemment bien difficile à résoudre, est celui de la découverte, dans un environnement spécifié, des raisons et des mécanismes mentaux qui déclenchent et agencent le processus de recherche de manipulations, grâce auxquelles de nouvelles propriétés peuvent être aperçues. Deux remarques banales concluront ce paragraphe. Décrire d'une manière réaliste et assez précise les mécanismes psycho-physiologiques qui accompagnent la genèse et la mise en route de ces diverses manipulations est évidemment, et pour longtemps encore, hors de notre portée. Mais il est clair que, du jour où une pareille reconstitution sera possible, l'homme, sous sa forme actuelle, sera amené à céder la place à une forme plus évoluée que la nôtre d'animal pensant.

LES MATHEMATIQUES ET L'HYPOTHESE

Face à l'inconnu qu'elle cherche à pénétrer, toute science comporte évidemment une part conjecturale. L'homme de science est souvent comparable à l'aveugle qui, pour avancer, explore de ses mains, hume l'air ambiant, décèle le souffle d'air ou la source de chaleur. De vagues indices le dirigent : son expérience, ses capacités d'interprétation, un certain don de clairvoyance peuvent aider à le mettre sur le bon chemin. Ces mêmes atouts fondent l'intuition du mathématicien. Elle l'oriente puis le guide sur une voie à suivre, vers un objectif dont la formulation peut encore être imprécise. Cet objectif, tant qu'il n'est pas atteint, porte le nom de conjecture : il s'agit d'une hypothèse dont il faut justifier la vérité ou la fausseté.

Nombre d'ingrédients implicites de nature méthodologique, conceptuelle, philosophique, peuvent entrer dans ce qui fonde l'expérience du mathématicien, et dans le choix de ses problématiques. L'ingrédient le plus classique, le plus commun, concerne la valeur de généralité de sa démarche, de son résultat, du problème sur lequel il travaille : celui-ci a-t-il simplement une valeur locale au sein d'un chapitre, ou au contraire, pour concerner tout l'édifice, une valeur absolue, ou bien, plus modestement, une valeur générique (presque toujours vrai à l'exception de cas singuliers) ? Il est clair que la réponse à cette question peut être source de travaux infinis, un exemple bien connu étant celui de la conjecture de Fermat. L'extension des nombres complexes est un autre exemple qui montre l'effet positif de la recherche d'une généralisation. De manière générale, toute obstruction rencontrée à une extension locale d'une propriété, ou toute rencontre d'une situation mettant en défaut une propriété locale, conduisent à la création d'une structure axiomatique affaiblie, mais de généralité plus grande, qui absorbe toutes les difficultés antérieures. Une grande part de la topologie générale, par exemple, est issue de ce genre de considérations.

La démarche analogique joue parfois un rôle important dans la formulation d'une hypothèse. Le terme « analogique » est utilisé ici dans un sens large ; parfois, le terme « comparative » serait plus approprié. Il peut s'agir du transfert d'une conjecture formulée dans certaines conditions vers un domaine voisin avec l'espoir que la solution y sera plus facile, et pourra donner des indications sur la solution de la conjecture initiale. On assiste ainsi parfois à la création de toute une chaîne de conjectures, la résolution de l'une engendrant celle des autres. L'histoire, enfin achevée, de la résolution de la conjecture de Fermat en est un bel exemple (issues plus ou moins directement de celle de Fermat, les conjectures de Mordell, de Serre, de Taniyama-Weil, sont parmi les plus connues, et aujourd'hui résolues ; l'échafaudage de la théorie a conduit à formuler bien d'autres conjectures). On devine que la résolution de la conjecture de Riemann, encore appelée « hypothèse de Riemann », qui porte notamment sur la position des zéros d'une certaine fonction $\zeta(s)$, sera plus difficile – cette conjecture de Riemann a suggéré à A. Weil, mais la suggestion n'a rien de trivial, d'autres conjectures dans le corps des nombres p-adiques, résolues par A. Weil lui-même et par Deligne.

En fait, chaque mathématicien a dans sa manche un lot de questions à résoudre, plus ou moins profondes, et donc de portées très variables. On dispose ainsi, en mathématiques, d'un corpus assez impressionnant d'« hypothèses » et de programmes pour tenter de les vérifier. Ce corpus s'enrichit sans cesse au point que de bons esprits, comme Jaffé et Quinn, pensent aujourd'hui créer un journal, chargé de présenter des conjectures étayées quand même par de solides arguments.

S'il advient qu'une telle hypothèse se révèle fausse, elle ne met nullement en cause le statut de la théorie mathématique à l'intérieur de laquelle elle se situe. Les résultats puissants de Gödel n'ont pas affaissé l'édifice mathématique. C'est là une première différence évidemment essentielle avec les sciences vraiment expérimentales, où il appartient à l'expérience de conforter ou de réfuter les assertions des théories et donc les théories elles-mêmes, ainsi, par conséquent, que les hypothèses souvent placées au cœur de ces théories.

LES MATHEMATIQUES ET LA PREUVE

La distinction entre observateur et théoricien n'existe pas en mathématiques. L'observateur mathématicien tente aussi d'établir entre les faits qu'il a catalogués un chemin causal, appelé explication, preuve.

La recherche de telles explications est un moteur de la découverte de faits plus cachés. Deux propriétés apparentes se déduisent l'une de l'autre par la mise à jour de propriétés intermédiaires, d'un intérêt parfois secondaire.

Prenons un exemple très simple emprunté à la géométrie élémentaire. On montre par exemple que, dans le plan, deux triangles génériques étant donnés, on peut toujours trouver une inversion qui transforme l'un d'eux en un triangle semblable à l'autre. Les démonstrations les plus intéressantes sont constructives ; voici celle de l'assertion que l'on vient d'énoncer. S'il existe une telle inversion, on constate qu'une certaine propriété d'angle doit être vérifiée. De cette observation résulte qu'un intermédiaire de la démonstration cherchée est la construction d'un cercle, qu'on sait être le lieu des points d'où l'on voit un segment BC sous un angle donné. Comment faire cette construction, c'est-à-dire comment déterminer le centre O de ce cercle ? On se place naturellement dans le cas où la solution existe ; soit on est capable de travailler sur la représentation mentale, soit on a sous les yeux le dessin du cercle de centre O et passant par les extrémités B et C du segment donné ; un point A du cercle est tel que BÂC est l'angle donné. La manipulation consiste à déplacer le point A sur le cercle jusqu'à une position *singulière*, celle d'une situation déjà connue, dont on remarquera la symétrie interne : lorsque A est au milieu M de l'arc de cercle joignant B à C, le triangle MBC est isocèle, et les angles en B et en C de ce triangle sont égaux à $\pi : 2$ moins la moitié de l'angle donné. On peut donc construire le triangle MBC et le centre O du cercle qui lui est circonscrit.

Cet exemple est d'une grande simplicité : par le dessin, nous sommes en présence d'une représentation scripturale élémentaire, la manipulation que nous avons pu faire est également très facile à concevoir et à réaliser.

Nombre de ces manipulations probatoires consistent à procéder à des changements de points de vue, de position, de référentiel, qui permettent de placer l'observateur dans une situation qu'il connaît déjà, ou bien dans une situation simple où la constatation de la cause de la propriété qu'il cherche est quasi immédiate, plus généralement dans une situation singulière par rapport à la situation générique. Dans ce cas particulier, en effet, le fait est davantage patent, la démonstration plus facile à mettre en œuvre.

Par exemple, en géométrie, on peut étendre aux coniques les plus générales des propriétés qu'on démontre facilement sur le cercle. On peut démontrer de nombreuses propriétés de la géométrie projective en la déformant en une géométrie affine par expédition vers l'infini d'un sous-espace habilement choisi, par conséquent par le choix d'un centre d'observation bien situé, de sorte que les propriétés à démontrer apparaissent comme des conséquences simples du théorème de Thalès.

Cette technique de démonstration en géométrie projective est la traduction d'une méthode analogue en géométrie affine, qui consiste d'abord à quitter le petit monde dans lequel on est placé et à l'observer du point de vue de Sirius, de sorte que les arbres ne cachent plus la forêt. Cette procédure rappelle celle parfois pratiquée dans la vie courante : quand on ne peut résoudre un problème entre individus situés à l'échelon n, on s'adresse d'abord, pour démêler l'imbroglio sous-jacent, à celui qui est placé à l'échelon immédiatement supérieur $n + 1$.

La stratégie analogue de preuve, soulignons-le, ne déroge pas à la règle générale du changement de référentiel et de point de vue. Elle s'est souvent révélée très efficace. Elle consiste donc à plonger l'objet d'étude de dimension n dans un milieu de même nature mais plus vaste, de dimension au moins $n + 1$, de sorte que l'on puisse examiner l'objet à partir d'un point d'observation extérieur S, à distance finie ou infinie. J'ai évoqué précédemment comment, par cette procédure, on pouvait démontrer le théorème de géométrie élémentaire énonçant que les médianes d'un triangle avaient un point de concours. Les techniques de construction d'objets par suspension en topologie procèdent de la même démarche. Dans celle-ci, l'existence de l'espace de dimension supérieure est supposée exister. On peut postuler cette existence, on peut aussi construire cet espace, à la manière dont on construit les nombres. Le mode de construction de nombres en algèbre par extension est à la fois une technique assez extraordinaire d'invention et de preuve : si, sur les entiers, l'équation 2 x – 3 = 0 n'a pas de solution, je postule l'existence d'un ensemble plus vaste de nombres sur lequel l'équation proposée aura une solution, je note par 3/2 cette solution et j'appelle rationnel un tel nombre.

Une telle démarche rappelle tout à fait celle qui a fait le succès des physiciens, n'hésitant pas à postuler l'existence de particules pour asseoir la cohérence de leurs théories, notamment en présence de faits expérimentaux nouveaux.

Mais si la validité d'une théorie physique est suspendue à sa confirmation par l'expérience, il n'en va plus de même en mathématiques. Elle se satisfait de sa cohérence interne, que l'expérience physique ou sur ordinateur ne peut justifier. L'exemple de la conjecture de Mertens ($\left| \sum_n \mu(n) \right| < \sqrt{x}$ où n est un entier inférieur à x, $\mu(n)$ vaut 1 si n = 1, est nul si n est divisible par le carré d'un nombre premier, vaut $(-1)^k$ si n est le produit de k nombres premiers distincts) est significatif de la différence d'attitude que le mathématicien doit avoir par rapport au physicien : le calcul sur ordinateur montre la vérité de la conjecture tant que les nombres restent assez « petits », c'est-à-dire inférieurs à des nombres de l'ordre de 10^{70}. Le physicien aurait bien sûr conclu à la vérité physique de l'énoncé. Or la conjecture devient fausse au-delà de ces nombres. Vérité physique et vérité mathématique ne coïncident pas, cette dernière étant absolue. C'est évidemment là le point de clivage le plus fondamental entre mathématique et toute autre science expérimentale.

La mathématique exige la preuve mentale. D'aucuns diront peut-être « logique ». L'emploi de ce terme est profondément insatisfaisant. La cohérence du raisonnement mathématique est due à l'expression d'une causalité interne à l'univers mathématique, lequel provient pour l'essentiel d'une idéalisation de l'univers physique. Il existe par exemple en analyse différentielle un théorème clé dit « des fonctions implicites ». Il résulte de l'application, dans une situation un peu particulière mais importante, d'un autre théorème dit « des fonctions inverses » ; manifestement, on le voit dans la « monstration » du théorème, la cause du théorème des fonctions implicites est ce théorème des fonctions inverses. Celui-ci affirme qu'un isomorphisme local défini par l'application linéaire tangente d'une application s'étend en un difféomorphisme local : on est en présence de deux objets en pâte à modeler, sans aspérités, et on établit une correspondance entre les points du premier et les points du second ; au voisinage d'un couple de points en correspondance, chaque objet lisse, dans un premier temps, est remplacé localement par son plan tangent ; ces plans sont supposés isomorphes, et donc de même dimension, ils ont mêmes propriétés topologiques ; puisque les objets sont bien lisses, on peut, par exemple, tout en respectant leur topologie, les déformer au voisinage de chacun des points considérés pour les faire coïncider avec leurs éléments tangents « plats » ; ainsi, par l'intermédiaire de leurs approximations « planes », les deux objets sont, localement, en correspondance bijective et possèdent les mêmes propriétés topologiques. Dans cet exemple encore, tout un ensemble de causes sont présentes qui justifient l'extension annoncée.

Le mathématicien maîtrise l'ensemble de ces causes, leur agencement particulier, qui peut faire que certaines propriétés paraissent plus significatives que d'autres. Le physicien, en général, pour qui il peut encore exister des causes inconnues, ou simplement cachées ou trop minimes, et dont il ne peut jauger l'influence à court, moyen ou long terme, ne domine pas toutes les causes ; même s'il peut, en première approximation, négliger l'effet de certaines, il ne les subit pas moins.

C'est assurément là un troisième point de divergence entre une science proprement expérimentale et la mathématique.

Nous avons rencontré, au début de ce chapitre, l'affirmation de Poincaré selon laquelle la géométrie n'était pas une science expérimentale. Une autre citation de ce même mathématicien aurait pu être choisie ; dans son ouvrage intitulé *Dernières Pensées*, il écrit : « La science [...] est et ne peut être qu'expérimentale. » La mathématique ne serait-elle donc pas une science puisque non expérimentale, ou au contraire serait-elle alors une science expérimentale ?

Récapitulons les points de convergence et de divergence entre la mathématique et les autres sciences dites expérimentales : elle est, comme ces dernières, une science de représentation et d'observation, une science de manipulation, une science pratiquant l'hypothèse, une science exigeant la preuve.

Mais, au contraire des sciences expérimentales, la réfutation d'une hypothèse n'a pas de conséquence sur la théorie, la preuve présente un caractère absolu par le fait qu'en mathématiques toute la causalité est apparente.

Ainsi, bien que la mathématique présente assurément les attributs d'une science expérimentale, ses caractères spécifiques l'en démarquent radicalement. Les sciences expérimentales proprement dites dégagent et filtrent l'essentiel de la réalité tangible, et fécondent la pensée abstraite.

Chapitre III

Les leçons pédagogiques d'Henri Poincaré

Le développement formidable et merveilleux des mathématiques contemporaines, l'accroissement considérable du nombre d'élèves et d'étudiants ont créé ces dernières années, à quelque niveau qu'on se place, des chocs et des bouleversements dans l'enseignement des mathématiques, au point, parfois, d'en compromettre la qualité. Il suffit, pour s'en convaincre, d'examiner le contenu des manuels, de jauger les capacités des étudiants, et même le niveau de formation de certains jeunes enseignants.

Or l'importance intellectuelle et sociale des mathématiques est telle qu'on ne peut laisser les choses en l'état.

Il existe certes des commissions qui se penchent sur les questions d'enseignement pour tenter d'apporter des remèdes aux difficultés que l'on rencontre. Mais une sorte de manteau pudique les enveloppe : on ne sait rien en vérité de leur philosophie, ni même de leur composition. L'enjeu est pourtant tel que le débat mériterait d'être public, les décisions prudentes, et que les meilleurs et les plus anciens expriment leur opinion.

Ces quelques pages voudraient apporter une contribution toute modeste à ce débat, en faisant mieux connaître les quelques idées que Poincaré a formulées sur le sujet.

Ces idées n'ont pas été rassemblées en un corps de doctrine. Elles sont éparses dans son œuvre philosophique. On les rencontre notamment dans ses ouvrages, par exemple *La Science et l'hypothèse* ou *La Valeur de la science*, également dans trois articles : « Les fondements de la géométrie », paru au *Bulletin des sciences mathématiques* de 1902, « La notation différentielle et l'enseignement », et surtout « La logique et l'intuition dans la science mathématique et l'enseignement », qui furent publiés dans *L'Enseignement mathématique*, au printemps 1899 et 1889 respectivement.

Ce dernier article, sur la logique et l'intuition, de cinq pages seulement, mériterait d'être proposé à la méditation de tout futur enseignant. Il est écrit avec une passion contenue. Sans doute Poincaré pressentait-il déjà le développement d'une tendance dont il a voulu, déjà, combattre l'extension possible. J'ai, pour ma part, la conviction que, si chaque enseignant était pénétré de ces conceptions, l'enseignement des mathématiques s'en trouverait mieux, même si, de toute façon, il restera délicat.

Les idées de Poincaré peuvent être rassemblées autour de cinq thèmes : les buts des mathématiques et de leur enseignement ; les rapports entre les mathématiques et les autres sciences ; les principes de la pédagogie ; les formes de la pédagogie ; les sujets d'enseignement.

LES BUTS DES MATHEMATIQUES ET DE LEUR ENSEIGNEMENT

Dans *La Valeur de la science* *, Poincaré assigne aux mathématiques « un triple but. Elles doivent fournir un instrument pour l'étude de la nature. Mais ce n'est pas tout : elles ont un but philosophique, et j'ose le dire, un but esthétique ». À ces trois objectifs, il faut en adjoindre un quatrième ; peut-être, dans la pensée de Poincaré, était-il inclus dans le but philosophique, mais il est préférable de bien le mettre en évidence : ce but est pédagogique. Poincaré en fait mention dans son article sur la logique et l'intuition : « Le but principal de l'enseignement mathématique est de développer certaines facultés de l'esprit **. »

Examinons un par un ces quatre objectifs.

• *Les mathématiques, instruments pour l'étude de la nature*

Poincaré a principalement développé ce thème à travers l'étude des liens entre les mathématiques et la physique. Notons ici que, dans l'étude de la nature, les mathématiques interviennent sur deux plans distincts : le premier est purement instrumental et technique,

---

* Flammarion, 1970, p. 104. Ouvrage référencé dans la suite par l'abréviation *VS*.

** « La logique et l'intuition dans la science mathématique et l'enseignement » (référencé dans la suite par l'abréviation LI), p. 132.

le second, plus subtil, se situe au niveau de la genèse de la compréhension et des pensées *via* la formation acquise par l'apprentissage des mathématiques. Nous reviendrons plus loin sur chacun de ces points.

• *Le but philosophique des mathématiques*

C'est là un thème que Poincaré n'explicite pas du tout. Que faut-il donc entendre par objectif philosophique des mathématiques ?

Traditionnellement, les mathématiques sont à la source de deux types de problématiques : celles du premier type concernent la nature, la signification des mathématiques, la portée des concepts qu'elles déploient ; celles du second type se rapportent aux processus mentaux qui accompagnent le développement des mathématiques.

Les champs d'investigation de ces problématiques sont très vastes. Elles peuvent intéresser le mathématicien à certains moments critiques de sa vie professionnelle, notamment au moment où il doit faire un choix parmi des orientations possibles de travail, alors que les goûts spontanés méritent d'être étayés ou bien refrénés par des arguments de portée la plus large et la plus pénétrante possible. Jacques Hadamard, dans son *Essai sur la psychologie de l'invention dans le domaine mathématique*, livre considéré comme un classique chez les mathématiciens, rappelle des exemples illustres et insiste, tout comme Poincaré, sur le rôle de l'esthétique comme guide et moteur de la recherche.

Mais l'intérêt de ces discussions dépasse largement le cadre des mathématiques ou celui de la philosophie en soi, de par les caractères des mathématiques, paradigmatique d'une part, universel d'autre part. Je citerai ici simplement à titre d'exemple cinq sujets de philosophie des mathématiques, qui présentent un caractère concret par leurs applications, et dont l'écho va bien au-delà de la seule mathématique : la procédure de représentation qui nous permet d'accéder à la connaissance, l'étude structurelle des problèmes, une procédure de démonstration qui consiste à plonger certains problèmes dans un cadre plus vaste, l'examen des rapports entre globalité et localité, à terme entre continu et discontinu, l'universalité de concepts comme ceux de stabilité, de singularité, de bifurcation.

Leur caractère transdisciplinaire, l'enrichissement qu'on en peut tirer tant pour la connaissance pure que pour l'action, devraient donner à ces sujets d'étude une place de choix dans la formation générale que tout un chacun se doit d'acquérir.

● *Le but esthétique*

Peut-on assigner aux mathématiques un but esthétique ? Cette question n'est pas non plus traitée en grand détail par Poincaré. Il est reconnu que les mathématiques apportent à l'esprit une joie rayonnante au moment de la découverte de faits nouveaux, plus simplement une satisfaction chaleureuse, un plaisir esthétique, où se mélangent clarté, ordre, sobriété, astuce et élégance. Obtenir un tel résultat psychologique est un signe mystérieux de qualité mathématique. En ce sens, rechercher la qualité esthétique est aussi, de manière implicite, viser la qualité scientifique.

Cet objectif esthétique est classique et, bien que parfois perçu par l'étudiant, plutôt du ressort du professionnel. Peut-on cependant, aujourd'hui, aller au-delà du cercle des initiés et faire partager à un public beaucoup plus large certains des bonheurs que rencontre le mathématicien dans sa vie professionnelle ?

Si l'on y parvenait, l'avantage pour les mathématiques ne serait pas négligeable. Car, si la stimulation des affects esthétiques venait à abaisser certains obstacles psychologiques, l'adhésion générale à cette discipline qui donne l'accès aux études scientifiques et techniques les plus poussées serait considérablement renforcée. Le recrutement des enseignants de mathématiques notamment se ferait sur une base plus large, leur formation pourrait en être améliorée, ainsi que celle de leurs élèves. La nation tout entière pourrait profiter de cette élévation générale du niveau des connaissances mathématiques, et scientifiques par voie de conséquence.

Un programme d'enseignement conçu avec le souci de susciter chez l'élève l'admiration, l'émerveillement, rendrait donc les plus grands services. Un mathématicien m'a confié – ses parents en sont toujours restés surpris et il n'en a pas gardé mémoire – qu'en seconde probablement il se serait exclamé : « Comme c'est beau ! » La géométrie euclidienne apportait son lot de propriétés surprenantes, l'évidence des démonstrations, la clarté du raisonnement, le confort reposant de visiter un édifice lumineux, équilibré dans son architecture, solide dans ses fondations. L'harmonie de la construction mathématique ne peut laisser indifférent : encore faut-il que des programmes adaptés la fassent sentir.

Par ailleurs, les mathématiciens ont maintenant créé un ensemble d'objets d'une très grande richesse, que l'image ou la matière peuvent rendre sensibles, visibles, palpables ; ils sont aussi, par l'originalité et l'équilibre idéal de leur forme, d'une esthétique captivante. Mettre certains de ces objets à la portée des parents et des élèves ne pourrait que susciter leur intérêt et parfois leur enthousiasme. Un projet au moins existe qui va dans cette direction ; on peut espérer que sa réalisation sera prochaine...

À travers ces considérations se dégage un nouvel objectif des mathématiques en tant qu'instrument de recherche d'objets artistiques nouveaux, en tant que facteur d'équilibre de l'individu au sein d'un monde entièrement façonné par la main et l'intellect de l'homme, où l'environnement de l'être humain n'est plus peuplé par les créations biologiques naturelles, mais par les constructions clonées des ingénieurs. Dans ce monde nouveau qui commence à étendre son emprise sur la terre et dans les cieux, l'homme, pour maintenir son équilibre psychologique, a besoin de l'exutoire de l'œuvre d'art pour y exprimer ses passions intimes, révéler quelques traits de l'organisation profonde de son être, et vibrer à la rencontre de ces œuvres qui rencontrent certains fondements de son architecture.

• *Le but pédagogique*

« Le but principal de l'enseignement mathématique est de développer certaines facultés de l'esprit. »

Rappelons que les véritables objectifs de l'enseignement sont, avant celui de la préparation à un métier, la structuration de l'esprit et le développement de la sensibilité à travers l'acquisition de connaissances solides et d'exercices de jugement ou de raisonnements appropriés. Cet apprentissage est d'autant plus facile, d'autant plus réussi qu'il a été entrepris jeune.

Or les mathématiques, bien comprises, réalisent le tour de force d'être, simultanément et de manière dense, un outil de formation de l'esprit à l'analyse, à la synthèse, à la déduction causale, au raisonnement logique. Accessoirement, elles constituent un des meilleurs outils de représentation et d'intelligibilité du monde physique. « Accessoirement » également, contrairement à une opinion largement répandue mais fausse, elles forment l'esprit à l'observation, au même titre que la peinture par exemple : tous les mathématiciens l'affirment.

Je ne reprendrai pas ici l'explicitation de ces divers aspects, si bénéfiques, de l'enseignement des mathématiques. Car il en est un autre, peut-être le plus important, que j'ai passé sous silence, et sur lequel il conviendrait de s'étendre. Pour cela, commençons par compléter la citation de Poincaré : « Le but principal de l'enseignement des mathématiques est de développer certaines facultés de l'esprit, et parmi elles l'intuition n'est pas la moins précieuse. C'est par elle que le monde mathématique reste en contact avec le monde réel ; et quand même les mathématiques pures pourraient s'en passer, il faudrait toujours y avoir recours pour compléter l'abîme qui sépare le symbole de la réalité. Le praticien en aura donc toujours besoin, et pour un géomètre pur il doit y avoir cent praticiens.

Mais pour le géomètre pur lui-même, cette faculté est nécessaire ; c'est par la logique qu'on démontre, mais c'est par l'intuition qu'on invente *. »

Plus loin, Poincaré revient à la charge : « Parmi les jeunes gens qui reçoivent une éducation mathématique complète, les uns doivent devenir des ingénieurs ; ils apprennent la géométrie pour s'en servir ; il faut avant tout qu'ils apprennent à bien voir et à voir vite ; c'est de l'intuition qu'ils ont besoin d'abord **. »

Les mathématiques développent-elles l'intuition ? La question est évidemment très difficile étant donné que personne ne possède une définition complète de l'intuition. Existe-t-il une intuition ou des formes d'intuition selon les disciplines, de même qu'existent des dons particuliers ?

Je pencherais vers l'existence d'un pluralisme d'intuitions, en admettant toutefois qu'elles possèdent des ressorts communs, liés à la sensibilité et à l'équilibre de l'être, à des processus intimes de simulation et de construction mentale, au cours desquels se stabilisent certaines situations singulières, dotées en quelque sorte d'un certain charisme. Ces processus permettent de conférer à l'intuition une sorte de capacité de vision interne, propre à l'individu ; il est de ce fait assez délicat, sinon parfois impossible, de faire partager ces spectacles, ces intuitions.

Mais qui dit vision implique espace, et c'est là où entre en jeu l'intuition mathématique, traditionnellement liée à la perception de l'espace et du temps, comme l'a bien souligné Kant. L'intuition mathématique est d'abord une intuition géométrique, où l'on voit des objets, des propriétés de tracés, et *où l'invention se manifeste par des actes dynamiques de construction* : ils génèrent tout autant les propriétés nouvelles que les démonstrations de leur présence.

De là viennent que la géométrie classique d'une part, celle que l'on a pratiquée jusque vers les années 1960, et la topologie différentielle d'autre part sont des disciplines proposant des exercices mentaux particulièrement aptes à développer les ressorts de l'intuition.

Enfin, les mathématiques ont vocation à épurer les notions, les concepts, à faire ressortir l'essentiel de leur contenu, à les exemplifier. De là provient également une partie de leur pouvoir éclairant et

---

* LI, p. 132.
** LI, p. 133.

formateur, avec d'autant plus de force que ces concepts présentent des caractères d'implication universelle. Ils trouvent en particulier leur emploi chaque fois que les milieux et les phénomènes étudiés présentent des propriétés d'homogénéité et de régularité assez solides : dans ce cas, ils peuvent faire l'objet de représentations géométriques et dynamiques qui éclairent leur genèse, leur forme, leur évolution.

LES RAPPORTS ENTRE LES MATHEMATIQUES ET LES AUTRES SCIENCES

Ces rapports peuvent être examinés de deux points de vue, selon que l'on considère l'apport des mathématiques à ces sciences, ou, au contraire, l'apport des autres disciplines aux mathématiques. On se placera ici de ce second point de vue.

« Il faudrait avoir complètement oublié l'histoire de la science pour ne pas se rappeler que le désir de connaître la nature a eu sur le développement des mathématiques l'influence la plus constante et la plus heureuse [*]. »

Et Poincaré de donner un exemple : « Les propriétés de la lumière et sa propagation rectiligne ont été aussi l'occasion d'où sont sorties quelques-unes des propositions de la géométrie, et en particulier celles de la géométrie projective, de sorte qu'à ce point de vue, on serait tenté de dire que la géométrie métrique est l'étude des solides et que la géométrie projective est celle de la lumière [**]. »

Le point que je voudrais souligner ici est cette qualité de la mathématique de représenter des propriétés physiques que l'on rencontre dans l'espace et dans le temps ; la mathématique possède un caractère de physique abstraite, déjà souligné par Émile Picard [***], contemporain de Poincaré. Elle trouve les fondements de ses constructions, l'origine de ses concepts et l'énoncé de ses théorèmes les plus profonds non pas dans la mathématique en soi, mais *au sein du monde physique*. À ce titre, la mathématique mérite d'être considérée comme *la description d'un univers physique idéal*. Naturellement, le soubassement du réel n'apparaît parfois qu'au second degré : l'algèbre, dans laquelle on pourrait ne voir qu'une œuvre abstraite de description formelle, est d'abord conçue comme une analyse structurelle des objets mathématiques premiers et des

---

[*] *VS*, p. 109.

[**] *La Science et l'hypothèse*, Flammarion, 1968, p. 75 (référencé dans la suite par l'abréviation *SH*).

[***] Cf. son article dans l'ouvrage collectif *De la méthode dans les sciences*, Félix Alcan, 1928.

transformations qu'ils peuvent subir, et qui sont autant de reflets des objets et des événements du monde physique.

La géométrie classique, Poincaré vient de le rappeler, trouve son origine dans l'étude de la propagation rectiligne de la lumière, à qui l'on doit la notion de droite. Les propriétés de cette géométrie, où la source lumineuse est à l'infini, découlent du théorème de Thalès, qui est un théorème d'optique géométrique. En géométrie projective, la source d'éclairement est à distance finie, engendrant une version projective du théorème de Thalès.

De l'étude des solides, notamment des pierres précieuses et des cristaux, vient la notion de polyèdre et toutes les mathématiques consacrées à la manière de remplir l'espace de façon régulière.

De l'astronomie viennent les notions de cercle et de sphère, et de l'étude des sphères céleste et terrestre dont il faut faire la cartographie, proviennent les notions de base de la géométrie différentielle.

De la mécanique statique sont venues la notion de force et de vecteur, d'espace de vecteurs, la notion de travail et donc de produit scalaire, à partir duquel Riemann a pu définir la notion de métrique. De la mécanique dynamique sont venues les notions de vitesse et d'accélération, de quantités fluentes et de dérivées, d'espace tangent en tant qu'espace de phases, de forme différentielle. De la mécanique céleste est venue par exemple la décomposition des mouvements en translations et rotations. De l'électricité et du magnétisme sont venus les notions de boucles, de solénoïde, les théorèmes de conservation de Gauss, de Stokes, la théorie de Morse. L'hydrodynamique a donné naissance aux concepts d'invariants intégraux. La théorie de la relativité a contribué au développement de la géométrie différentielle, la physique quantique au développement de la géométrie non commutative. Et l'on sait le rôle que joue aujourd'hui chez les physiciens théoriciens contemporains par exemple la notion de nœuds, et l'impulsion qu'ils ont donnée à cette théorie aux applications ramifiées. On connaît aussi le rôle moteur en analyse qu'ont joué et jouent encore l'hydrodynamique et la mécanique des vibrations. C'est enfin également à la mécanique que l'on doit les développements des mathématiques inspirés par les concepts de stabilité et de bifurcation.

Il s'agit là d'un survol très rapide et bien incomplet de ce que la mathématique doit à la physique de manière directe. Ce tableau paraîtra d'autant plus incomplet qu'on ne pourra pas faire apparaître ici ce que la mathématique doit à la physique de manière indirecte. Car, comme le signale Poincaré dans *La Valeur de la science*, l'un des guides du mathématicien, comme d'ailleurs de tout homme de science, « c'est d'abord l'analogie * ». Analogies de construction, de structure, de procédures de démonstration, de propriétés, le mathématicien les emploie souvent, consciemment ou non.

Il est difficile d'apprécier ce que la mathématique doit aux autres sciences que la physique, notamment à la biologie. Elle doit peut-être à celle-ci quelques concepts, en tout cas d'avoir mieux fait ressortir l'importance de certains d'entre eux. Notamment sous l'influence des géomètres Poncelet et Riemann, les termes d'homologie et de connexion, utilisés par les paléontologues au début du siècle dernier, sont rapidement entrés dans le vocabulaire des mathématiciens. Aujourd'hui, en attirant l'attention sur l'analogie entre singularité et centre organisateur, biologique ou social, les mathématiciens ont mieux fait valoir l'intérêt de l'étude des singularités. Dans l'ensemble cependant, le monde biologique est encore trop mal exploré et maîtrisé pour qu'on ait pu en extraire des objets mathématiques et des faits mathématiques nouveaux. La géométrisation de ce monde très complexe en est seulement à ses débuts. Hormis la biochimie de l'ADN où la topologie et la géométrie ont trouvé de belles applications, mais il s'agit alors davantage de biochimie que de biologie véritable, les modèles sont encore fort peu détaillés, souvent métaphoriques, et néanmoins, quelquefois, explicatifs.

PRINCIPES ET FORMES DE LA PEDAGOGIE

Principes et formes de la pédagogie sont inséparables, les deux sujets doivent être examinés de manière simultanée.

Les recommandations pédagogiques de Poincaré sont au nombre de deux seulement. Mais quel poids ont-elles ! Très liées, on peut accéder de la première à la seconde par une graduation de pensées.

Elles sont placées sous le sceau de l'histoire. Parlant de la mécanique, la discipline intellectuelle la plus proche des mathématiques, Poincaré évoque « la genèse de la science, [...] indispensable pour l'intelligence complète de la science elle-même ** ».

Pour ce qui est des mathématiques, Poincaré adresse aux pratiques pédagogiques standard une critique sévère, justifiée par la même remarque de fond : « En devenant rigoureuse, la science mathématique prend un caractère artificiel qui frappera tout le monde ; elle oublie ses origines historiques ; on voit comment les

---

* P. 38 ; voir également p. 106.
** *SH*, p. 153.

questions peuvent se résoudre, on ne voit plus comment et pourquoi elles se posent [*]. » Et d'expliquer : « Or, pour comprendre une théorie, il ne suffit pas de constater que le chemin que l'on a suivi n'est pas coupé par un obstacle, il faut se rendre compte des raisons qui l'ont fait choisir [**]. » Poincaré insiste, poursuivant aussitôt : « Pourra-t-on donc jamais dire qu'on comprend une théorie si on veut lui donner d'emblée sa forme définitive, celle que la logique impeccable lui impose, sans qu'il reste aucune trace des tâtonnements qui y ont conduit ? Non, on ne la comprendra pas réellement, on ne pourra même la retenir, ou on ne la retiendra qu'à force de l'apprendre par cœur. »

Le terme « comprendre » apparaît trois fois dans ce propos. Et la conclusion de Poincaré, à la lecture des ouvrages d'enseignement de mathématiques écrits aujourd'hui, serait de dire que lycéens et étudiants en général ne peuvent pas comprendre les bribes de théories qu'on tente de leur enseigner. L'échec de l'enseignement des mathématiques serait-il d'abord la conséquence d'une mauvaise présentation des théories mathématiques, sans justification d'une part, beaucoup trop formelle d'autre part, masquant les raisons qui ont présidé à leur naissance, à leur développement ?

Faut-il examiner les raisons psychologiques, sociologiques, scientifiques, qui ont conduit à cet état de fait ? Elles touchent certes les mathématiques en premier lieu, suscitant leur rejet, mais aussi d'autres disciplines.

Les raisons scientifiques sont à première vue des raisons de poids : elles servent cependant et souvent d'alibi à des raisons psychologiques et sociologiques de moindre valeur. Rappelons donc d'abord ces raisons d'ordre scientifique : la science évolue, s'est grandement enrichie ; chaque discipline bénéficie d'une meilleure compréhension interne dont l'enseignement doit tenir compte ; de plus, pour permettre à des esprits encore jeunes d'accéder aux théories récentes, pour leur culture générale, ou pour leur permettre d'entreprendre rapidement des recherches, il a paru nécessaire de trouver des modes d'exposition rigoureuse, dense et rapide des théories, *de pratiquer une ontogenèse de la science.*

Une ontogenèse peut être plus ou moins bien conduite, plus ou moins bien réalisée. Celle des mathématiques est conçue par nous ; il importe d'en réduire autant que faire se peut les défauts. Examinons donc d'abord certains caractères de l'ontogenèse. Qui dit ontogenèse dit projection, et comme le sait tout mathématicien, une

---

[*] *VS*, p. 35.
[**] LI, p. 132.

projection supprime des dimensions, une certaine richesse : en l'occurrence, bien de ces justifications et de ces démarches hésitantes de la pensée qui ont accompagné la maturation des processus de découvertes. Dans quelle mesure faut-il supprimer ces éléments de compréhension de la genèse des concepts et des résultats ? Qui dit ontogenèse dit également processus ritualisé, donc susceptible d'une description formelle, d'une présentation selon une « logique impeccable », selon les termes mêmes de Poincaré ; mais, si l'imposition de l'ontogenèse intellectuelle n'est pas adaptée au développement naturel de l'intuition personnelle, n'est-on pas en présence d'un processus de formation *d'où l'intuition est absente*, et qui perd, de ce fait, une grande part de sa valeur formatrice ?

Alors, à cause d'une ontogenèse mal conçue, l'argument scientifique, qui est de vouloir former rapidement les jeunes esprits aux théories modernes, se retournerait contre lui-même : à quoi bon en effet prétendre former l'esprit par les mathématiques et aux mathématiques par un procédé pédagogique fondé sur cet argument puisqu'en figeant l'intuition il faillirait à sa mission, décourageant l'accès à la culture générale mathématique, ne favorisant pas le développement de qualités dont le futur chercheur aurait le plus grand besoin ?

Il en est par ailleurs des mathématiciens comme du reste des hommes. S'ils ont bien, dans leur ensemble, l'esprit de géométrie en général plus accusé que celui de leurs semblables, il n'en reste pas moins qu'on y rencontre la diversité commune des caractères. Un exercice unique de certaines mathématiques peut révéler une forme d'autisme, de repli sur soi, de manque de réceptivité à autrui, de passion un rien craintive et pathologique. Si la recherche de la vérité est une démarche pour le moins de bon aloi, si la recherche de la rigueur est une exigence de qualité à la fois esthétique et scientifique, il arrive parfois que sa pratique se fasse au détriment de l'intuition. « Mais comment a-t-on atteint la rigueur ? C'est en restreignant de plus en plus la part de l'intuition dans la science, et en faisant plus grande celle de la logique formelle [*]. »

La recherche de la rigueur est un exercice non point d'invention mais de finition. Cette recherche permet certes d'affiner les notions de base, mais ce n'est pas grâce à elle que ces notions profondes ont été découvertes [**]. Son intérêt est donc second. La rigueur peut être l'apanage de grands esprits, aiguisés, comme celui de Weierstrass. Il

---

[*] LI, p. 129.

[**] Je n'ignore pas le rôle joué par les travaux de Weierstrass dans les découvertes de Cantor.

arrive aussi que la rigueur soit la marque d'esprits soit naïfs, soit frileux voire craintifs, pratiquant une pédagogie fidèle à leur psychologie. Mais, comme le dit Poincaré, « la satisfaction du maître n'est pas l'unique objet de l'enseignement ». « Mes auditeurs ont-ils compris ? », telle devrait être l'interrogation principale du maître, capable de s'affranchir des tabous illusoires pour être mieux à même de faire passer son message essentiel.

La seconde recommandation pédagogique de Poincaré est très explicite. Elle est donnée dans chacun des textes suivants : « Les débutants ne sont pas préparés à la véritable rigueur mathématique ; ils n'y verraient que vaines et fastidieuses subtilités ; on perdrait son temps à vouloir trop tôt les rendre plus exigeants ; il faut qu'ils refassent rapidement, mais sans brûler d'étapes, le chemin qu'ont parcouru lentement les fondateurs de la science. Pourquoi une si longue préparation est-elle nécessaire pour s'habituer à cette rigueur parfaite, qui, semble-t-il, devrait s'imposer à tous les esprits ? C'est là un problème logique et psychologique bien digne d'être médité*. »

Quel argument Poincaré peut-il invoquer pour étayer sa recommandation de refaire suivre aux débutants le long chemin, « parcouru lentement » par les fondateurs de la science ? Poincaré s'appuie sur le fait que l'homme est d'abord un être biologique, et que le développement mental de l'être est lié à celui d'une physiologie qui a ses lois. Les méconnaître conduit à l'échec, voire à la catastrophe sociale comme en témoignent toutes les tentatives révolutionnaires et malheureuses établies sur l'idéologie mal fondée de « l'homme nouveau ». « Les zoologistes prétendent que le développement embryonnaire d'un animal résume en un temps très court toute l'histoire de ses ancêtres des époques géologiques. Il semble qu'il en est de même du développement des esprits. La tâche de l'éducateur est de faire repasser l'esprit de l'enfant par où a passé celui de ses pères, en passant rapidement par certaines étapes mais en n'en supprimant aucune. À ce compte, l'histoire doit être notre guide**. »

Poincaré connaît donc la loi de Herder-Haeckel selon laquelle « l'ontogenèse récapitule la phylogenèse ». Il nous invite à la pratique d'une ontogenèse vraie et non point bâclée, voire plutôt inexistante.

Il est en effet aujourd'hui des pans entiers de l'enseignement des mathématiques où la pratique pédagogique de cette loi de récapitulation semble ignorée. On trouvera sans doute dans ce fait une seconde cause de la difficulté sinon de l'échec de l'enseignement des

---

* *SH*, p. 35.
** LI, p. 131.

mathématiques. Car une ontogenèse mal conçue ne peut conduire qu'au développement d'un être plus ou moins difforme et taré. Si de tels défauts affectent la part mathématique de l'ontogenèse culturelle, on ne peut s'étonner qu'elle suscite une forme générale de rejet. Seul le retour à des conceptions et des pratiques pédagogiques en harmonie avec les lois profondes du développement biologique de l'être peut réconcilier le public avec les mathématiques.

À la lumière de ces considérations, l'enseignement des mathématiques dans nos lycées apparaît aujourd'hui moins formateur que stérilisant. Le lien historique et conceptuel des mathématiques avec toute la physique classique, qui a puissamment contribué à fonder ces mathématiques, est insuffisamment montré : les définitions des notions et des objets tombent du ciel, abstraites, incompréhensibles au premier abord. Cet enseignement, souvent trop formel, « algébrisé », est sans rapport profond avec le développement historique des mathématiques. Il ne respecte pas les règles élémentaires de l'ontogenèse culturelle.

SUJETS D'ENSEIGNEMENT

Le logicien souhaitera un fort enseignement de logique, le probabiliste et statisticien un fort enseignement de probabilité et de statistique, l'algébriste un fort enseignement d'algèbre, l'analyste un fort enseignement d'analyse, le géomètre enfin un fort enseignement de géométrie.

Sur la question : quelle formation faut-il donner à l'esprit ? d'aucuns se détournent, la question étant trop... philosophique.

Poincaré s'est davantage interrogé sur la manière de conduire l'enseignement des mathématiques que sur son contenu propre. La situation des mathématiques à son époque était fort différente de celle que nous connaissons aujourd'hui. Il n'y avait pas de contestation de l'enseignement des mathématiques, ni de besoins urgents d'introduire dans les programmes les trouvailles récentes des chercheurs.

Il y avait un enseignement fondamental, celui de la géométrie euclidienne. Le propos de Poincaré visait principalement à prévenir des dérives dans la conception de cet enseignement, qui rendraient caduques ses vertus formatrices. À lire son article « Les fondements de la géométrie », on voit qu'*il redoutait l'introduction d'un enseignement axiomatisé de la géométrie*. Cela dit, ses longues considérations sur l'espace et ses rapports tant avec la géométrie et *l'analysis situs*, ses écrits importants sur les fondements de la géométrie où les groupes de déplacements jouent un rôle central sont autant d'ouvertures sur des enrichissements possibles de l'enseignement des mathématiques. Mais jamais Poincaré n'évoque explicitement la possibilité d'introduire ces nouvelles données dans l'enseignement. D'une part, à son époque, elles sont trop récentes, encore insuffisamment exploitées ; on n'imagine pas les magnifiques édifices qu'elles vont permettre de construire. D'autre part, l'ontogenèse a ses règles, Poincaré les a rappelées ; il faut, en particulier, faire parcourir aux jeunes esprits le chemin parcouru par les fondateurs.

Examinons l'état de l'enseignement des mathématiques dans le secondaire français, aujourd'hui. Par rapport à autrefois, afin de suivre le développement du savoir, le nombre de matières à enseigner s'est accru. Sans nul doute, les réformateurs ont dû débattre des avantages et des inconvénients entraînés par cet ajout de matières supplémentaires, fait en grande partie au détriment des matières classiques, puisque le temps est incompressible.

En mathématiques, on a, par exemple, introduit des enseignements de probabilité et de statistique. Si la notion de probabilité présente un intérêt métaphysique évident, la statistique, de son côté, au niveau où on peut l'enseigner au lycée, n'a aucun intérêt formateur ; elle n'est alors qu'une technique élémentaire de calcul qui ne peut avoir de place qu'à titre informatif.

On a fortement développé un aspect calculatoire, introduit de nouveaux rudiments d'analyse, la notion d'espace vectoriel et le langage des vecteurs, les groupes d'isométrie du plan euclidien. On y rencontre même la notion de projection parallèle qui fait partie de la bonne et vieille géométrie.

À lire ce programme, le mathématicien professionnel pourrait éprouver un sentiment immédiat de satisfaction. Oui, il aimerait que tout élève l'ait bien assimilé.

Mais il ne s'agit là que d'un rêve. Beaucoup de temps est passé à l'introduction de ces notions, de sorte qu'il en reste fort peu pour énoncer et démontrer suffisamment de théorèmes. On ne pénètre pas à l'intérieur d'une théorie au point de former l'esprit à une discipline. Un tel survol rapide ne permet pas d'ancrer la pensée pour qu'elle puisse éprouver le désir d'apprendre davantage. Enfin et surtout la part de la formation de l'esprit à la géométrie, qui est la *représentation intelligible de la physique du monde,* est insuffisante. Par leur pouvoir générateur et inductif, le calcul et l'algèbre sont des outils très puissants permettant d'effectuer d'énormes raccourcis dans l'établissement de valeurs et de propriétés, chaque fois notamment qu'on est en présence de procédures récurrentes. Mais l'intelligibilité n'est pas dans l'aptitude à calculer. Elle se situe certes dans l'observation et la définition des règles structurelles, mais d'abord dans la création : des objets, de leurs représentations, de leurs modes de construction. Cette création est d'origine physique, et donc fondamentalement géométrique.

Par l'introduction du langage vectoriel et des groupes de transformations élémentaires, on a tenté de moderniser l'enseignement de la géométrie. Celui d'autrefois déroulait au fil des ans une véritable théorie : embrassant d'un seul coup d'œil cette construction, on formait par là l'esprit à la synthèse ; on l'exerçait aussi à l'analyse des situations afin d'étayer les affirmations par des preuves. Toute cette formation est largement absente de l'enseignement actuel des mathématiques, trop parcellisé, manquant d'ampleur dans son développement, éliminant tout obstacle dont la présence est source de réflexion et de progrès de la pensée.

L'enseignement d'autrefois était marqué par une manipulation spatiale et physique au niveau des énoncés, des démonstrations, des exercices : il y avait une grande part de *constructions*, tracés de droites, tracés de cercles, grâce auxquelles on pouvait voir les propriétés, s'en imprégner, les démontrer. On reprenait la démarche mentale de ceux qui les avaient découvertes. On se forgeait une intuition spatiale en même temps qu'on s'exerçait au raisonnement démonstratif. On activait les processus mentaux de la découverte : celle-ci est principalement le résultat de *constructions* inédites. La recherche de lieux géométriques fortifiait une démarche de l'esprit tournée vers une appréhension plus dynamique de la réalité physique.

Trop peu de tout cela reste aujourd'hui. Il suffit de comparer les ouvrages écrits par les mathématiciens d'autrefois, par exemple le traité de géométrie d'Hadamard, et, à l'exception d'un seul écrit par Coxeter et Greitzer, les ouvrages actuels destinés à l'enseignement, aussi réputés soient-ils. Passons sur l'introduction *ex abrupto* d'axiomes, sans références physiques ou justification, mode d'introduction que Poincaré n'appréciait guère. La citation suivante est un peu longue, mais il vaut la peine de la maintenir intégralement quand on connaît les prétentions de ceux qui voudraient remplacer les mathématiciens par des automates :

« Ainsi M. Hilbert a, pour ainsi dire, cherché à mettre les axiomes sous une forme telle qu'ils puissent être appliqués par quelqu'un qui n'en comprendrait pas le sens parce qu'il n'aurait jamais vu ni point, ni droite, ni plan. Les raisonnements doivent pouvoir, d'après lui, se ramener à des règles purement mécaniques, et il suffit, pour faire la géométrie, d'appliquer servilement ces règles aux axiomes, sans savoir ce qu'ils veulent dire. On pourra ainsi construire toute la géométrie, je ne dirai pas précisément sans y rien comprendre, puisqu'on saisira l'enchaînement logique des propositions, mais tout au moins sans rien y voir. On pourrait confier les axiomes à une machine à raisonner, par exemple au piano raisonneur de Stanley Jevons, et l'on en verrait sortir toute la géométrie.

C'est la même préoccupation qui a inspiré certains savants italiens, tels que MM. Peano et Padoa, qui se sont efforcés de créer une pasigraphie, c'est-à-dire une sorte d'algèbre universelle où tous les raisonnements sont remplacés par des symboles ou des formules.

Cette préoccupation peut sembler artificielle et puérile ; et il est inutile de faire observer combien elle serait funeste dans l'enseignement, et nuisible au développement des esprits ; combien elle serait desséchante pour les chercheurs, dont elle tarirait promptement l'originalité [*]. »

Le formalisme, et la sécheresse qui en résulte, sont les caractères frappants de ces ouvrages récents. On peut trouver la raison de cette belle froideur dans un souci de rigueur et de sobriété, dans le désir des auteurs de donner une présentation moderne et axiomatique de la géométrie par l'emploi d'un langage le plus algébrisé possible, celui de la théorie des groupes. La question dont on va débattre ici est la suivante : conviendrait-il de fonder, au niveau des collèges et des lycées, tout l'enseignement de la géométrie sur la considération exclusive des groupes de transformation ? Deux remarques de fond vont servir de base à la discussion.

Tous les résultats géométriques fondamentaux, significatifs, et d'ailleurs traditionnellement enseignés, ont été obtenus avant la naissance de la théorie des groupes. Fort peu de démonstrations primitives ont fait appel au concept de symétrie sous-jacent à ladite théorie. Au niveau élémentaire auquel on se place, le meilleur résultat établi par cette théorie est l'énoncé sur la structure des isométries euclidiennes, décrites comme produits de réflexions.

Les démonstrations anciennes sont vivantes et proches de la réalité physique. Le théorème de Thalès est un théorème d'optique que l'œil vérifie chaque jour. En géométrie élémentaire classique, la notion d'aire joue un rôle capital ; que de théorèmes, de manière directe ou plus lointaine, ne démontre-t-on pas à partir du calcul des

---

[*] « Les fondements de la géométrie », p. 95-96.

aires ! Les considérations domaniales, liées aux conditions de survie de l'être, ont quelque chose d'inné. Une démonstration utilisant la notion d'aire possède un caractère naturel qui la rend psychologiquement acceptable.

Les démonstrations anciennes sont pleines de charme. On y sent poindre l'astuce, on y retrouve l'éclair de la découverte. Les démonstrations modernes, quand elles sont données, sont des démonstrations de seconde main, respirant parfois l'effort pour couler les résultats anciens dans le langage nouveau. Elles manquent en général d'attrait.

La seconde remarque, c'est que la notion de groupe n'a rien de spontané. Rappelons d'abord qu'il a fallu attendre des millénaires avant que naisse cette théorie, difficilement, au siècle dernier. C'est le physicien Helmholtz qui a, le premier, entrevu le rôle de la théorie des groupes de transformation en géométrie ; F. Klein a aussitôt compris la portée de l'intuition de Helmholtz, et commencé, en 1872, à mettre en œuvre un programme de décodage et de retranscription. Un siècle plus tard à ma connaissance, en 1964, écrit par J. Dieudonné, apparaissait enfin un traité de géométrie élémentaire important, mais encore incomplet, fondé sur la théorie des groupes, et hors de portée des lycéens.

Aucun des grands esprits profonds des siècles passés, Archimède, Newton, Euler, n'a eu la moindre idée de la théorie des groupes et de l'exploitation de la notion de symétrie liée à cette théorie. Il a fallu attendre, nous venons de le dire, l'an 1872 pour qu'après une intense préparation scientifique un grand mathématicien comprenne véritablement la portée de la théorie des groupes de transformation, et un siècle encore de travail supplémentaire pour parvenir à rédiger des ouvrages à vocation pédagogique. C'est assez dire combien les démonstrations argumentées sur cette théorie, aussi simples nous paraissent-elles, sont en fait forcées, *peu intuitives*. Poincaré doit se retourner jour et nuit dans sa tombe : il est aux enfers *!

Des obstacles de fond se sont donc opposés à l'implantation de la théorie des groupes : celui-ci paraît essentiel. Il est probable que davantage on descend au cœur de la physique fondamentale, davantage l'homogénéité, la régularité, la stabilité et la symétrie sont présentes. Mais plus on s'éloigne de cet état physique, plus les ruptures de symétries se font nombreuses. Au niveau de notre perception spontanée toute biologique, la symétrie n'est pas perçue, tant est prégnante la flèche du temps, si l'on veut, sur notre physiologie toujours en devenir.

---

* Comme le signale l'éditeur : « Non, pas lui, nous... »

C'est sans doute la raison pour laquelle toute démonstration fondée sur le concept central de la notion de groupe restera, pour le jeune esprit encore plein de vitalité bouillonnante, artificielle, étrangère à sa sensibilité naturelle. La mécanique de sa pensée, point réduite à des comportements d'automate – rotations et translations sont l'affaire du cervelet et non pas des fonctions supérieures du cerveau –, ne se satisfera pas des démonstrations détachées des contraintes biologiques. Les démonstrations seront logiquement comprises, elles ne seront pas physiologiquement et affectivement assimilées.

Ainsi, le premier et le plus grand reproche apparent que l'on peut adresser à l'introduction précoce de la théorie des groupes dans l'enseignement, c'est d'être en contradiction avec le principe pédagogique clé : réaliser une ontogenèse de la connaissance qui en respecte la phylogenèse.

Au stade de développement où se trouve la pensée de l'enfant, la vision dynamique des choses fait encore défaut. On en reste toujours au niveau de la perception d'un monde stable et structurant, statique. L'esprit n'est pas encore capable d'analyser le passager, le fugace. Dans cette première phase de son développement, il commence par retenir les faits très routiniers. On remarquera que la science a suivi un processus d'acquisition tout à fait analogue. Or, pour bien comprendre le rôle des groupes en géométrie, il faut avoir développé au contraire une compréhension transformationniste du monde. Les éléments des groupes que l'on met en œuvre en géométrie élémentaire sont des *déplacements*, des *modifications* : translations, rotations, symétries, dilatations, transformations conformes. La question se pose de savoir vers quel âge en moyenne l'individu effectue la mue de sa pensée et devient capable de concevoir une dynamique de transformations. Car, s'il est évident que tout enfant est spontanément à même d'opérer les transformations élémentaires qui viennent d'être citées, la question reste de savoir s'il est assez mûr pour pouvoir en faire *consciemment* des outils rationnels de construction et de découverte en géométrie, c'est-à-dire dans des espaces soumis à des contraintes métriques.

Il serait sans doute préférable de maintenir en activité tout au long de la scolarité la simple capacité de représentation topologique et spatiale que les pédagogues ont observée chez les bébés et les tout jeunes enfants, en les alliant aux manipulations transformationnelles pratiquées de manière spontanée : l'emploi de la pâte à modeler ou de l'argile du potier, la manipulation plus tard d'objets déformables visibles sur écran d'ordinateur permettraient très tôt d'apprendre aux enfants d'une part à caractériser leurs gestes à l'aide des transformations définies par les mathématiciens, en même temps et d'autre part à construire *dans l'espace tridimensionnel* usuel les objets métriques ou topologiques simples familiers au mathématicien, par les procédures non seulement métriques mais aussi topologiques (identification, ajout d'anses, voire fabrication de tresses).

La procédure *a priori* actuelle conduit à consacrer beaucoup de temps à la mise en place du cadre dans lequel on va présenter la géométrie : cadre tout à fait inhabituel, et donc difficile à assimiler par la majorité des élèves. On ne peut donc guère introduire que la translation, la réflexion, la rotation ; au moins pourra-t-on espérer captiver un moment les élèves avec l'étude de pavages du plan simples. Notons ici que la réalisation, depuis des millénaires, de frises d'une grande qualité artistique, où domine évidemment la symétrie, fournit la matière d'un contre-exemple au principe qui considère comme contraire à la phylogenèse de la connaissance l'introduction précoce de la théorie de la symétrie. La question qu'il convient de reposer ici est celle de savoir si la maturité du développement mental des enfants leur permet d'utiliser la notion de transformation comme outil de démonstration, et si la démonstration de l'existence de sept types de frises est un exercice susceptible de développer leur intuition.

Si la dilatation ou homothétie est également et bien obligatoirement présente dans tout enseignement de la géométrie, par contre, on ne parle pas, au niveau du secondaire, de la transformation conforme. On perd donc une grande part de ce qui faisait la richesse de la géométrie d'autrefois, et qui contribuait fortement à éveiller l'intérêt des élèves pour les mathématiques. Constatons que les étudiants abordent, aujourd'hui, les cours de géométrie de l'université en ignorant la notion de puissance d'un point par rapport à une courbe, l'inversion, la nature du lieu des points d'où l'on voit les extrémités d'un segment sous un angle constant. Bien des théorèmes excitants, aux démonstrations de surcroît faciles par les méthodes traditionnelles, ceux de Ceva, Ménélaüs, Varignon, et même Pascal, ne sont pas connus. Les connaissances sur les propriétés des coniques sont des plus limitées.

Quant à la géométrie dans l'espace, on en fait si peu que les élèves semblent ignorer par exemple le mode de génération du plan dans l'espace usuel. La plupart ne semblent pas voir dans l'espace. Les conséquences de ce défaut de vision sont bien souvent dommageables pour la poursuite d'études supérieures.

Le bilan de ces réformes n'est pas très encourageant. On a assurément beaucoup perdu sur le plan de la formation de la pensée ; pour gagner en rigueur, n'a-t-on pas tué l'intuition ? Quant au gain en connaissance mathématique, il n'est pas prouvé : au contraire, on a perdu la connaissance de beaucoup d'énoncés classiques mais importants, sans avoir vraiment acquis une familiarité un peu approfondie avec des notions modernes. Enfin, cet enseignement peu ontogénétique paraît souvent artificiel, et susciter un sentiment de rejet de la part d'une large fraction d'élèves, sentiment que, devenus adultes, ils continueront sans doute à manifester. Ces élèves ainsi formés entrent à l'université. Que leur offre-t-on ?

En premier lieu, un enseignement de plus en plus spécialisé. La notion de culture générale est absente de l'enseignement universitaire, un comble si l'on songe à la présence de la notion d'universel dans le mot universitaire. Le diplôme universitaire d'études générales n'a en effet de valeur générale que le nom, tant, en certains endroits, la spécialisation est poussée dès la seconde année. Même la physique est ramenée à la portion congrue ; on fabrique des spécialistes de seconde zone, dont l'ouverture d'esprit n'est pas encouragée. Les programmes de licence et de maîtrise de mathématiques ne comportent que des enseignements de mathématiques. Que pourront comprendre ces futurs enseignants à la genèse de leur discipline s'ils ignorent la physique ? Comment, s'ils veulent faire des mathématiques appliquées, pourront-ils utiliser une compréhension et une intuition physiques pour trouver des énoncés significatifs ? Quant à la présence de disciplines littéraires au sein d'enseignements scientifiques, il n'y faut point compter. L'université aurait-elle pour fonction de former moins des honnêtes hommes que des machines techniciennes ?

Nous avons déjà relevé que les étudiants qui entrent à l'université n'ont pas, en général, de vision spatiale. On s'en aperçoit, par exemple, aux difficultés rencontrées par la plupart d'entre eux pour assimiler l'algèbre linéaire, comprendre certains théorèmes d'analyse qui sont une traduction numérique de faits géométriques, ou bien la notion élémentaire de sous-variété paramétrée.

On donne souvent aux étudiants une fausse vision des mathématiques. On leur donne une vision non point spatiale, mais essentiellement *calculatoire*, numérique, où l'établissement de la formule supplante le raisonnement qui devrait expliquer la raison de la formule, la faire deviner. L'enseignement de la topologie différentielle est absent, celui de la géométrie réduit à la portion congrue : les étudiants ne sont pas formés à concevoir le calcul comme la traduction numérique de faits géométriques, spatiaux, l'algèbre comme le plus souvent une description structurale d'opérations spatiales, soit directes, soit indirectes à travers le nombre. Il appartient aux protagonistes de ce « calculus » de mettre en valeur son apport, s'il existe, à la formation de la pensée.

Les enseignements que reçoivent les étudiants sont parfois trop formels : alors que l'algèbre linéaire n'est que la présentation déguisée de faits géométriques simples, on découvre souvent dans les ouvrages une présentation axiomatique et abstraite qui élimine complètement la réalité géométrique sous-jacente, tue *a priori* toute compréhension véritable de cette « algèbre ». Bien des ouvrages ignorent la signification géométrique d'un déterminant, ou font l'impasse sur la résolution géométrique d'une équation linéaire. De même, la présentation de la signification géométrique des théorèmes d'analyse est souvent esquivée ou fugace, de sorte que ces énoncés n'ont, pour l'étudiant, qu'une valeur linguistique. Il n'est pas étonnant alors que, par suite d'une incompréhension due à l'élimination de l'interprétation concrète et visible, le niveau général en mathématiques soit peu élevé, qu'un faible nombre d'étudiants envisagent de poursuivre des études dans cette direction, et qu'on ait tant de mal à recruter des enseignants.

Ces difficultés ne peuvent qu'encourager la réflexion sur l'enseignement des mathématiques. Si les observations, les critiques et les jugements qui viennent d'être portés ont quelque fondement, les programmes devraient, à nouveau, être revus. Une indication générale se dégage des propos précédents : il semble nécessaire de renforcer la part de la géométrie dans tout l'enseignement ; au niveau du secondaire en particulier, en redonnant une vitalité nouvelle à l'enseignement classique de la géométrie, qui doit certes être modernisé mais de manière moins abrupte qu'on ne le fait aujourd'hui. À travers tous les cycles d'enseignement, il conviendrait de faire vivre un courant topologique et manipulatoire permettant, avant tout, d'entretenir et de développer l'intuition de l'espace, au sein duquel se déploient le monde physique, le monde vivant.

Ce propos pédagogique amène des considérations d'une autre nature. Sous l'influence des analystes, des mathématiciens appliqués et du développement de l'informatique, le numérique est devenu omniprésent. On ne peut contester son intérêt comme *outil de représentation*. C'est par lui, certes, qu'on représente la forme, voire l'espace. Mais de quel espace s'agit-il ? Qu'a-t-il réellement à voir avec l'espace physique, milieu étrange imprégné de l'une de ces entéléchies nommée aujourd'hui énergie, *anima* autrefois, et dont l'intelligence échappe toujours aux physiciens ?

Au siècle dernier, Maxwell et Poincaré demandaient à leurs contemporains de ne pas confondre « la formule et le fait » (Maxwell), « le symbole et la réalité » (Poincaré). Sans doute rencontraient-ils quelques personnes qui, fascinées en quelque sorte par leurs propres constructions mentales, attribuaient à celles-ci une valeur de vérité presque absolue. Cette fascination les rendait incapables de saisir à quel point leur perception du réel était mutilée. Ils vivaient dans un monde de rêve. Leurs décisions pratiques, prises sur des bases aussi erronées, pouvaient conduire aux pires catastrophes.

Ne peut-on craindre alors que, par une formation trop axée sur le numérique, ne se répande l'idolâtrie du nombre, nous menant droit à un monde entièrement artificiel, oppressif, inhumain, étouffant toute sensibilité, tuant toute âme ? Cette vision est certes excessive, encore que les avancées de l'ensemble des sciences et des techniques laissent entrevoir un univers concentrationnaire d'une puissance et d'une efficacité sans commune mesure avec les réalisations monstrueuses d'un passé récent.

Dans la réaction si fréquente de désaffection voire de refus des mathématiques, ne se glisserait-il pas une sorte d'appréciation assez fine sur les possibilités réelles que possède cette discipline à atteindre le fondement affectif de l'humain, également une sorte de crainte inconsciente face à la perspective d'un monde déshumanisé, dont la science mathématique, dans son apparence de mécanique numérisée, serait le froid symbole ?

Chapitre IV

Degrés de rationalité
en mathématiques

Existe-t-il, dans le processus de la découverte mathématique, une part d'irrationnel ?

La réponse à cette question est bien sûr très complexe. Car qu'entend-on par irrationalité, et comment la déceler, en évaluer l'importance ? Comment reconnaître les soubassements rationnels, leur ordonnancement, qui débouchent sur l'expression d'une irrationalité apparente ?

Ma conviction est que la rationalité est prééminente. Elle est élaborée à plusieurs niveaux. La rationalité achevée trouve son expression dans le discours élégant du mathématicien, du logicien pur : ceux-ci, pour justifier un fait, présentent une suite causale d'énoncés irréfutables. Un fait non justifié par cette procédure est soit un axiome qu'un consensus accepte de tenir pour base d'élaboration, soit une conjecture dont on cherchera à établir le bien-fondé selon le canon précédent, ou bien à infirmer.

Les faits justifiés, s'ils conservent tout leur intérêt, appartiennent quand même au passé. Les faits à justifier peuvent aussi, pour certains d'entre eux, relever du passé : la conjoncture de Goldbach, énoncée dans une lettre à Euler en 1742 – tout entier pair est somme de nombres premiers –, celle sur la position des zéros de la fonction d'Euler $\zeta(s) = \sum_n \frac{1}{n^s}$, ou « hypothèse de Riemann », déjà évoquée au chapitre II, en sont des exemples fameux, puisés dans l'arithmétique. Pour la plupart, les faits à justifier relèvent du présent. Comment sont-ils apparus ?

Ils sont le résultat de facteurs qualifiés improprement d'exogènes, l'observation des objets mathématiques, l'expérience acquise par l'observateur, et de facteurs plus personnels, plus innés, qualifiés non moins improprement d'endogènes, à savoir les qualités intellectuelles propres à l'observateur : intelligence et mémoire des faits et de leur organisation, rapidité de fonctionnement de l'esprit qui facilite les manifestations des deux premières qualités, intuition.

Les grands hommes ont ces qualités endogènes poussées à un très haut et rare degré ; on convient alors de parler de dons. Ils permettent à leurs heureux possesseurs, que Pascal considérait comme touchés par une grâce divine, de faire œuvrer les facteurs extérieurs avec une remarquable efficacité. Essayons de voir comment ils s'y emploient.

L'observation des objets mathématiques peut se faire à différents niveaux, et de bien des manières. L'objet mathématique en effet peut éventuellement être soumis à des modes de représentation et d'analyse variés : topologique, métrique, algébrique, analytique. La description de l'objet sous chacun de ces éclairages, ou sous la combinaison de certains de ces éclairages, apporte naturellement une part originale à son intelligence, à la mise en évidence de ses propriétés. Le souhait de retrouver ou d'exprimer les propriétés observées d'un premier point de vue à partir d'un autre point de vue joue un rôle stimulant qui permet de mieux préciser les qualités de l'objet, voire de faire apparaître une ou des qualités tout à fait singulières, voire de lui conférer un statut nouveau ou particulier. La question de leur universalité se pose alors : la réponse à cette question peut permettre de définir de nouvelles classes d'objets que l'on cherchera à caractériser de manière intrinsèque. Peuvent alors être élaborées des axiomatiques particulières, des théorèmes d'ordre général énonçant les propriétés communes des objets appartenant à ces classes.

Le propos qu'on vient de tenir décrit une large part de la création et du développement des objets et des champs d'objets mathématiques. Par exemple, la géométrie algébrique est initialement issue de la représentation analytique de courbes, principalement définies, encore aujourd'hui, par des polynômes. Nombre de propriétés géométriques, points d'intersection et contacts entre courbes, singularités, effets de transformations, ont été exprimées dans le langage des polynômes. Les propriétés géométriques ont suscité la découverte de propriétés structurelles des espaces de polynômes. Par ailleurs, l'étude de l'arithmétique, de l'organisation des espaces de nombres, où les polynômes jouent également un rôle important, a, elle aussi, contribué à la mise en évidence de propriétés structurelles des espaces de polynômes (la notion d'idéal, par exemple, vient de l'arithmétique). L'algèbre est devenue le corps de théorie qui étudie ces propriétés structurelles, à travers l'étude d'objets ou de théories d'objets de même structure, qu'ils soient géométriques, numériques ou fonctionnels. En retour, les progrès de l'algèbre ont fortement influencé la manière de présenter et d'aborder les questions examinées dans les autres théories.

On voit bien, à travers ce survol très rapide et très partiel de la géométrie algébrique, apparaître deux des composantes très générales du processus de découverte : outre une compréhension aiguë de ses propriétés déjà établies, indissociable d'une familiarité très grande avec l'objet, le processus de découverte fait appel à une connaissance non moins sûre et non moins actuelle de domaines voisins, favorisant la possibilité de transferts de propriétés et de méthodes d'exploration.

De ce point de vue, la recherche en mathématiques n'est pas différente de la recherche dans les autres domaines, en physique ou en médecine par exemple. Dans ces deux disciplines, on procède essentiellement par exploration. Cette exploration peut se pratiquer *in situ* ; elle apparaît alors sous deux formes principales : une forme douce, l'auscultation, maintenant externe ou interne, accomplie sans destruction de l'objet d'étude ; une forme plus violente, relevant de l'esprit analytique, qui consiste à séparer, fragmenter, disséquer, extirper par des procédés proprement chirurgicaux, désarticuler, bombarder, détruire, annihiler. L'exploration peut aussi s'accomplir sur des images de l'objet, sur des *représentations* plus ou moins fidèles de cet objet ou de certaines de ses parties.

La manière dont procède l'auscultation en mathématiques dépend du chapitre que l'on considère. Le calcul des longueurs des trajets entre deux points, la présence de pôles associés aux fonctions méromorphes, singularités représentant des obstacles à éviter, à contourner, ont contribué à fortifier l'importance de la notion de chemin fermé et déformable, l'importance du concept d'objet souple venant de Poncelet, qui a vu, en approfondissant l'étude des coniques, que nombre de leurs propriétés restaient invariantes par « déformation insensible ». En promenant son stéthoscope le long de tels chemins fermés, Poincaré a fait de ces chemins un outil fondamental pour l'étude des objets topologiques : application de retour en dynamique qualitative, groupe fondamental, cycles homologues sont des notions directement suggérées par la considération de ces chemins. Mais chez Poincaré la stimulation physique est toujours sous-jacente ; professeur de physique théorique, il est également familier des trajectoires en forme de boucle qu'on observe en électromagnétisme, des tourbillons de l'hydrodynamique. On voit apparaître ici d'autres éléments de rationalité, plus ou moins organisés, difficiles à formaliser, mais qui, apportant des arguments sensibles à la raison, des éléments de justification naturelle, jouent le rôle d'aiguillon de la pensée, la mettent en confiance dans sa démarche. Sans leur présence, la mise en œuvre de ces procédures d'exploration le long de trajectoires fermées ne se serait peut-être pas imposée dans l'esprit de Poincaré avec autant de clarté.

La question se pose naturellement de savoir si les procédures de découverte créent de nouveaux problèmes ou si, au contraire, ce sont les problèmes posés qui sont à l'origine de la création de concepts, de techniques. On se doute que, selon les cas, l'une ou l'autre des éventualités prévalut. Une nouvelle technique étant mise au point, par exemple l'emploi de chemins fermés pour étudier les propriétés topologiques d'un objet, le mathématicien aura tendance à essayer de voir dans quelle mesure il peut étendre cette technique à l'étude d'autres objets, dans quelle mesure il peut la généraliser : de telles tentatives peuvent contribuer à la création d'objets. Il n'y a, dans ces démarches de l'esprit, que l'expression de la rationalité, simplement sous-tendue et alimentée, comme il est de règle, par cette capacité de l'esprit humain à établir des comparaisons, des analogies.

Il faut reconnaître que les problèmes que se pose le mathématicien ne sont pas toujours d'une originalité extrême. Comme tout homme de science, il est en face d'objets : son premier souci est de bien délimiter la classe d'objets qu'il va étudier, ce qui le conduit à une réflexion sur l'intérêt de cette classe, sur les données qui vont la définir sans ambiguïté, sur les procédures de classifications, les éléments de caractérisation de chaque objet et de chaque classe d'objets. Mais le processus qui conduit à la reconnaissance même d'un objet, puis à la mise au point d'une technique est parfois très sinueux et long.

La notion de fonction, aujourd'hui étendue en notion d'application entre espaces multidimensionnels, est encore cachée, implicite dans les œuvres des mathématiciens du XVIIe siècle. Elle émerge au XVIIIe siècle, mais n'atteint sa formalisation définitive qu'avec Jordan, il y a un siècle environ. Son statut reste ambigu : s'agit-il d'une simple mise en relation, en correspondance, d'éléments, ou bien, derrière cette apparence formelle, la seule dont les étudiants et les jeunes enseignants soient instruits, y a-t-il une ou des significations cachées dont l'exploitation implicite serait la source d'une diversification et d'un enrichissement des mathématiques ? La diversité des manières dont on répondra à cette question est une illustration des différentes formes d'esprit des mathématiciens, qui sont loin de constituer un bloc monolithique.

Certains d'entre eux sont dotés d'un esprit quelque peu autarcique : ils peuvent aller jusqu'à se complaire dans l'aspect formel des choses, et leur agilité linguistique les prédispose au maniement des symboles et du raisonnement en soi, sans référence à quelque environnement sensible. Analystes, algébristes, logiciens et logicistes* peuvent être intransigeants sur la rigueur d'exposition dont il convient de faire preuve. La pression qu'ils exercent a des effets bénéfiques, soit par les réactions que suscitent certains excès, soit par l'approfondissement conceptuel auquel chacun est convié. L'œuvre de Weierstrass au siècle dernier en donne l'exemple, le progrès peut découler de ce rigorisme de bon aloi.

Chez d'autres mathématiciens, plus proches du monde sensible, la référence à la signification physique, réelle ou présumée, de chaque notion est une source de motivation et de perspicacité. L'interprétation de la notion de fonction en tant qu'agent d'une représentation de l'objet source sur l'objet but, nous renvoyant au mythe platonicien de la caverne, ne manque pas évidemment de profondeur. Cette conception a fortement marqué le langage mathématique : « l'image d'une application », « la représentation » d'un groupe, sont des expressions consacrées. L'idée, pour décrire l'objet source, de se servir des applications au lieu des différentes images proprement dites qu'on obtiendrait à l'aide de ces applications a joué un rôle extrêmement fructueux, notamment dans la fabrication et dans la mise au point de démonstrations. On décèle, derrière cette connotation de la notion de fonction, le mathématicien formé à l'optique et à la philosophie, et l'influence subtile que peut avoir une telle formation sur sa manière d'aborder les problèmes.

Un autre aspect sémantique de la notion d'application se rencontre également dans la littérature : les termes « projection », « injection », « immersion », « surjection » et « submersion » le révèlent en partie. On s'amusera un instant, bien sûr, de l'aspect facétieux du mathématicien que pourrait révéler le choix d'une terminologie « aquatique ». À vrai dire, ce choix est particulièrement heureux car l'image marine est l'une des meilleures qui soit pour évoquer un milieu topologique, souple et indifférencié, au sein duquel un objet peut être « plongé » – autre terme mathématique. Cette terminologie souffre pourtant d'une insuffisance : elle se rapporte en effet au caractère local de l'application ; elle en évoque plus difficilement l'ef-

---

* Par « logiciste », j'entends quelqu'un qui n'est pas forcément préoccupé de logique (le logicien), mais qui est imprégné jusqu'à l'excès d'un souci de rigueur déductive, impossible à atteindre, sinon on aurait pu formaliser la topologie dans un des langages de la logique pure.

fet global. Globalement, la projection, la submersion aplatit, plaque l'objet de départ sur l'espace d'arrivée, de sorte que l'objet plaqué a au plus la même dimension que celle de l'espace d'arrivée (il ne s'agit pas ici d'une dimension au sens métrique du terme, mais du nombre de directions suffisantes pour établir un repère à partir duquel on peut situer tout point de l'espace). Au contraire, la dimension de l'objet source est conservée si l'on procède à une immersion de cet objet. Reste le cas où la dimension de l'objet source est égale à celle de l'espace d'arrivée : parmi les applications de ce type figurent notamment les changements de repères qui permettent d'examiner l'objet sous des angles et à partir de points de vue différents. Ces changements de repère sont très utilisés pour obtenir des présentations simples et éclairantes des objets, permettant de les classer facilement, de mettre en évidence certaines propriétés. Les submersions plus générales permettent de procéder à des découpes de l'objet initial en tranches : leur dimension est égale à la différence entre les dimensions des espaces source et image.

On voit ici apparaître les notions essentielles de singularité et d'extrémalité, profondément liées l'une à l'autre. Pour des raisons d'ordre physique et même métaphysique, ces notions sont d'une extrême fécondité et d'une grande importance. Elles apparaissent dans l'œuvre de Fermat, et joueront un rôle de plus en plus manifeste dans le développement des mathématiques.

Sur le plan psychologique, la singularité possède une double propriété : elle est attirante par son originalité, dérangeante par son étrangeté. Sur le plan physique, elle possède aussi une double propriété : elle est à la fois un obstacle et, par cela même, un élément autour duquel se structure et s'organise son voisinage. La singularité renferme ainsi toute l'ambiguïté du monde. La prise de conscience des propriétés de la singularité nous permet de mieux accepter le caractère ambigu de ce monde, caractère contre lequel il devient absurde de s'insurger, qu'il est finalement vain de vouloir combattre.

C'est la géométrie qui permet d'établir le lien entre singularité et extrémalité, *via* la notion de bord d'un objet. Le bord est en effet la partie de l'objet où la dimension s'affaiblit : si le couteau est globalement un objet de dimension 3, la surface du manche est de dimension 2, la partie coupante de la lame est une ligne de dimension 1, et même, si l'on a affaire à un couteau-scie, les extrémités des dents de la scie sont des points de dimension 0. Le bord du couteau est composé de toutes ces parties de dimensions inférieures à 3. Cette définition topologique du bord coïncide ici avec la définition métrique : si l'on parvient à définir une notion de distance entre points du couteau, ce bord se confond avec le lieu des points du couteau les plus écartés, situés sur des droites traversant le couteau. Ces points extrêmes qui définissent le bord sont également singuliers, particuliers, rares parmi l'infinité des points qui forment le domaine du couteau.

La reconnaissance de la prégnance, en mathématiques, des concepts d'extrémalité et de singularité, la prise de conscience de l'importance de leur rôle dans l'activité des mathématiciens sont récentes. Pourtant, il s'agit encore ici de notions naturelles, inscrites dans notre physiologie, son organisation, son mode de fonctionnement, dont l'emploi, primitivement inconscient, est sous l'empire de la nécessité intérieure. On voit ici la présence de la rationalité cachée, implicite, dans le processus qui conduit à l'emploi intuitif de ces concepts fondamentaux, puis à leur mise en lumière.

Ces niveaux profonds où s'exerce de manière non simpliste la rationalité physique, parce qu'ils sont difficilement atteints par l'analyse consciente et complète, sont parfois hâtivement dénommés « irrationnels », dans le meilleur des cas du ressort de l'intuition. L'intuition, « forme de connaissance immédiate qui ne recourt pas au raisonnement », est malgré tout l'expression d'un processus rationnel qui, dans un premier temps, dépasse nos capacités de perception et d'analyse. Tels des panneaux qui jalonnent une piste, des étapes de ce processus peuvent émerger au niveau conscient, pouvant guider l'activité de l'esprit dans sa recherche de la rationalité sous-jacente, à l'origine même de ces indicateurs de rationalité.

Un troisième concept fondamental, lié aux deux précédents (singularité, extrémalité), est celui de stabilité. On peut trouver au moins une fois l'expression de ces trois concepts dans l'œuvre de Platon. Il faut cependant attendre l'œuvre des mathématiciens-physiciens de ces trois derniers siècles pour que ces concepts finissent par trouver leur formalisation mathématique, et pour que certains se rendent compte combien l'activité de la pensée mathématique, une fois précisées et maîtrisées les notions d'espace et de métrique, tourne autour de ces concepts.

Les notions d'invariant et de bifurcation, cette dernière aujourd'hui à la mode, ne sont évidemment que des avatars de la notion de stabilité. La notion d'invariant a fait les beaux jours des années mathématiques 1870-1950. Elle se rapporte à un univers statique, ou bien à un univers où la réversibilité du temps est parfaite. C'est une loi : on commence toujours par étudier et essayer de comprendre le figé, le plus stable. Ce n'est qu'ensuite qu'on introduit le temps, l'évolution, ses différents modes, et à travers l'évolution les phénomènes, objets ou propriétés invariants, au moins stables.

Le renouvellement et le progrès des mathématiques sont dus en partie à cette nouvelle vision dynamique de leur but : reconnaître les types de transformations qui opèrent sur les espaces, trouver les objets qui restent invariants ou stables par ces classes de transformations, étudier les propriétés de ces objets et leurs évolutions, notamment quand, sous l'effet des variations des paramètres, ils changent de classe de stabilité. Ce qu'on appelle aujourd'hui « topologie » ou « géométrie » (quand les espaces topologiques sont munis de métriques) recouvre l'ensemble des activités de recherche que l'on vient de mentionner. Ainsi l'appel à des considérations d'ordre général mais profondes a un impact puissant sur notre vision de l'univers mathématique, sur les sujets et les procédures de recherche.

Naturellement, comme on l'a déjà signalé, l'approfondissement des résultats de la recherche sur les pathologies, l'extension éventuelle des résultats acquis à des ensembles plus vastes, fournissent la matière à de nouvelles réflexions sur l'organisation générale de l'univers mathématique et peuvent même susciter la création d'objets mathématiques. L'exemple classique et le plus simple est celui du travail en profondeur accompli par des générations de mathématiciens pour essayer de résoudre des équations polynomiales, aboutissant entre autres à la création des nombres complexes, à la théorie de Galois, au théorème des zéros de Hilbert et à tous ses dérivés. Il y a bien sûr pléthore d'exemples plus récents, comme celui, en analyse complexe, du développement de la théorie des fonctions plurisous-harmoniques. P. Lelong, qui a beaucoup fait dans ce domaine, rappelle que Poincaré soulignait, pour l'étude des fonctions méromorphes, « l'intérêt, à l'exemple de Kronecker, de faire appel à la physique, et d'introduire des potentiels de masse positive ». Le mémoire de Poincaré, donnant un théorème essentiel qui permettra de fonder la théorie précitée, est tout à fait remarquable de sa capacité à comprendre les effets physiques et mathématiques de ses constructions. On y voit que la capacité d'« intuition » s'appuie sur un fort pouvoir de pénétration de l'esprit, étayé par une culture très riche.

L'esprit possède aussi, de manière naturelle, et plus ou moins accentuée, des capacités manipulatoires : les calculateurs prodiges sont là pour nous montrer les prouesses que l'homme parvient à accomplir. Dans leur cas, une mécanique biologique, à la construction encore tout à fait mystérieuse, se met en marche, et fonctionne à toute vitesse : dans ce processus mental, la réflexion ne semble pas jouer un quelconque rôle. La rationalité est présente, mais au simple niveau de cette mécanique. Que le cerveau de certains mathématiciens présente des ressemblances ou des affinités avec celui de ces calculateurs est très vraisemblable : la dextérité calculatoire que l'on rencontre dans ces trois domaines où le nombre joue un rôle essentiel – l'arithmétique, la combinatoire, l'analyse – donne à penser que le mathématicien fait appel à ces fonctions mentales à l'activité très rapide, qui lui imposent la voie de découverte et de démonstration de certaines propriétés. C'est probablement dans cette direction que l'on rencontrera, dans le comportement mental du mathématicien, la plus grande part d'inconnu, d'inexpliqué, que l'on qualifiera exagérément d'irrationnel.

Les résultats obtenus par le calcul n'ont rien de profond par eux-mêmes. Mais ils sont parfois associés ou même révélateurs de faits profonds, dont la nature est physique et même métaphysique. Par exemple, la prise de conscience de l'importance, en mathématique et dans les autres sciences, de la notion de singularité est le résultat d'un long processus : le début de ce processus remonte, en mathématiques, et de manière un peu arbitraire, aux travaux du début du XIXe siècle, ceux de Cauchy notamment, sur l'intégration des fonctions de la variable complexe. Les pôles des fonctions méromorphes constituent des singularités, en l'occurrence des *obstacles* qu'il faut contourner pour parvenir à intégrer ces fonctions. De manière générale, la présence d'une singularité est liée à une irrégularité locale et semble-t-il gênante : on parvient à la déjouer en déployant la singularité, l'obstacle, en un domaine plus vaste mais régulier d'un espace de plus grande dimension.

Cette procédure qui consiste, étant donné une difficulté, à prendre de la hauteur, à adopter en quelque sorte un point de vue de Sirius pour mieux dominer la situation, doit-elle être considérée comme une démarche rationnelle ou non ? Donnons d'abord quelques exemples élémentaires où, cachée sous des habits bien différents, cette procédure est employée. Nous la rencontrons en premier lieu dans l'algèbre : celle de l'arithmétique, où l'on a commencé par remplacer les nombres par des lettres et raisonner sur des expressions littérales ; celle des espaces fonctionnels où les fonctions polynomiales, à travers la géométrie algébrique et l'arithmétique, ont joué un rôle central. Nous rencontrons à nouveau cette procédure en théorie des nombres, au moment de la création des nombres complexes, plus généralement lors de la création de nombres par la méthode des extensions. Les prémisses de cette procédure apparaissent également dans la conception, entrevue par N. Oresme ou Kant, d'espaces multidimensionnels.

Il est clair que, dans ces situations, l'observation répétée de cas possédant la même formulation est une invite naturelle à établir des formulations générales, des énoncés qui transcendent les cas particuliers. La démarche de l'esprit, autant fondée sur l'analogie que sur la synthèse, est une démarche de bon sens.

Ce point de vue de Sirius, sous-tendu en premier lieu par un souci d'universalité, présente l'avantage de promouvoir la réponse à la question : dans quelle mesure une vérité locale a-t-elle une valeur plus générale ? Cette question en appelle d'autres : il faut en effet s'entendre au préalable sur l'étendue de cette généralité, et pour cela définir avec précision le cadre le plus large à l'intérieur duquel on pourra, de manière pertinente, travailler. Une fois cette mise en forme accomplie, qui permet d'élaguer les propriétés secondaires et de mettre en évidence les propriétés fondatrices et principales, reprend le travail proprement constructif du mathématicien. Toute l'histoire du progrès des mathématiques est profondément marquée par l'influence déterminante de la construction de ces théories chaque fois plus englobantes. C'est en définitive par leur intermédiaire que des propriétés d'apparence particulières révèlent leur signification générale, et finalement parviennent à être démontrées. Par exemple, deux articles récents de S. Lang rappellent le rôle joué par l'œuvre généralisatrice et constructive de Grothendieck en géométrie algébrique, parvenant, notamment, à donner une version très générale du théorème de Riemann-Roch, théorème pivot dans les développements récents des différentes branches de la géométrie algébrique, dans ses succès comme par exemple la résolution par Deligne de l'analogue de l'hypothèse de Riemann pour les variétés algébriques. Un autre texte, plus fondateur, où apparaît la toute-puissance de la généralisation, est l'ouvrage d'Alain Connes sur la géométrie non commutative et ses applications à la description de la physique quantique : on y retrouve l'usage du théorème de Riemann-Roch et d'autres notions générales développées ou introduites par Grothendieck (K-théorie, topos).

Ces constructions générales s'imposent au mathématicien : la familiarité avec les cas particuliers lui permet de voir aussitôt la structure sous-jacente aux exemples qu'il manipule, ses articulations principales qu'il traduit sous forme d'axiomes. Il n'y a en l'occurrence rien d'irrationnel dans sa démarche ; tout au contraire, elle est l'expression d'une rationalité très claire et en quelque sorte naturelle. La nécessité et le bon sens imposent de montrer aux collègues l'organisation discrète de l'univers à l'intérieur duquel ils travaillent. La meilleure intelligence de cet univers, observé de plus loin mais avec un regard pénétrant, permet de mieux déceler et mettre au jour les chemins qui courent entre les propositions.

Proposons cette comparaison : cet univers des idées est semblable dans sa genèse à celui d'un univers géographique, à une planète dont nous essayons de préciser le relief. Par temps clair, ou parce que nous en sommes proches et dotés de très bons instruments, pics, cols et vallées se font voir d'emblée sous un jour cohérent, une sorte de nécessité interne implique leur présence en tel lieu, leur étendue. Il arrive fréquemment que les conditions d'observation ne soient pas aussi favorables. Mais l'observateur averti, doté d'une solide expérience professionnelle, d'une grande patience et d'une grande concentration, repère des indices, de plus en plus nombreux au fil du temps, de sorte que le paysage géographique dont il veut percer les secrets finit, petit à petit, par prendre forme. Des pans de cet univers se mettent en place, la position de tel indice étant induite, s'expliquant par celle de tel autre. Un seuil de reconstitution atteint, le voile se déchire et le paysage apparaît en toute clarté.

Par intuition, nous désignons un ensemble d'activités mentales qui comprend l'observation et la réminiscence de faits analogues et d'indices. Ceux-ci suggèrent l'existence de telle propriété, dont on finit par conjecturer la présence. Ce sont les premiers éléments d'un puzzle que des raisons morphologiques locales vont permettre de reconstituer. En l'occurrence, la culture mathématique du chercheur, ses compétences dans d'autres domaines, la maîtrise et la souplesse qu'il a acquises dans l'exercice du raisonnement, faisant appel à des raisons plus ou moins diverses et lointaines, à des comparaisons entre situations *a priori* étrangères les unes aux autres, lui permettent de deviner, de remarquer ou simplement de souligner la présence de telle ou telle propriété, et finalement d'exposer les raisons de son existence.

On peut alors soutenir que l'intuition est une manifestation très fine et très élaborée de la rationalité profonde de l'être. Les qualités intrinsèques, la formation, et en particulier l'exercice sont à la source du déploiement de cette intuition.

L'image géographique que nous avons prise n'est pas innocente. Elle témoigne du caractère spatial de notre activité mentale. Elle prend en compte des considérations de nature géométrique dans le déroulement même de cette activité : le raisonnement n'est autre, souvent, que la description de l'enchaînement de morphologies s'emboîtant à la manière des pièces d'un puzzle. Cette vision décrit le raisonnement achevé. Le raisonnement actif, opératoire, créateur, est un processus constructif qui déplace les pièces, les retourne parfois de manière inattendue, les déforme, les relie, vérifie et justifie la possibilité de leur accouplement. Ce qui amène à distinguer deux types de démonstration : celle qui ne fait que s'appuyer sur des résultats connus, de la déduction desquels on justifie l'assertion proposée ; celle qui non seulement utilise le procédé précédent, mais s'appuie aussi sur un mode original de construction, auquel la démonstration doit son caractère excitant, fascinant, sa beauté propre. Le développement de la topologie est caractéristique de ce point de vue, comme le montrent par exemple les travaux de Thurston et de Poenaru qui fourmillent de constructions originales. C'est à ce niveau sans doute que l'on se rapproche le plus de l'irrationalité. L'irruption de cette nouvelle manière de faire détruit une routine mentale, une tendance à l'ankylose de l'esprit. C'est à ce moment que l'on savoure le fin plaisir apporté par l'astuce, sorte d'aiguillon habile qui excite et fait rire l'esprit.

La construction permet d'insuffler la vie aux mathématiques ; quant au raisonnement, il est le ciment qui donne à l'édifice intellectuel sa solidité.

Nous avons maintenant en main assez d'éléments pour pouvoir aborder ici de manière brève, et pour conclure, ce thème pédagogique : comment développer, chez l'enfant, la rationalité dans ses formes directes ou subtiles ? À l'évidence, l'étude des mathématiques favorisera la formation des procédures de raisonnement. Cette étude suppose que l'on ne se contente pas, comme on le fait malheureusement depuis quelques années, d'enseigner des recettes aux élèves. Une telle cuisine scolaire est insipide, et sans grand intérêt pour la formation de l'esprit. Il est indispensable que ces élèves rencontrent des démonstrations vraies, parviennent à les maîtriser, d'abord pour s'exercer au raisonnement brut, mais également pour développer l'intuition. Comme Poincaré l'a souligné, l'exercice de la géométrie est le plus apte à favoriser l'expression de l'intuition : c'est en effet en géométrie élémentaire que l'on rencontre le plus aisément ces constructions originales et pourtant faciles qui entraînent l'esprit à l'élaboration de petits puzzles mentaux attrayants. Une société ne saurait, sans risque grave pour sa pérennité, renoncer à ces jouets éducatifs millénaires, et dont les qualités ont été éprouvées au fil des siècles.

DEUXIEME PARTIE

FAIRE DES MATHEMATIQUES

Chapitre I

Le théorème de Thalès
ou l'invariant métrique fondamental
de la géométrie euclidienne

La géométrie classique, dont nous n'évoquerons pas ici les origines multiples, et où la nécessité de représentation spatiale joue un rôle fondamental, a étudié la génération et les propriétés d'objets abstraits, idéalisations souvent d'objets solides simples, rendus visibles par la lumière jaillie d'une source.

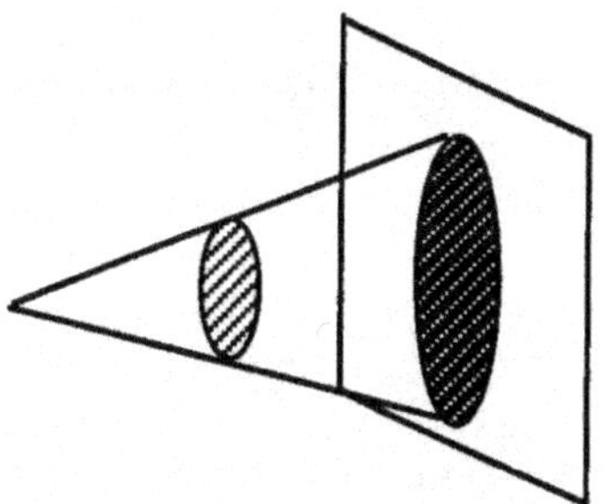

Lorsque le centre d'éclairement est situé à l'infini, la géométrie est celle d'Euclide ; dans cette géométrie, les droites qui représentent les rayons lumineux issus de la source sont dites parallèles, ce que l'observation confirme avec une excellente approximation.

Lorsque le centre d'éclairement est à distance finie, les droites géométriques représentant les rayons lumineux issus de la source ne peuvent plus être considérées comme parallèles. La géométrie est alors dite *de perspective* ou encore *projective*. Dans cette géométrie, contrairement à la précédente, le parallélisme est exclu : deux droites quelconques se rencontrent.

La géométrie euclidienne est la plus ancienne : les traités d'Euclide (315-255 avant J.-C.) et d'Apollonius (vers 262 avant J.-C.) font la synthèse des connaissances acquises par l'école grecque.

Les propriétés de l'espace traversé par les rayons lumineux, la théorie physique de leur propagation, connue sous le nom d'optique géométrique, jouent donc un rôle essentiel dans ces premières versions de la géométrie.

L'étude et la représentation mathématique des propriétés intrinsèques de l'espace sont l'objet de la topologie. Dans le monde physique, joue un rôle important le travail que l'on accomplit pour se déplacer d'un point de l'espace à un autre : la distance entre ces deux points est une expression de la valeur de ce travail.

Ces considérations justifient une première définition de ce qu'on entend par « géométrie ».

Définition : On appelle *espace géométrique* la donnée d'un espace topologique $\mathcal{L}$, nous l'appellerons aussi un *lieu des mouvements*, sur lequel on sait évaluer les distances entre deux points de ce lieu.

Nous reprendrons brièvement, dans la note attachée à ce chapitre, le problème soulevé par la définition d'une géométrie.

Un théorème fonde l'optique géométrique et la géométrie euclidienne en ce sens que tous les autres théorèmes importants en sont issus. C'est l'un des plus anciens à avoir été énoncés. Il s'agit du théorème dit de Thalès. Bien des raisons, nous ne les évoquerons pas toutes, se conjuguent pour penser que son énoncé était connu avant Thalès. Les Égyptiens étaient, autant que nous, capables de tenir des raisonnements et de les transmettre : qu'il ne se trouvât jamais, en trois mille ans, de prêtres architectes, astronomes et savants pour élaborer des éléments de théories cohérentes, voire un peu formelles, est difficilement concevable. Le mathématicien et historien Van der Waerden dit également que « les " tendeurs de cordes " égyptiens (the Egyptian " rope-stretchers "), qui jouèrent un rôle important dans les cérémonies qui accompagnaient la fondation des temples, étaient experts " dans la construction de lignes avec des preuves ", comme l'atteste Démocrite * ». Il est dans ces conditions peu probable que ces mêmes experts aient ignoré un théorème aussi fondamental et aussi élémentaire que celui de Thalès, qu'ils utilisaient de

---

* B. L. Van der Waerden, « On pre-babylonian mathematics II », *Archiv for the History of Exact Sciences*, XXIII, 1 (1980), p. 27-46.

manière pratique, comme on va le voir, pour s'assurer de la hauteur de leurs constructions architecturales grandioses.

Thalès (approximativement 640-546 avant J.-C.) est né à Milet, petite île proche de la Phénicie. L'un des sept sages de la Grèce, il a bénéficié de l'enseignement des prêtres égyptiens ; il connaissait aussi l'astronomie babylonienne et le calcul phénicien.

Voici comment Plutarque, dans *Le Banquet des sept sages*, rapporte le théorème qui lui est attribué : « Après avoir planté le bâton à la limite de l'ombre projetée par la pyramide – et lorsque se formèrent deux triangles à partir du point de contact du rayon de lumière –, tu montras que le rapport entre la pyramide et le bâton était le même que celui existant entre leurs ombres respectives. »

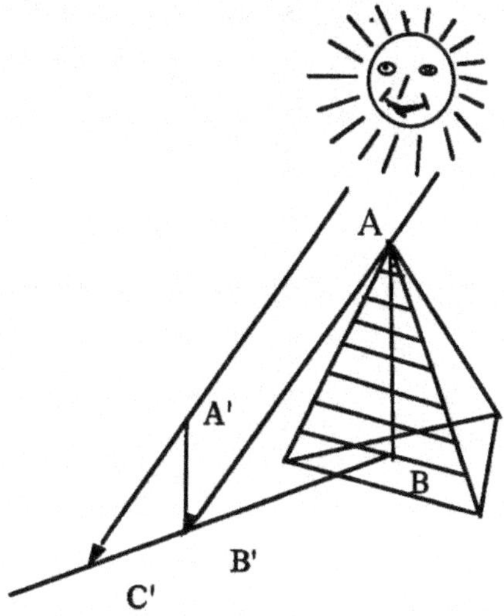

Ainsi, selon Plutarque, Thalès a établi l'égalité des proportions entre les longueurs des côtés homologues AB et A'B', BB' et B'C' des triangles ABB' et A'B'C' :

$$\frac{A'B'}{AB} = \frac{B'C'}{BB'}.$$

Remarquons que l'on peut faire glisser le triangle A'B'C' sur la droite qui porte les points BB'C', et obtenir des configurations comme celles-ci :

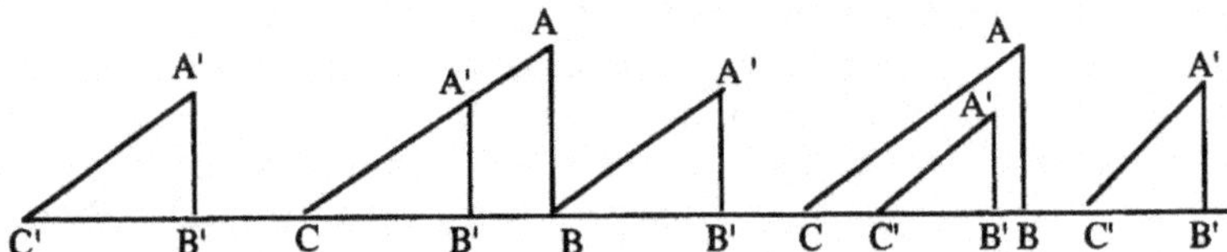

Par ces translations, les longueurs des côtés des triangles ne sont pas modifiées, les parallélismes entre droites sont respectés.

On peut donc donner du théorème précédent une version plus générale : deux triangles qui ont leurs côtés parallèles deux à deux (AB parallèle à A'B', BC parallèle à B'C', CA parallèle à C'A') sont tels que le rapport des longueurs de deux côtés parallèles *ne dépend pas* de la paire de côtés homologues choisie :

$$\frac{A'B'}{AB} = \frac{B'C'}{BB'} = \frac{C'A'}{CA} = p.$$

VERSION MODERNE

Dans la figure précédente, le parallélisme des côtés entraîne que sont égaux les angles en A et A', B et B', C et C' de tous les triangles ABC et A'B'C'.

La réciproque n'est pas vraie en général : si le triangle ABC pivote d'un angle quelconque autour du point A par exemple, les côtés des triangles ABC et A'B'C' ne sont plus parallèles deux à deux, bien que les angles homologues restent égaux. Le rapport des longueurs entre côtés homologues reste naturellement invariant.

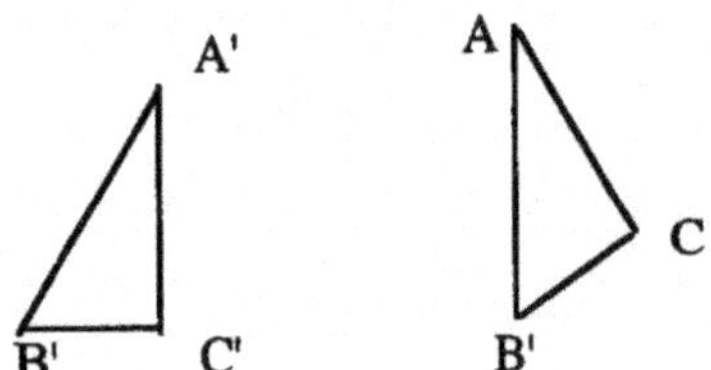

Un énoncé plus général du théorème de Thalès, version Plutarque, consiste alors à affirmer qu'étant donné deux triangles T et T', dont les sommets se correspondent de sorte que les angles en ces sommets soient égaux, le rapport p entre longueurs des côtés homologues est indépendant du choix de la paire de côtés.

Les triangles T et T' sont dits *semblables* : selon Pline, cette terminologie est antérieure à Thalès.

Cette version plus générale se situe dans le cadre *ancien*, qui est *statique*. L'optique *moderne* consiste à faire apparaître l'espace des mouvements qui permettent de passer d'une figure à une autre, et donc d'énoncer le théorème dans un cadre *dynamique*.

Le mouvement de transformation qui conserve les angles d'une figure s'appelle une *transformation conforme* (ou transformation des cartographes).

Soit alors un triangle T de sommets A, B, C. Par une transformation conforme, T est transformé en un triangle T' de sommets A', B', C', de sorte que si A' (respectivement B', C') est le point terminal de la trajectoire de A (respectivement de B, C), les angles en A et A' (respectivement B et B', C et C') sont égaux.

Voici un énoncé moderne du théorème de Thalès : *Soit T un triangle de sommets A, B, C, et T' le triangle de sommets A', B', C' obtenu à partir de T par l'action d'une transformation conforme et qui conserve les alignements. L'égalité des angles aux sommets implique l'invariance, par rapport au choix d'une paire quelconque de côtés homologues, du rapport entre leurs longueurs.*

OMMENTAIRES ET CONSEQUENCES

Le théorème de Thalès montre ainsi qu'en géométrie euclidienne le parallélisme, qui implique des égalités d'angles, entraîne une égalité de proportion entre longueurs, une égalité métrique donc. Cette implication est cohérente avec le fait qu'un angle mesure une longueur, celle d'une trajectoire sur un cercle ; souvenons-nous en effet que π, par exemple, est une mesure de l'angle plat à travers celle de la longueur du demi-périmètre du cercle de rayon unité.

L'existence de transformations conformes entre figures qui conservent également leurs proportions est pleine de conséquences, tant philosophiques que mathématiques.

Voici une conséquence mathématique, le célèbre *théorème dit de Pythagore*, selon lequel, *dans un triangle rectangle, le carré de la longueur de l'hypoténuse BC (le côté opposé à l'angle droit en A) est égal à la somme des carrés des longueurs des deux autres côtés AB et AC.*

Si l'on prend un angle quelconque de sommet H, la droite appelée bissectrice qui divise cet angle en deux parties égales est analogue à un miroir biface qui sépare le plan en deux domaines symétriques.

Cette symétrie se conserve évidemment lorsqu'on écarte progressivement (« insensiblement », disait le géomètre Poncelet) les côtés de l'angle jusqu'à le rendre plat. Si on prend un point B sur l'un des côtés de l'angle, un point O sur l'axe de symétrie qu'est la bissectrice de l'angle plat, l'angle OBH est égal par symétrie à l'angle OCH où C est le symétrique de B par rapport à H.

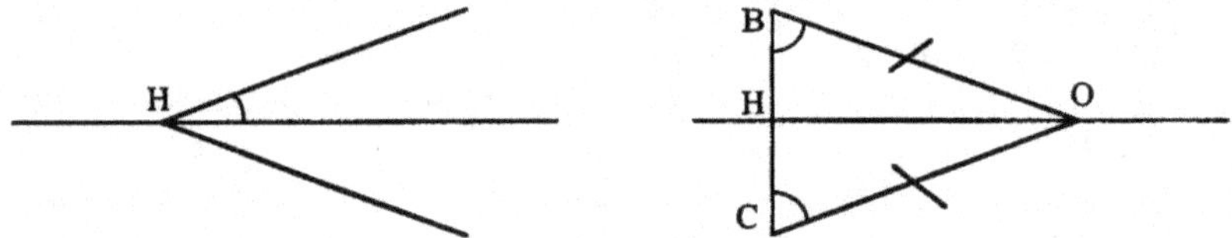

On a ainsi créé un triangle OBC dit *isocèle* : par la symétrie, non seulement les angles précédents sont égaux, mais les côtés OB et OC sont également égaux. On peut donc dessiner un cercle de centre O passant par B et C.

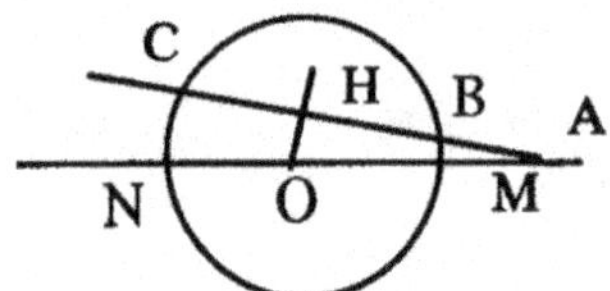

Dessinons ensuite une droite quelconque passant par O ; elle coupe le cercle précédent en deux points M et N. Cette droite rencontre celle qui passe par B et C en A. Déplaçons progressivement la droite ABC de manière à n'avoir de contact avec le cercle qu'en un seul point – la droite ABC est dite *tangente au cercle* en ce point. Les points B, C viennent alors se confondre avec le point de contact H, alors que la droite OH continue de partager l'angle plat en H en deux parties égales : le rayon OH du cercle est donc perpendiculaire à la tangente au cercle en H.

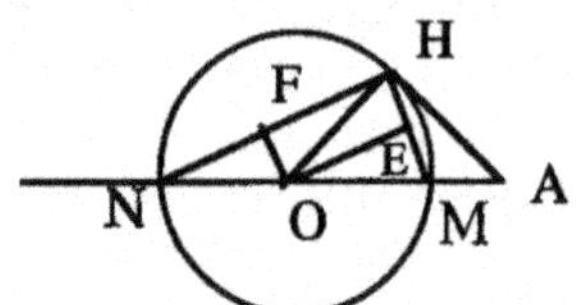

On constate alors que les triangles AHN et AMH sont semblables !

En effet, ils ont déjà en commun l'angle en A. Il reste à montrer que l'angle AHM égale l'angle ANH. On y parvient en établissant une suite d'égalités d'angles : puisque H et M sont situés sur un même cercle, le triangle HOM est isocèle, et comme on l'a établi précédemment, la perpendiculaire OE à HM est axe de symétrie de ce triangle. Pareillement, OF est axe de symétrie du triangle HON. Il en résulte que la somme des angles EOH et HOF est égale à celle des angles EOM et FON ; comme la somme de tous ces angles est celle de l'angle plat MON, l'angle EOF est droit, tout comme l'angle OHA. Par suite, dans le triangle NHM, l'angle ANH a pour complémentaire à 90° l'angle OMH, lequel est égal à l'angle MHO, lequel est complémentaire à 90° de l'angle AHM : les angles AHM et ANH, complémentaires à 90° d'angles égaux, sont égaux.

Par le théorème de Thalès, on a l'égalité de proportions :

$$\frac{AH}{AM} = \frac{AN}{AH}$$

ou encore :

AH.AH = AH^2 = AM.AN.

AH^2 est appelé « puissance du point A par rapport au cercle de centre O et de rayon R = ON = OH ».

Puisque AN = AO + ON, AM = AO – OM,

AH^2 = (AO – OH).(AO + OH) = AO^2 – OH^2.

Ainsi, pour le triangle AHO, rectangle en H, nous avons établi la relation bien connue :

OA^2 = HA^2 + HO^2.

Nous avons établi la relation AH.AH = AM.AN. En fait, on a aussi AM.AN = AB.AC. Cela résulte d'un théorème dit de « l'arc capable » : considérons un angle CBC', et un mouvement qui le transforme en un angle égal CB'C'. Selon ledit théorème : *B' doit être situé sur le cercle circonscrit au triangle CBC'*. Si l'on considère alors les triangles ABN et AMC, on constate qu'ils ont en commun l'angle en A, que par le théorème de l'arc capable l'angle MCB ou encore MCA est égal à l'angle MNB ou encore ANB. Nos deux triangles sont donc semblables, et l'on déduit de l'égalité des proportions AM/AC et AB/AN la relation annoncée.

Les propriétés de la géométrie euclidienne plane sont ainsi basées sur l'existence d'un mouvement conforme qui transforme *la plus petite figure significative du plan, le triangle*, en un triangle semblable.

L'idée de reconsidérer la présentation et la conception de la géométrie sous l'angle dynamique, exposée en 1872 par Felix Klein, avait déjà été exprimée, quatre ans auparavant, par le célèbre physicien Helmholtz. Klein a donné à cette idée son premier développement mathématique : la géométrie classique est alors devenue l'étude des propriétés des figures invariantes sous l'effet de mouvements, qui possèdent par bonheur la structure de groupe.

La découverte d'un invariant, celui de la proportion entre longueurs de côtés homologues par transformation totalement conforme, a-t-elle précédé la réflexion des Hellènes sur la juste mesure, le débat politique sur la justice dans la société, l'observation des savants sur l'harmonie des proportions des mondes animal et végétal, et qui caractérise l'architecture grecque ? Rien n'est moins sûr.

Cependant, pour la première fois peut-être dans l'histoire des hommes, un mythe mathématique, celui de la proportion, a pu servir d'alibi, de justification à des *a priori* de pensée, servir de cadre à tout un ensemble de conceptions très profondes que nous admirons encore aujourd'hui.

NOTES DE LECTURE

1. Avant de parvenir à connaître l'origine physique du monde, le physicien a besoin d'avoir une idée de quelques propriétés élémentaires de l'espace dans lequel se situent les objets physiques. Il doit également être capable de les localiser.

Par l'observation des propriétés physiques de l'espace, le physicien-mathématicien a créé, sous le nom de topologie (générale, différentielle), un cadre abstrait de représentation de l'espace. Me plaçant de ce point de vue physique, j'appellerai cet espace topologique de base, souvent muni d'une structure spécifique, un *lieu des mouvements* $\mathcal{L}$.

La nécessité de localiser des objets a conduit le physicien-mathématicien à définir des moyens de les repérer, de mesurer leur vitesse de déplacement. Nous ne sommes pas capables de donner immédiatement la distance qui sépare deux étoiles, deux objets situés sur la surface terrestre et que nous regardons du haut de la colline ou de la tour de guet. Par contre, sur le plan de la pratique des mesures, nous sommes capables d'évaluer d'une part *l'angle* que font entre elles les directions des regards de l'observateur sur ces objets. Le physicien-mathématicien introduit alors des notions métriques comme la mesure des angles, réalisée, comme on l'a déjà rappelé, par l'évaluation de longueurs sur le cercle unité. Nous sommes également capables, d'autre part, de mesurer la vitesse d'un objet, identifiée au quotient d'une longueur de chemin infinitésimal de déplacement par le temps mis à parcourir ce chemin : le temps étant évalué par un nombre, le problème se situe au niveau de l'évaluation des longueurs infinitésimales, souvent, en pratique, d'angles infinitésimaux.

On se donnera par conséquent des *métriques* $\mathcal{M}$ sur l'espace des vitesses, ou encore des mesures locales de distance sur le lieu des mouvements.

Une *géométrie* $\mathcal{G}$ (que je dirai « du premier degré ») consiste en la donnée d'un tel couple $(\mathcal{L},\mathcal{M})$, c'est-à-dire d'un lieu des mouvements et d'une métrique sur cet espace : les propriétés de cette géométrie sont établies à partir des groupes de transformations qui conservent différentes propriétés du couple $(\mathcal{L},\mathcal{M})$. Naturellement, une conception plus étendue de la notion de métrique peut conduire à la mise sur pied de géométries nouvelles, de « degré supérieur ». Le professionnel s'intéressera alors peut-être à cet ouvrage d'Élie Cartan, *Les Espaces métriques fondés sur la notion d'aire*, Paris, Hermann, 1933.

Ces idées claires que nous nous faisons aujourd'hui de la géométrie sont venues bien sûr petit à petit. Il ne semble pas encore exister d'ouvrage historique qui permette de suivre de manière tout à fait complète l'évolution des idées sur la géométrie. La réalisation d'un tel ouvrage pourrait notamment s'appuyer sur les publications suivantes : G. Colli, *La Sagesse grecque*, Paris, Éditions de l'Éclat, 1991 ; M. Chasles, *Aperçu historique sur l'origine et le développement des méthodes en géométrie*, Bruxelles, 1837 ; F. Klein, *Development of Mathematics in the 19th. Century*, Brookline, Math. Sc. Press, Lie Groups IX, 1979 ; T. A. Heath, *A History of Greek Mathematics*, Oxford, Clarendon Press, 1921 ; M. J. Crowe, *A History of Vector Analysis*, Notre Dame, University of Notre Dame Press, 1967 ; N. Bourbaki, *Éléments d'histoire des mathématiques*, Paris, Hermann, 1974 ; J. Milnor, « Hyperbolic geometry : the first 150 years », *Bulletin of the American Mathematical Society*, VI (1982), 9-24 ; B. A. Rosenfeld, *A History of Non-Euclidean Geometry*, New York, Springer, 1988 ; L. Boi, *Le Problème mathématique de l'espace*, Berlin, Springer, 1995.

Le célèbre ouvrage de D. Hilbert et S. Cohn-Vossen, *Anschauliche Geometrie*, en anglais *Geometry and the Imagination*, New York, Chelsea, 1952, trace en filigrane cette évolution.

La géométrie moderne a été bien comprise et définie au cours de ce premier demi-siècle. Le mathématicien connaît notamment les travaux de Levi-Civita et d'Élie Cartan. Un public beaucoup plus large lira avec profit et plaisir un livre non moins célèbre que le précédent, d'une rare profondeur de pensée, et dont voici une référence en langue française, malheureusement ancienne : H. Weyl, *Temps, Espace, Matière*, Paris, Blanchard, 1922.

2. Ce premier chapitre concerne la géométrie euclidienne, dite élémentaire, celle qu'on enseigne ou qu'on a enseignée dans nos collèges et lycées, sans qu'on ait besoin de faire appel à la théorie des groupes. En dehors du *Traité* d'Euclide proprement dit, deux

ouvrages de grande ampleur et d'une grande clarté, de nombreuses fois réédités, dominent sans doute les exposés de cette géométrie, saisie dans sa première saveur : V. Poncelet, *Traité des propriétés projectives des figures* (1822), Paris, Gauthier-Villars, 1862-1964 ; J. Hadamard, *Leçons de géométrie élémentaire*, Paris, Armand Colin, 1901 (récemment réédité par Gabay).

Les lycéens de ma génération avaient apprécié la série des Lebossé-Hèmery dont C. Lebossé et C. Hèmery, *Géométrie, classe de mathématiques*, Paris, J. Gabay, 1991.

Voici deux auteurs remarquables d'ouvrages simples et riches, également constamment réédités ; on s'étonne que leurs ouvrages élémentaires n'aient pas encore été traduits en français : H. J. M. Coxeter, *Introduction to Geometry*, New York, J. Wiley, 1961 ; H. J. M. Coxeter et S. L. Greitzer, *Geometry revisited*, The Mathematical Association of America, XIX ; I. M. Yaglom, *Geometric Transformations*, The Mathematical Association of America, VIII, 21, 24.

Naturellement, au niveau de l'enseignement supérieur, après l'apport de compléments de géométrie élémentaire exposés à l'ancienne, on peut reprendre l'exposé de la géométrie à partir de la présentation dynamique moderne, faisant appel aux groupes de transformations. Un ouvrage de référence actuel est celui de M. Berger, *Géométrie*, Paris, Cedic-Nathan, 1977.

L'ouvrage de A. Avez, *La Leçon de géométrie à l'oral de l'agrégation*, Paris, Masson, 1992, illustre avec clarté la conception que s'est forgée la communauté mathématique française actuelle sur le savoir minimum du jeune mathématicien en matière de géométrie dite « du premier degré ».

Les rédactions modernes privilégient le groupe des transformations qui conservent les longueurs, qu'on appelle encore des isométries, dont C. Jordan, en 1875, a développé l'étude. Mais il est clair que, comme on l'a vu plus haut dans l'analyse de la définition des géométries, le groupe le plus important des transformations envisageables est celui des transformations qui conservent les angles, et qu'on appelle des transformations conformes – en particulier une isométrie est une transformation conforme.

Remontant à Gauss (1822), c'est un résultat remarquable, mais général en dimension 2 seulement, qu'étant donné deux surfaces assez régulières, un petit voisinage d'un point P sur la première, un petit voisinage d'un autre point P' situé sur la seconde, existe une transformation conforme qui permet de transformer un voisinage dans l'autre, l'image de P étant P'. On trouvera la démonstration de ce fait par exemple dans l'ouvrage classique de T. J. Willmore, *An*

Introduction to Differential Geometry, Oxford, Oxford University Press, 1959, ou dans l'ouvrage russe mais traduit en français de B. Doubrovine, S. Novikov, A. Fomenko, *Géométrie contemporaine*, Moscou, Mir, 1982.

La géométrie projective – une semi-géométrie sur des corps, semi car on ne se préoccupe pas des considérations métriques – n'est pas véritablement abordée dans cet ouvrage. Voici, sur ce sujet, trois livres didactiques récents qui se complètent : J. Lelong-Ferrand, *Les Fondements de la géométrie*, Paris, PUF, 1985 ; P. Samuel, *Géométrie projective*, Paris, PUF, 1986 ; J.-C. Sidler, *Géométrie projective*, Paris, InterÉditions, 1993.

De conception plus ancienne, un classique sur ce sujet est celui, maintes fois réédité, de O. Veblen et J. W. Young, *Projective Geometry*, New York, Blaisdell, 1910.

Géométrie combinatoire et théorie des matroïdes d'un côté, qu'on pourrait qualifier de semi-géométries sur des anneaux, géométrie algébrique d'un autre côté, s'inscrivent dans le prolongement naturel de la géométrie projective. On trouvera dans le livre de E. Artin, *Algèbre géométrique*, Paris, Gauthier-Villars, 1962, une exposition axiomatique algébrique (car fondée sur les groupes de transformations qui les caractérisent) des géométries affine, projective et symplectique dont nous allons dire un mot.

Nous avons déjà évoqué la possibilité de concevoir des géométries de degré supérieur où les données métriques ne se rapportent plus simplement à des longueurs (1-volumes) mais à des aires (2-volumes), etc., mieux à des formes différentielles de degré 1, 2, etc. La *géométrie symplectique* est une géométrie du second degré, caractérisée par le fait que les transformations principales, dites *transformations symplectiques*, conservent les aires : pour l'étude de nombreux phénomènes physiques (optique, mécanique analytique...), ce cadre géométrique est meilleur que celui du premier ordre.

Il faut enfin noter qu'au-delà de ces géométries existe la géométrie non commutative, issue de la mécanique quantique, et dont A. Connes a donné récemment une première définition (*Séminaire Bourbaki*, juin 1996).

Chapitre II

Les deux sources de l'algèbre linéaire et la notion d'espace vectoriel

La notion d'espace vectoriel est une notion commune dont on peut donner une représentation simple à la fois mentale et visuelle. Il suffit pour cela d'imaginer une source lumineuse ponctuelle, d'où jaillissent dans toutes les directions, étendus jusqu'à l'infini, des rayons orientés de lumière pure. Hélas, prise en mains par les savants, la description de cet espace perd de sa poésie. La source lumineuse devient platement l'origine de l'espace, et les beaux rayons abandonnent leur vie, en étant pauvrement appelés sous-espaces vectoriels de dimension un, ou droites vectorielles. Les algébristes, Dieu les garde, sont passés par là.

Comme bien sûr son nom l'indique, l'algèbre linéaire a puisé ses sources dans la géométrie classique d'une part, issue de l'optique, et dans la mécanique d'autre part.

Apparemment, la première est la science d'un univers statique, la seconde celle d'un monde dynamique. Mais la géométrie classique relève aussi de la dynamique, car elle repose sur les propriétés des trajectoires lumineuses des photons. Quant à la mécanique en question, elle est celle de la composition des forces en un point, et qu'on appelait autrefois la statique.

UNE DES PREMIERES THEORIES PHYSIQUES : L'OPTIQUE GEOMETRIQUE

L'étude des phénomènes lumineux a joué et continue de jouer un rôle central dans le développement de la physique.

Les premières représentations de ces phénomènes ont contribué à donner naissance à la géométrie. On a commencé, de manière naturelle, par étudier les effets optiques les plus courants, très stables, susceptibles d'une observation commune et répétée, sur lesquels l'esprit avait tout loisir de réfléchir. Le rayon lumineux est le plus apparent de ces phénomènes optiques. Une première théorie descriptive en a été donnée par Euclide dans son traité de géométrie appliquée intitulé *Optique*.

La géométrie a d'abord été celle des droites, les rayons lumineux, représentés par des bâtons bien rectilignes, des règles ; elle a été celle des dessins simples que l'on pouvait effectuer à l'aide de ces règles, en même temps que celle des plans, comme celui du sol : ils représentent les premiers écrans sur lesquels on pouvait observer certains effets des phénomènes lumineux, comme les ombres portées des solides, montagnes, bâtiments, éclairés par la lumière des ciels purs de l'Orient. La géométrie de l'espace tridimensionnel ordinaire a été plus difficile à étudier.

En prenant une droite D et un point O extérieur à cette droite, on a compris le mode de génération du plan : celui-ci est engendré par la rotation autour de O d'une autre règle, d'une autre droite D' qui passe naturellement par O et s'appuie sur la droite D.

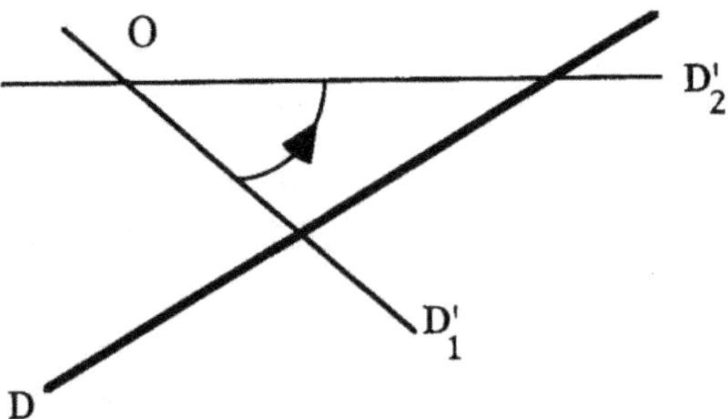

Bref, on dit qu'une droite D et un point O non situé sur D engendrent un plan. On dit aussi que les deux droites D'_1 et D'_2 concourantes en O engendrent le plan : on sous-entend qu'on peut les faire pivoter autour de leur point de rencontre O de sorte qu'elles s'appuient toujours sur une même droite D.

On voit ainsi qu'on dispose de deux modes équivalents de génération du plan, le premier par une droite et un point extérieur à la droite, le second par deux droites concourantes. On peut employer ces procédés pour construire des espaces de dimension supérieure, comme l'espace à trois dimensions. Considérons un plan engendré par D et D', par exemple le plan précédent, et un point O' extérieur à ce plan. Prenons une droite D'' passant par O', et s'appuyant sur un point M du plan. Lorsque M parcourt le plan, D″ décrit l'espace usuel à trois dimensions.

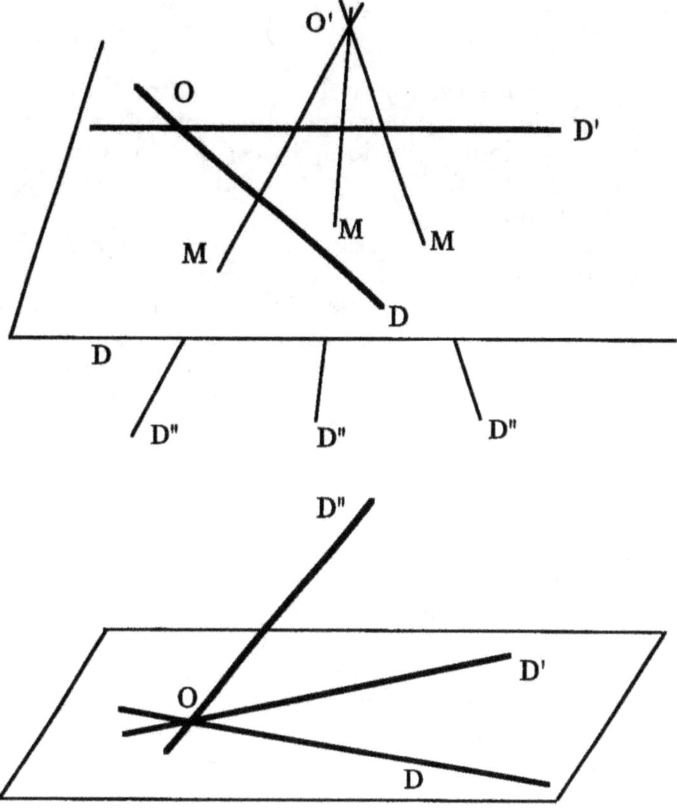

Un autre moyen de décrire cet espace consiste à faire passer par O des droites D″ qui pivotent dans tous les sens autour de O. Dans ce cas, l'espace usuel est dit engendré par trois droites concourantes en O, D, D′, D″ non coplanaires, c'est-à-dire non situées toutes trois dans un même plan. Il est sous-entendu qu'on les fait pivoter pour engendrer l'espace.

À travers les travaux de Möbius sur le polygône des forces, par l'intermédiaire de la notion d'espace de vecteurs, la mécanique suggérera un mode d'engendrement différent du précédent, aboutissant au même résultat, et qui ne sera formalisé qu'au XIXᵉ siècle.

LA NOTION DE FORCE

La notion de force est une notion mal définie. Elle fait partie, avec celle d'énergie, de ces concepts métaphysiques peu clairs, et dont, pourtant, la valeur opérationnelle est inestimable.

Du point de vue physique, convenons d'appeler « force » la cause *locale* d'une modification.

La représentation mathématique des forces suggère d'en donner une classification formelle selon l'ordre d'une dérivée. C'est ainsi qu'on rencontrera les forces de degré zéro, celles de la mécanique statique ; les forces de degré 1, ou aristotéliciennes, qu'on rencontre parfois en biochimie où la vitesse serait proportionnelle à la force ; les forces de degré 2 qu'on rencontre habituellement en physique newtonienne : proportionnelles à l'accélération, elles déterminent la courbure locale, etc.

Les mécaniciens, sous l'inspiration d'Archimède (287-212 av. J.-C.), en sont venus à représenter ces forces par des *vecteurs*, images naturelles des cordes que tend le cheval pour tirer un fardeau : leur direction est celle dans laquelle s'exerce l'effort, leur longueur est celle de l'intensité de la force. Lorsque deux forces viennent à être exercées sur le même objet, mathématiquement représenté par un point, cet objet se comporte comme s'il était soumis à l'action d'une seule force, la résultante des deux premières, construite selon la règle du parallélogramme, et aujourd'hui appelée la *somme* des deux vecteurs (forces).

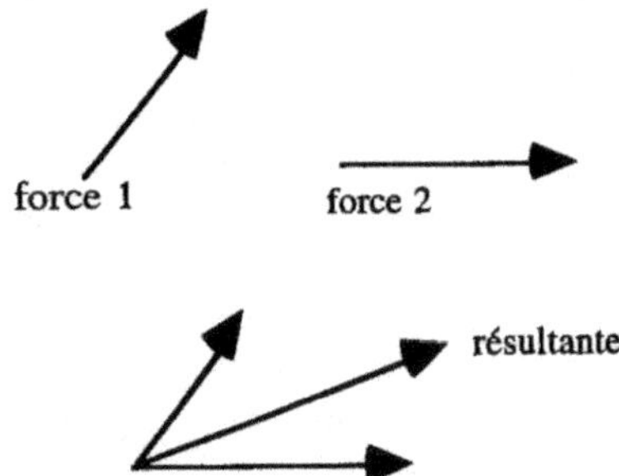

Enfin, les mécaniciens élaborent également la notion de travail d'une force, égal au produit de l'intensité de cette force par la longueur du chemin parcouru le long duquel s'exerce la force. Ce travail est appelé maintenant, en mathématiques, un *produit scalaire*.

Dessin illustrant un chemin AB en tout point duquel
s'exerce une force d'intensité et direction constantes

LA NOTION D'ESPACE VECTORIEL

Ces éléments conceptuels vont permettre la création de la notion d'espace vectoriel et de l'algèbre linéaire : *celle-ci est l'étude structurelle des espaces vectoriels ;* son formalisme donne une présentation abstraite des espaces vectoriels qui masque en partie la géométrie sous-jacente qui lui a donné naissance.

La création de la notion d'espace vectoriel résulte d'un long processus. La notion mathématique de vecteur est due au mathématicien italien Bellavitis en 1830. Nombre de concepts généraux – génération des espaces vectoriels, différents types de produit – furent établis vers 1844 par le mathématicien et philosophe allemand Grassmann (1809-1877). L'axiomatique du mathématicien italien Peano, donnée en 1888, complétée par H.Weyl dans l'ouvrage précité *Espace, Temps, Matière,* marque l'achèvement de ce processus.

- *L'espace vectoriel est le cadre à l'intérieur duquel se développe la géométrie*

Cet espace est construit sur l'ensemble des vecteurs (forces) dont le lieu d'action est un point. L'ensemble de vecteurs constitue un *espace vectoriel. L'algèbre linéaire* étudie la *structure* de cet espace.

Les vecteurs (forces) peuvent s'ajouter ou se retrancher : ce mode de composition entre vecteurs, représenté par le symbole +, s'appelle l'*addition vectorielle.* Tout vecteur v admet un opposé, –v, appelé encore un *symétrique* : la somme (résultante) d'un vecteur et de son symétrique est le *vecteur nul* (la force nulle) 0 : v + (–v) = 0. On dit que l'ensemble G de ces vecteurs possède la *structure de groupe.* Les éléments (vecteurs) de ce groupe présentent la particularité que l'ordre de composition de deux vecteurs est sans influence sur le résultat : v + v' = v' + v. Le groupe G des vecteurs est dit *commutatif.*

Un vecteur v étant donné, il en existe d'intensité plus petite et plus grande que lui, mais de même direction. Si w est un tel vecteur, w = kv où k est un coefficient appelé un *nombre* ou encore un *sca-*

laire. On dit qu'on a multiplié le vecteur v par le scalaire k. Les deux vecteurs v et w sont dits *homothétiques*, dans le rapport k. L'ensemble des vecteurs homothétiques au *seul* vecteur v forme une *droite vectorielle* ou encore un *sous-espace vectoriel de dimension 1*.

L'ensemble K des nombres ou scalaires par lesquels on peut multiplier un vecteur est dit « opérer sur » ce vecteur. Il opère d'abord de manière à assurer le caractère « rectiligne » des « droites » engendrées par les vecteurs et à respecter le théorème géométrique de Thalès.

1) La *conservation du caractère rectiligne* des droites est exprimée par cette relation : k, a et b étant des scalaires, v un vecteur,

$$w = k(a + b)v = k(av + bv) = ka\,v + kb\,v$$

est un vecteur porté par la même droite vectorielle que v.

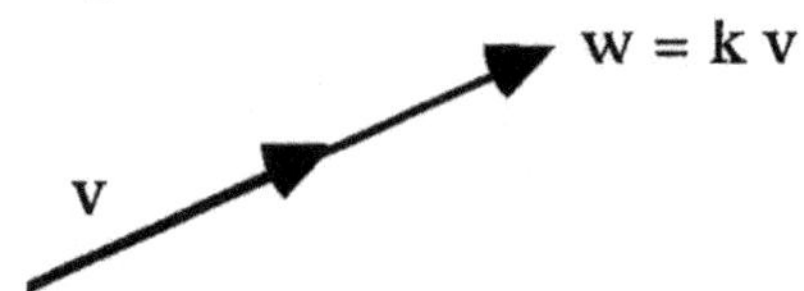

2) *Cet ensemble de vecteurs vérifie le théorème de Thalès*, ce qu'exprime la relation : le scalaire ou nombre k étant donné, ainsi que les vecteurs v et v', alors

$$k\,(v + v') = kv + kv'.$$

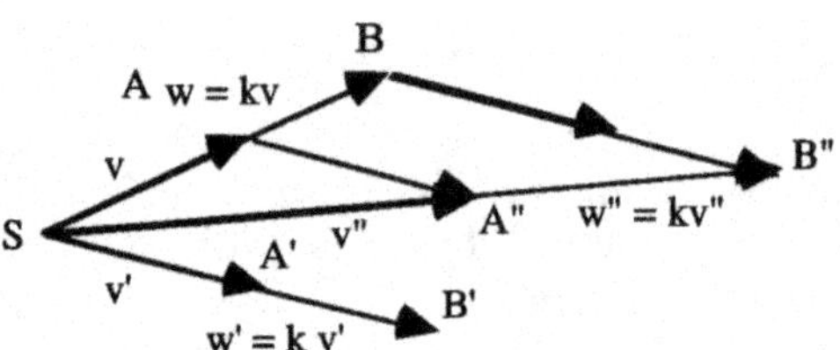

Sur la figure, on lit en effet que v = SA, v' = SA', v + v' = v" = SA", k SA" = k SA + k SA', soit :

SB" = SB + SB'

ou encore :

SB/SA = SB"/SA" = SB'/SA' = (BS + SB")/(AS + SA") = BB"/AA" = k.

L'ensemble des vecteurs portés par les droites vectorielles forme un *espace vectoriel*. Pour bien le définir, on indique non seulement l'ensemble des vecteurs G, mais aussi l'ensemble de nombres K qui opèrent sur les vecteurs. On note alors V = (K,G) l'espace vectoriel.

Les droites issues de l'origine s'organisent en *sous-espaces vectoriels* de dimension croissante, parfois également appelées *strates*. L'étude de la stratification des objets est fort utile pour comprendre des aspects importants de leur rôle fonctionnel.

Supposons donné un espace de lieux $\mathcal{L}$. Choisissons un point P de cet espace. On le considère comme point d'application des vecteurs (forces) d'un espace vectoriel V qui opère sur $\mathcal{L}$, en effectuant des *translations* des points de $\mathcal{L}$: si v est un vecteur de V, on écrit v(P) = Q = P + v.

On suppose bien sûr que le vecteur nul laisse P invariant : P + 0 = P, et que tout point Q de $\mathcal{L}$ peut être atteint à partir de P par une translation v de V. On suppose enfin que la commutativité des vecteurs de V par rapport à l'addition se traduit par une commutativité des opérations sur $\mathcal{L}$: w(v(P)) = v(w(P)) = P + v + w = P + w + v.

$\mathcal{L}$ est alors muni de la même structure d'espace vectoriel que V : on l'appelle un *espace affine* de V, *basé* en P.

L'exemple le plus courant d'espace affine s'obtient en prenant pour espace de lieux $\mathcal{L}$ l'espace des extrémités des vecteurs de V. L'espace affine de V, basé en P, s'obtient simplement en translatant du vecteur OP tous les vecteurs de V.

Les *applications linéaires* entre espaces vectoriels ont la propriété essentielle de conserver la structure linéraire des sous-espaces vectoriels, c'est-à-dire qu'elles transforment tout sous-espace vectoriel de la source en un sous-espace vectoriel du but, éventuellement de dimension moindre. Un des exemples parmi les plus simples et parmi les plus importants d'application linéaire, nous l'étudierons plus en détail au chapitre IV, est celui de l'application linéaire appelée *projection* parallèlement à une direction donnée.

• *L'espace vectoriel est un espace souple, déformable*

La structure de l'espace vectoriel est dite « linéaire ». Dans un premier temps, on associe au terme linéaire la vision d'un objet rectiligne. Un tel objet possède en effet la structure linéaire, et c'est essentiellement à partir d'objets rectilignes, si communs, qu'on a défini les caractères de l'axiomatique linéaire.

Mais, inversement, une axiomatique linéaire n'impose nullement *a priori* que les objets qui lui obéissent soient rectilignes. Peut-être, si l'on remplaçait le terme « linéaire » par celui de « vectoriel » par exemple, moins chargé de connotation sensible, l'esprit aurait moins tendance à associer *ipso facto* le « linéaire » avec le rectiligne. Le terme « linéaire » se rapporte à une structure, et non à la qualité d'une représentation.

L'espace vectoriel de dimension 0 est un point. Celui de dimension 1 est *traditionnellement* représenté par une droite bien rectiligne. Celui de dimension 2 est également *souvent* représenté par une surface plane, sans courbure aucune. Il s'agit bien là de *représenta-*

tions. Très particulières, elles font illusion. D'autres représentations peuvent être envisagées, plus générales et de ce fait suggérant des potentialités plus riches.

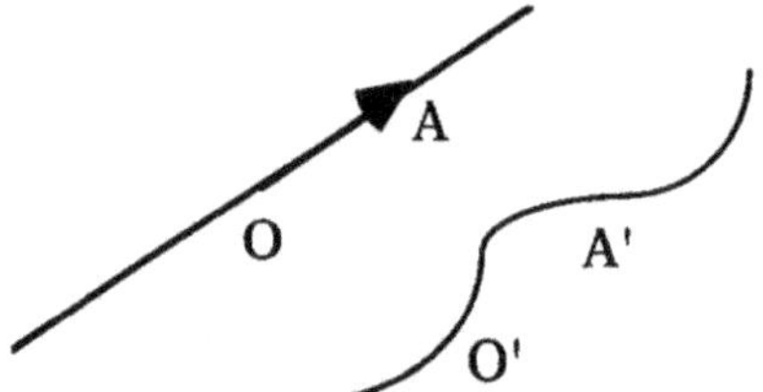

L'espace vectoriel rectiligne porteur du vecteur OA est comparable à un élastique tendu qu'on peut davantage étirer ou courber à loisir.

Déformons cet espace rectiligne en un espace courbé : le vecteur OA est déformé en un vecteur O'A'. Toutes les règles de définition de l'espace vectoriel sont vérifiées tant sur l'espace rectiligne que sur la déformation de cet espace : ce sont deux représentations distinctes de l'espace vectoriel à une dimension, qui respectent la topologie de cet espace.

Nous dirons que cet *espace vectoriel est topologique.* Il n'est pas géométrique dans la mesure où l'on ne se préoccupe nullement de la distance séparant deux points, deux vecteurs, les extrémités de deux vecteurs. Seules leurs positions relatives, la composition et la structure de leurs voisinages retiennent ici l'intérêt.

• *Les espaces vectoriels géométriques*

Pour faire d'un espace vectoriel topologique un *espace vectoriel géométrique,* il faut le rigidifier en imposant une définition de *longueur* d'un vecteur.

Comme nous le verrons au chapitre V, on définit le carré de la longueur d'un vecteur comme le travail que doit accomplir le long de ce vecteur une force égale à ce vecteur. Ainsi, la notion importante n'est pas la longueur, mais son carré, qui correspond à un travail physique. Il y a bien des façons de définir ce travail, on peut par exemple le mesurer aussi bien par le nombre de kilomètres parcourus que par le nombre de litres d'essence consommés.

La manière la plus ancienne s'est inspirée du théorème traditionnel de Pythagore qui donne la valeur du carré d'une longueur c d'un segment à partir des carrés des longueurs, respectivement a et b, des côtés d'un triangle rectangle dont l'hypoténuse est le segment donné ($c^2 = a^2 + b^2$). Un espace vectoriel, où l'on a défini des longueurs de manière que soit vérifié le théorème de Pythagore, est dit *euclidien*, voire même *pythagoricien*.

Considérons par exemple l'ensemble des nombres réels. Chaque nombre peut être considéré comme une *représentation* (numérique évidemment) d'un point d'un espace topologique. La représentation est telle que l'ensemble des réels et cet espace portent la même structure d'espace vectoriel de dimension 1. On notera par R cet espace vectoriel topologique. On peut le représenter graphiquement par une courbe continue quelconque. On peut munir R de métriques, par exemple la métrique euclidienne : si P et Q sont deux points de R, la distance entre P et Q, d(P,Q), est égale à la valeur absolue $|p - q|$ où p et q sont les nombres représentant P et Q. La notation habituelle **R** désigne l'espace géométrique des nombres réels, c'est-à-dire l'espace topologique R muni de la métrique euclidienne.

Une fois définie la mesure des longueurs des vecteurs, en d'autres termes la métrique sur l'espace vectoriel, on peut entreprendre l'étude des propriétés des *figures* contenues dans cet espace vectoriel géométrique, c'est-à-dire faire de la géométrie.

NOTES DE LECTURE

L'étude des espaces vectoriels mériterait d'être précédée par celle de la mécanique statique : Archimède lui a donné son fondement théorique, et en a tiré de très nombreuses applications géométriques. On pourra lire avec intérêt sur Archimède *Les Cahiers de Science et Vie*, hors série n° 18, décembre 1993.

Je ne me suis pas penché sur les traités récents de mécanique statique. Voici la référence d'un vieil ouvrage, simple et pratique, rédigé à l'intention des élèves des écoles professionnelles et de leurs professseurs : J. Roumajon, *Mécanique*, Paris, Delagrave, 1939.

On pourra, dans un premier temps, aborder la mécanique par la lecture de ce type d'ouvrage, puis, dans un second temps, aborder l'étude de la mécanique mathématique, où l'on enseigne quelquefois la mécanique avec retard, ainsi, dans le bon vieux livre (1948) de *Mécanique*, quatrième volume du cours de mathématiques spéciales rédigé par H. Commissaire et G. Cagnac, « les principes de la mécanique du point » n'apparaissent qu'en page 144.

On pourra alors relire la définition abstraite d'un espace vectoriel dans n'importe quel traité d'algèbre. Un des ouvrages d'algèbre linéaire élémentaire parmi les plus pédagogiques est celui de S. Lang, *Algèbre linéaire*, Paris, InterÉditions, 1976.

Sur la notion d'espace vectoriel topologique, on pourra évidemment consulter N. Bourbaki, *Espaces vectoriels topologiques*, Paris, Hermann, 1966.

La présentation du corps topologique des réels est donnée au chapitre III d'un ouvrage du même auteur intitulé N. Bourbaki, *Topologie générale*, Paris, Hermann, 1961 (par exemple).

On pourra prendre leçon auprès des ouvrages pédagogiques des bourbakistes ; ceux de J. Dieudonné et de H. Cartan sont les plus connus, pour se former à la rédaction d'ouvrages clairs, où l'on fait des phrases, où l'on s'efforce d'expliquer, sans l'emploi excessif et décourageant d'un langage trop codé.

Bourbaki dit lui-même que les ouvrages de son cru ne s'adressent pas à des débutants : Bourbaki était un excellent pédagogue, mais il fut mal compris par ses émules. On pourra reprocher à *Espaces vectoriels topologiques* un défaut de notation : l'ensemble des réels en tant qu'espace topologique métrisable, et ce même ensemble en tant qu'espace topologique métrisé (un physicien pourrait écrire « maîtrisé »), sont représentés par le même symbole. Voici, par exemple, mais conservant le défaut précédent de notation, un bon ouvrage didactique où l'on traite de l'ensemble des réels en tant qu'espace topologique : H. Lehning, *Mathématiques supérieures et spéciales*, vol. 1, *Topologie*, Paris, Masson, 1985.

Ce dessin aidera à faire comprendre la nature topologique de l'ensemble des réels. On prend deux fils, l'un tendu, AB, l'autre, A'B', plus ou moins courbé, sans point d'inflexion ni point double :

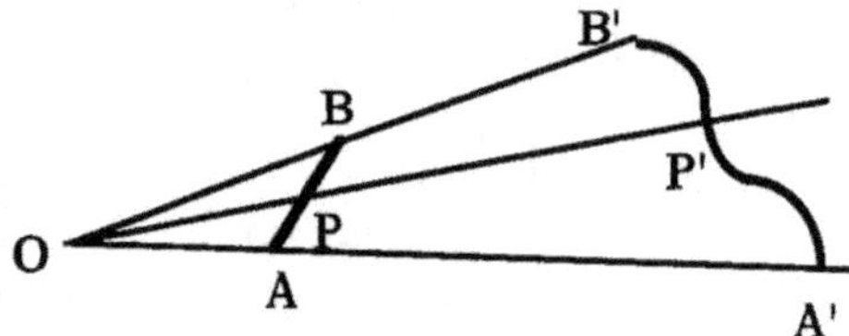

La projection centrale de centre O envoie AB sur A'B'. Tout rayon lumineux issu de O, tel que OPP', permet d'établir une bijection entre les points de AB et ceux de A'B'. L'organisation des voisinages de points autour de P est la même que celle des voisinages de points autour de P'. AB et A'B' sont tout à fait équivalents du point de vue de leur organisation spatiale, du point de vue topologique (on les dit *homéomorphes*). Les deux dessins sont deux représentations du *même* objet.

On peut, maintenant, mettre sur cet objet deux métriques différentes. On peut, par exemple, imposer la métrique de Pythagore à AB, et compter le nombre de centimètres qui séparent ces deux extrémités : je trouverai par exemple 2. Si j'impose la même métrique à A'B', je trouverai par exemple 5. Mais si je songe à A'B' comme à une route qui monte et qui descend, je peux imposer sur cet objet une métrique qui correspond, localement, à la quantité d'essence que brûle une voiture d'un type donné, ou à l'usure de ses pneus. Alors la longueur de A'B' ne vaudra pas forcément 5.

Utilisée déjà par Ptolémée (128-168), la projection stéréographique décrite au chapitre V d'un cercle ouvert en un point sur une droite

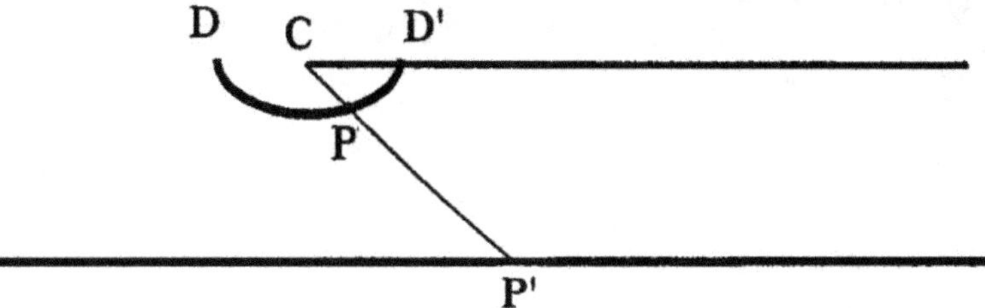

On ôte un point à un cercle de centre C ; on déforme alors l'arc restant pour obtenir le demi-cercle DD' dit ouvert, car il lui manque en fait les points extrêmes D et D'. On prend une droite parallèle à celle passant par le diamètre DD'. La projection centrale de centre C du demi-cercle ouvert DD' établit un homéomorphisme entre celui-ci et la totalité de la droite, représentation de **R**.

(ou d'une sphère percée en un point sur un plan) est une projection dont le centre est un point du cercle : elle permet d'établir un homéo-morphisme entre une *partie* ouverte *quelconque* de **R**, aussi petite soit-elle, et la totalité **R**. On pourra essayer de se servir de cette cor-respondance pour définir le continu *mathématique* qu'on ne saurait confondre avec le continu physique. Elle permet de comprendre la raison du fonctionnement de l'analyse non standard, ou le pourquoi des similitudes de morphologie observées à différentes échelles lors-qu'on met en œuvre des mécanismes de récurrence.

Chapitre III

Volumes dans un espace vectoriel : la notion de déterminant

L'observation fréquente d'objets lointains, si petits qu'ils en paraissent réduits à un point, nous a rendu familière la notion mathématique d'espace de dimension 0. Quel que soit l'espace auquel appartient le point, il occupe un domaine dont l'étendue est de mesure nulle.

Les objets d'apparence rectiligne que nous rencontrons quotidiennement, crayons ou ficelles observés de quelque distance, nous ont également familiarisés avec la notion d'espace unidimensionnel. Dans cet espace, nous appelons usuellement « longueur » le volume unidimensionnel occupé par un objet. Ce disant, nous admettons implicitement ici que nous sommes capables de procéder à des mesures dans l'espace considéré ; en termes plus mathématiques, que cet espace est muni d'une métrique.

Cette hypothèse faite momentanément, puisque nous nous en évaderons plus tard, nous disons, dans un langage plus formalisé et susceptible de se prêter à la généralisation, que la mesure du domaine occupé par un crayon rectiligne idéal OB est un *1-volume*. L'existence de ce crayon unidimensionnel est caractérisée par le fait que son 1-volume n'est pas nul.

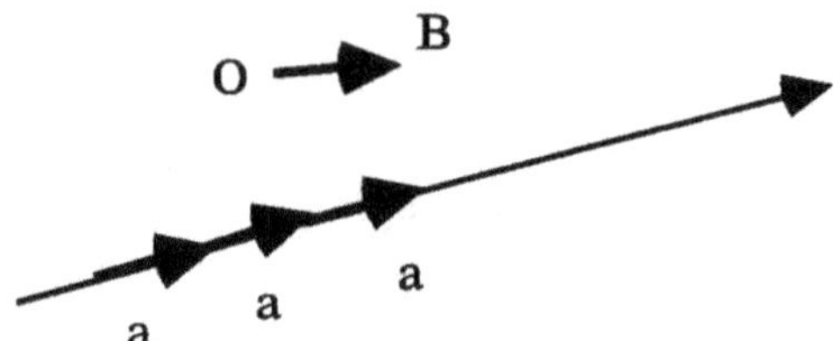

Si l'on imagine, posés sur une flèche de longueur infinie représentant une droite orientée, k crayons identiques de même longueur a, mis bout à bout et scellés par une colle très forte, chacun sait qu'on obtient un grand crayon de longueur $k\,a$.

Le fait qu'on ait orienté la droite amène à concevoir deux sortes de crayons : les crayons marqueurs ou positifs, orientés dans le même sens que celui de la droite ; les crayons effaceurs ou négatifs, orientés dans le sens opposé à celui de la droite. On est donc conduit à préciser la nature du crayon en affectant un symbole à sa longueur. Ce symbole est plus (+) si le crayon est *positif* (marqueur), moins (–) s'il est *négatif* (effaceur). Un crayon effaceur de longueur – a efface le travail réalisé par un crayon marqueur de même longueur + a, ce qu'on résume par la formule : (+ a) + (– a) = 0.

Ainsi, le 1-volume d'un crayon idéal orienté OB, ou *vecteur*, est représenté par un nombre algébrique. On dit aussi que ce nombre est une valeur du *déterminant* de OB.

Si un segment suffit pour symboliser un espace unidimensionnel, la figure minimale à laquelle il faut faire appel pour symboliser la surface, l'espace bidimensionnel, est le triangle. Son *2-volume*, l'étendue supposée mesurable du domaine qu'il occupe, est communément appelé son « aire ».

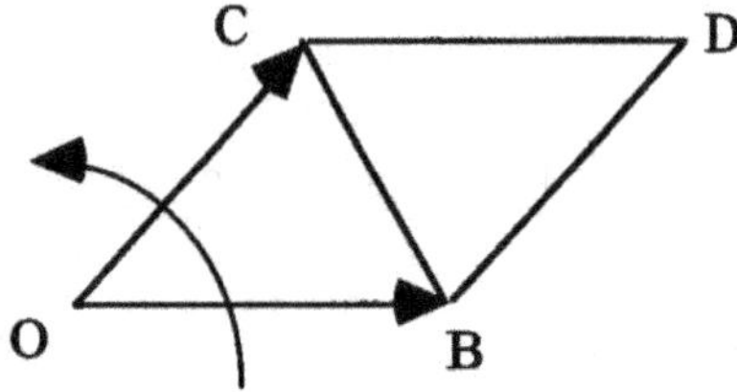

En doublant le triangle OBC à l'aide d'une symétrie par rapport à l'un de ses côtés, par exemple BC, on obtient un parallélogramme. Dans le cas habituel dans lequel on se place ici, son 2-volume est bien sûr égal à deux fois le 2-volume du triangle.

La portion de plan qui contient le parallélogramme OBCD peut être orientée : on conviendra par exemple de privilégier un sens de rotation autour de O, et l'on dira qu'on se déplace dans le plan dans le sens positif si ce déplacement s'accompagne d'une rotation de même sens que l'orientation privilégiée. On peut alors attribuer une orientation aux triangles.

Le triangle (OB,OC) sera considéré comme orienté positivement puisque l'angle de rotation de OB vers OC est orienté dans le même sens que le plan. Par contre, le triangle (OC,OB) sera orienté négativement. La valeur du 2-volume traduit cette distinction d'orientation : elle sera positive dans le premier cas, de signe opposé dans le second cas.

On appellera *déterminant* du couple de vecteurs (OB,OC) – det (OB,OC) – la valeur du 2-volume du parallélogramme OBDC, ou encore 2 fois la valeur du 2-volume du triangle orienté (OB,OC) :

det (OB,OC) = 2 ! 2-vol (OB,OC).

(Rappelons qu'on note n ! la *factorielle* de n, c'est-à-dire le nombre 1 x 2 x 3 x... x n ; ainsi 5 ! = 120.) On présente en général le déterminant d'abord comme une fonction qui, au couple de vecteurs (OB,OC), associe un nombre algébrique.

L'orientation d'un triangle détermine celui de ses parallélogrammes associés. Par suite,

Proposition 1 : det (OB,OC) = – det (OC,OB).

On exprime cette propriété en disant que le déterminant est une *fonction alternée* de ses variables : on veut dire par là qu'en permutant la position de deux variables, on change le signe de la fonction.

Si l'on dilate d'un facteur k l'un des côtés du triangle, le 2-volume de celui-ci est multiplié par k.

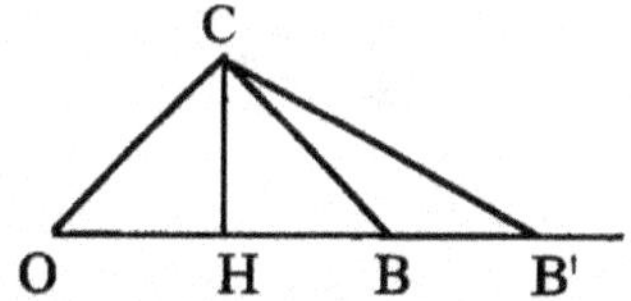

En effet, dilatons OB en OB' = b OB. Le 2-volume du triangle OBC est égal au demi-produit de la longueur d'un côté par celle de la hauteur qui lui correspond, par exemple OB x CH/2. Le 2-volume du triangle OB'C vaut OB' x CH/2 = b OB x CH/2, soit b fois le 2-volume du triangle OBC, comme nous l'avions annoncé. Et par suite,

Proposition 2 : det (b OB, OC) = b det (OB, OC)

det (OB, c OC) = c det (OB, OC).

Dans le cas où les vecteurs OB et OC sont colinéaires, c'est-à-dire portés par la même droite, le triangle OBC se réduit à un segment, par exemple OB si le 1-volume, supposé non nul, de OB est supérieur à celui de OC et de même signe que celui-ci.

On considère alors le triplet O, C, B comme un *triangle dégénéré* :

il n'a pas d'étendue surfacique, son 2-volume est nul. Dans le cas de la figure, ni OB ni OC n'étant nuls, son 1-volume n'est pas nul ; il est par conséquent représentatif d'un espace de dimension 1.

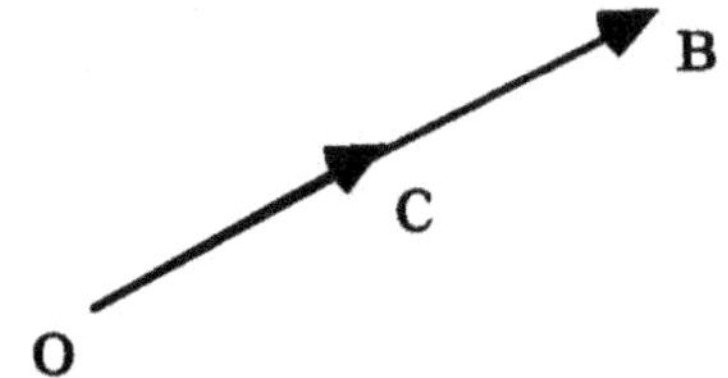

Si les deux vecteurs OB et OC possédaient un 1-volume nul, le triangle serait encore plus dégénéré que dans le cas précédent, puisqu'il serait réduit à un point.

Le fait que deux vecteurs soient colinéaires se traduit par la relation : OC = k OB. Dans ce cas, on vient de voir géométriquement que

Proposition 3 : det (OB, k OB) = k det (OB,OB) = 0.

La proposition que nous allons montrer maintenant – la fonction déterminant est une fonction linéaire en chacune des variables – nécessite de connaître les préliminaires suivants, aux démonstrations analogues :

Lemme 1 : det (OB + c OC, OC) = det (OB, OC) + det (cOC, OC)
(= det (OB, OC)).

Lemme 1 bis : det (OB, b OB + OC) = det (OB, b OB) + det (OB,OC)
(= 0 + det (OB, OC)).

Preuve :

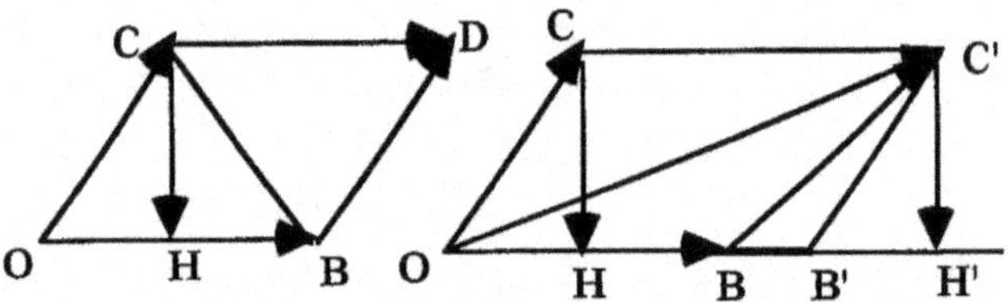

Sur la figure de gauche, on lit que det (OB, OC) = OB x HC.

Sur la figure de droite, on lit que b OB = OB' est équipollent à CC', c'est-à-dire lui est parallèle, a même longueur et même orientation, que OC + b OB = OC', que HC = H'C', que det (OB, OC') = OB x H'C' = OB x HC = det (OB,OC).

Puisque, par la proposition précédente, det (OB, b OB) = 0, on a bien la relation énoncée.

Lemme 2 : det (OB + OD, OC) = det (OB, OC) + det (OD, OC).

Lemme 2 bis : det (OB, OC + OD) = det (OB, OC) + det (OB, OD).

Preuve : On peut toujours écrire que OD est une combinaison

linéaire de OB et OC : OD = b OB + c OC. Par suite, en utilisant les résultats précédents :

det (OB, OC + OD) = det (OB, OC + b OB + c OC) =

$\qquad$ = det (OB, OC) + det (OB, c OC + b OB)

$\qquad$ = det (OB, OC) + det (OB, c OC) + det (OB, b OB)

$\qquad$ = det (OB, OC) + det (OB, OD).

On résume l'ensemble de la proposition 2 et des lemmes précédents par ce

Théorème : L'application det, qui au couple (A_1, A_2) de vecteurs du plan fait correspondre le nombre réel égal à 2 fois le 2-volume du triangle orienté s'appuyant sur l'origine et les extrémités des vecteurs A_1 et A_2 pris dans cet ordre, est une forme linéaire en chacune des variables A_1 et A_2.

Les propositions 1 et 3, équivalentes, nous ont de plus appris que cette forme est alternée. L'application « déterminant » est donc une forme linéaire alternée (définie) sur l'espace des vecteurs.

Avant de passer à la généralisation des considérations précédentes, montrons comment calculer le déterminant du couple de vecteurs précédents, quand ces vecteurs A_i (i = 1, 2) sont définis par leurs composantes (a_{i1}, a_{i2}) par rapport à une base – rappelons que par *base* d'un espace vectoriel on entend un sous-ensemble minimal b de vecteurs b_i tel que tout vecteur v de l'espace peut s'obtenir comme *combinaison linéaire* c'est-à-dire comme somme, pondérée par des scalaires k_i, de ces vecteurs de base : $v = \sum_i k_i\, b_i$. Ces vecteurs de base sont dits *linéairement indépendants.*

Proposition : det (A) = det (A_1, A_2) = $a_{11}a_{22} - a_{12}a_{21}$.

Preuve : nous l'établissons à l'aide d'un dessin où les vecteurs de base font un angle droit. Mais cette condition angulaire n'est pas une nécessité ; si les vecteurs de base ne formaient pas un angle droit, le rectangle $OA_{11}A_0A_{22}$ dessiné ci-dessous serait un parallélogramme. Chaque fois qu'est employé le mot « rectangle », on peut le remplacer par le terme plus général de parallélogramme. Pour bien marquer la particularité du cas représenté par la figure, « rectangle » apparaît avec des guillemets.

$a_{11}a_{22}$ représente l'aire du « rectangle » $OA_{11}A_0A_{22}$; ce « rectangle » contient les triangles OA_1A_2 et $A_0A_1A_2$. Il contient aussi le triangle $OA_{11}A_1$, égal au triangle $A_2A'O'$, en vertu du parallélisme et de l'équipollence de OA_1 avec A_2O'. Pour obtenir le parallélogramme $OA_1O'A_2$, il faut donc ajouter au « rectangle » précédent le triangle A_0A_1Q', lui enlever le triangle $Q'A'O'$, ainsi que le triangle OA_2A_{22}.

En vertu du parallélisme, le triangle à ajouter A_0A_1Q' est égal au triangle BQA_2, et le triangle à retrancher $Q'A'O'$ est égal au triangle

OQA_{12}, lequel est égal au triangle QOC. Par suite, l'aire à retrancher au « rectangle » est celle de $OCBA_{22}$. Comme OA_2 est la diagonale du « rectangle » $OA_{21}A_2A_{22}$, et des « rectangles » $OCQA_{12}$ et QPA_2B, les « rectangles » $A_{12}QBA_{22}$ et $CA_{21}PQ$ sont d'aire égale. En définitive, l'aire à retrancher au rectangle initial est celle du « rectangle » $OA_{21}PA_{12}$, soit $a_{12}a_{21}$.

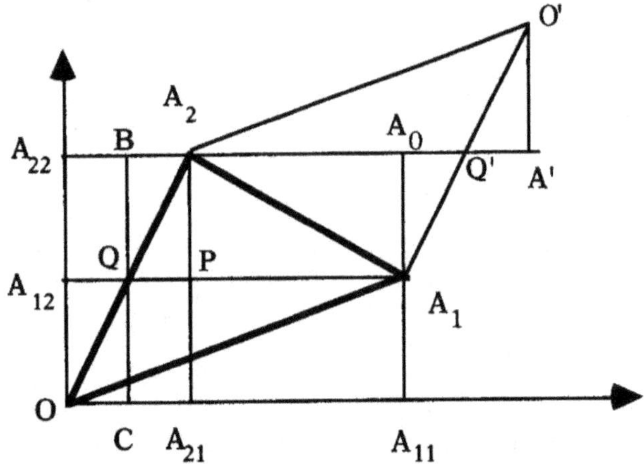

Par la proposition 3, la nullité du déterminant équivaut au fait que les vecteurs OA_1 et OA_2 sont colinéaires, ou encore linéairement dépendants. *A contrario*, la non-nullité du déterminant implique l'indépendance linéaire des deux vecteurs. Apparaît donc ici le rôle joué par le déterminant : il fournit un critère permettant de décider si des vecteurs sont linéairement dépendants ou non.

Nous avons établi l'expression de la valeur du déterminant en supposant que l'espace vectoriel que nous considérions était muni d'une métrique, c'est-à-dire d'un moyen pour affecter une longueur aux vecteurs, et nous avons même supposé que cette métrique était euclidienne.

Mais il faut bien reconnaître que ces conditions métriques sont superfétatoires pour décider si deux vecteurs sont linéairement indépendants ou non. Dans le cas euclidien, les valeurs des composantes se confondent avec des longueurs ; mais ce fait est accidentel. Indépendamment de toute considération métrique, la connaissance des valeurs des composantes des vecteurs suffit pour décider si ces vecteurs sont linéairement dépendants ou non. Supposons que (1,0) et (0,1) soient un *codage* de deux vecteurs qui engendrent l'espace vectoriel de dimension 2 que nous considérons, et que $A_1 = (a_{11}, 0)$, $A_2 = (0, a_{22})$.

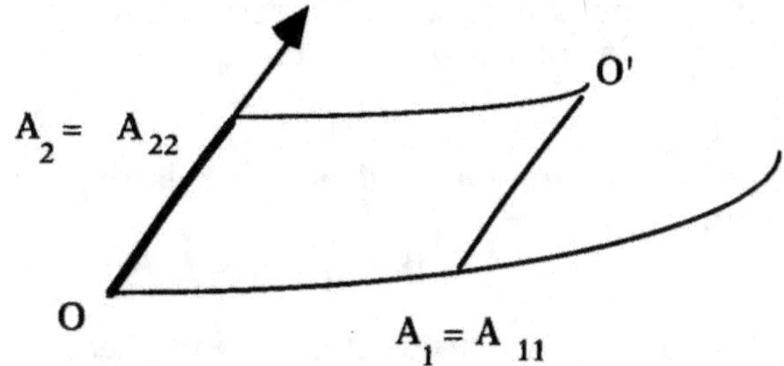

Le fait que le produit $a_{11}\, a_{22}$ ne soit pas nul est une indication de l'indépendance des vecteurs A_1 et A_2, de sorte que, pour une métrique quelconque, la mesure du « rectangle » $OA_1O'A_2$ qu'ils définissent ne sera pas nulle.

La définition qui suit ne fait d'ailleurs aucune allusion à la présence d'une quelconque métrique.

LES DIMENSIONS SUPERIEURES

Nous avons relevé précédemment ces deux propriétés du déterminant d'être une forme multilinéaire, alternée. L'exploitation de ces deux propriétés suffit pour établir l'expression de la valeur du déterminant. De ces propriétés, la notion de métrique est absente.

Soient n points de R^n, A_1, A_2,..., A_n, éventuellement distincts de l'origine O. On appelle ici, sans plus de précision, *n-simplexe* – généralisant le segment à 1 dimension, le triangle à 2 dimensions, le tétraèdre à 3 dimensions – la figure formée des n + 1 points O, A_1, A_2,..., A_n (appelés *sommets* ou *0-faces* du simplexe). Ce simplexe, noté (O, A_1, A_2,..., A_n), est *non dégénéré* si les vecteurs $0A_1$, $0A_2$,..., $0A_n$ forment une base de R^n, *dégénéré* dans le cas contraire.

Lorsque aucune confusion n'est à craindre, on note de la même façon le vecteur et son extrémité différente de l'origine.

Définition : On appelle *déterminant* une fonction, notée det : R^n x R^n x ... x R^n -> R (n fois), qui vérifie les propriétés suivantes :

1. det (A_1, A_2,..., A_n) est une fonction linéaire en chaque variable A_i (cf. le théorème précédent) :

det (A_1, A_2,...A_{i-1}, $k_i A_i + k'_i A'_i$, A_{i+1},..., A_n) =

k_i det (A_1,..., A_{i-1}, A_i, A_{i+1},..., A_n) + k'_i det (A_1,..., A_{i-1}, A'_i, A_{i+1},..., A_n)

(on dit tout simplement que det est une *forme multilinéaire*).

2. Le déterminant est nul s'il existe une relation de dépendance linéaire entre les A_i.

On montre qu'une conséquence de cette dernière propriété est que, si l'on échange les places de A_i et de A_{i+1}, le signe du déterminant change :

$$\det (A_1,..., A_i, A_{i+1},..., A_n) = - \det (A_1,..., A_{i+1}, A_i,..., A_n)$$

(on dit que det est une *forme alternée*, cf. la proposition 1). En voici la preuve.

Considérons $\det (A_1,..., A_{i-1}, B_i, B_{i+1}, A_{i+2},..., A_n)$ où $B_i = B_{i+1} = A_i + A_{i+1}$.

Puisque $B_i = B_{i+1}$, ces deux vecteurs sont linéairement dépendants, et le déterminant est nul. Remplaçons chacun de ces vecteurs par $A_i + A_{i+1}$, et développons le déterminant en tenant compte de la linéarité. Il vient :

$$0 = \det (A_1,..., A_{i-1}, B_i, B_{i+1}, A_{i+2}, ..., A_n) =$$
$$\det (..., A_i + A_{i+1}, A_i + A_{i+1}, ...) =$$
$$\det (..., A_i, A_i + A_{i+1},...) + \det (..., A_{i+1}, A_i + A_{i+1},...) =$$
$$\det (..., A_i, A_i,...) + \det (..., A_i , A_{i+1},...) + \det (..., A_{i+1}, A_i,...) + \det (..., A_{i+1}, A_{i+1},...).$$

Comme $\det (..., A_i, A_i,...) = 0 = \det (..., A_{i+1}, A_{i+1},...)$, il reste

$$\det (A_1,..., A_i, A_{i+1},..., A_n) + \det (A_1,..., A_{i+1}, A_i,..., A_n) = 0.$$

Introduisons maintenant, sur l'espace vectoriel, la métrique usuelle ou euclidienne, qui obéit au théorème de Pythagore. Alors, pour *cette* métrique, on montre que le volume n-dimensionnel ou n-volume du simplexe $(O, A_1, A_2,..., A_n)$ est lié à son déterminant par cette relation : $\det (A_1, A_2,..., A_n) = n !$ n-volume $(O, A_1,..., A_n)$.

L'introduction de la factorielle vient du fait que l'hyperparallélipipède défini sur les vecteurs $OA_1, OA_2,..., OA_n$ se décompose en n! simplexes $(O, A_1, A_2,..., A_n)$.

Introduisons une notation : soit A le tableau de nombres ou *matrice* formée des composantes des A_i, disposées par exemple en colonnes ; on écrit alors aussi $\det (A_1, A_2,..., A_n) = \det A$. Notons aussi par A^{ij} le déterminant de la matrice obtenue en supprimant la i-ième ligne et la j-ième colonne. En exploitant à fond la définition fonctionnelle des déterminants, on montre que :

$$\det A = \sum_{i=1}^{m}(-1)^{i+j} \, a_{ij} A^{ij}$$

(développement par rapport à la ligne i)

$$\det A = \sum_{i=1}^{m}(-1)^{i+j} \, a_{ij} A^{ij}$$

(développement par rapport à la colonne j).

On notera que la valeur du déterminant dépend des a_{ij}, autrement dit de la base choisie. Seul son caractère nul ou non, indépendant du choix de la base, est intrinsèque à la donnée des vecteurs A_i.

Lorsque les n vecteurs A_1, A_2,..., A_n ne sont pas linéairement indépendants (il existe alors par définition des scalaires non tous nuls x_1, x_2,..., x_n tels que $x_1A_1 + x_2A_2 + ... + x_nA_n = 0$), le n-simplexe $(0, A_1,..., A_n)$ est dégénéré, il est en somme aplati sur un sous-espace de l'espace vectoriel, son n-volume est nul, ce qui est apparu de manière naturelle dans la seconde propriété de définition des déterminants.

Voici quelques exemples de calcul en dimension 3. Soient trois points A_1, A_2, A_3 de $\mathbf{R}^3$, dans trois situations différentes :

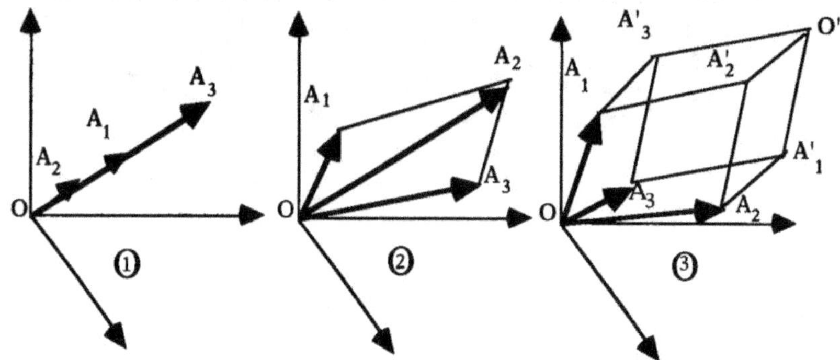

Dans les cas 1 et 2, le 3-volume $(0, A_1, A_2, A_3)$ est nul. Dans ces cas le simplexe est dégénéré : dans le cas 1, le simplexe est unidimensionnel, son 3-volume est évidemment nul. Dans le cas 2, $A_2 = A_1 + A_3$: A_2 est dans le plan déterminé par A_1 et A_2. En termes courants, l'épaisseur dans l'espace ordinaire de la surface occupée par le quadrilatère plan $0A_1A_2A_3$ est nulle, le volume (au sens usuel) de ce quadrilatère est nul.

Dans le cas 3, les points A_1, A_2, A_3 sont dits *en position générale*, les vecteurs $0A_1$, $0A_2$ et $0A_3$ définissent une base de $\mathbf{R}^3$. Le 3-volume du tétraèdre $0A_1A_2A_3$ n'est pas nul, et

$3!\ \text{3-vol}(0,A_1,A_2,A_3) = \text{3-vol (parallélipipède } 0A_1A_2A_3A'_3A'_2A'_1O').$

Ce volume peut être calculé facilement dans les cas simples. On sait par exemple que le 3-volume du prisme est $v = \dfrac{bh}{3}$ où b désigne le 2-volume (aire) d'une base du prisme, h le 1-volume (longueur) de la hauteur correspondante, soit en multipliant ce volume par $3! = 6$, $3!\ V = 2b\,h$. Voici deux exemples de prismes, droit à gauche, oblique à droite, s'appuyant sur l'origine et trois points A_1, A_2, A_3 dont les composantes sont données par les matrices ci-dessous,

$$A = \begin{bmatrix} a_{11} & 0 & 0 \\ 0 & a_{22} & 0 \\ 0 & 0 & a_{33} \end{bmatrix} \qquad A = \begin{bmatrix} a_{11} & a_{12} & a_{13} \\ a_{21} & a_{22} & a_{23} \\ 0 & 0 & a_{33} \end{bmatrix},$$

et dont voici les dessins représentatifs :

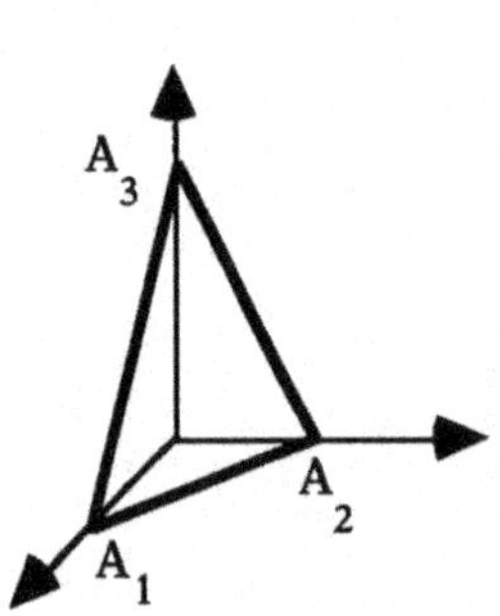

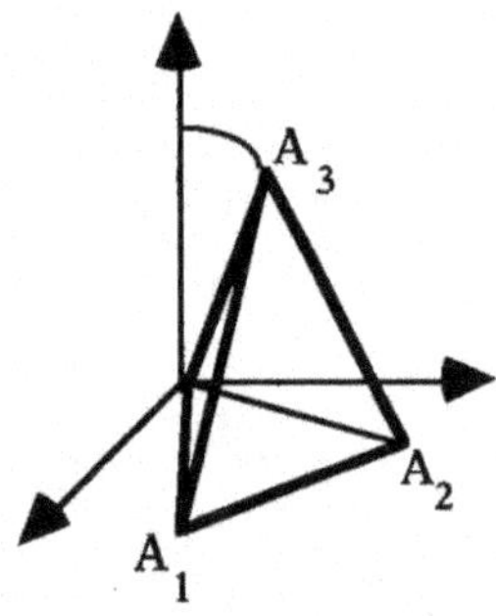

hauteur h : $0A_3$, $h = a_{33}$
base b = $0A_1A_2$

$$2b = a_{11}a_{22} \qquad\qquad 2b = a_{11}a_{22} - a_{21}a_{12}$$
$$\det A = 3!V = a_{11}\,a_{22}\,a_{33} \qquad \det A = 3!V = (a_{11}a_{22} - a_{21}a_{12})a_{33}$$

Dans le cas général, $\quad A = \begin{bmatrix} a_{11} & a_{12} & a_{13} \\ a_{21} & a_{22} & a_{23} \\ a_{31} & a_{32} & a_{33} \end{bmatrix}.$.

Appliquons la formule donnée précédemment où l'on développe A par rapport à la dernière ligne. Il vient :

$$\det A = (-1)^{3+1}a_{31}(a_{12}\,a_{23} - a_{22}\,a_{13}) + (-1)^{3+2}a_{32}(a_{11}a_{33} - a_{31}a_{13}) + (-1)^{3+3}a_{33}(a_{11}a_{22} - a_{21}a_{12}).$$

On remarquera que le dernier terme de cette expression n'est autre que la valeur du 3-volume du prisme oblique précédent. On voit ici la puissance de l'algèbre qui permet de concevoir des procédures de calcul effectif dans un nombre quelconque de dimensions, alors que la vision géométrique vient à y faire défaut.

Notons enfin que l'emploi de la même méthode permet de réaliser le calcul des p-volumes engendrés par p vecteurs situés dans des espaces de dimension n supérieure à p (l'exposé précédent traite le cas où p = n).

USAGE LE PLUS FREQUENT DU DETERMINANT

L'usage le plus fréquent du déterminant consiste à reconnaître si le n-volume défini dans l'espace vectoriel à n dimensions par le n-simplexe s'appuyant sur les n vecteurs A_1, A_2,..., A_n est nul ou non.

S'il n'est pas nul, cela signifie que les vecteurs engendrent l'espace : on peut les adopter comme vecteurs de base de cet espace.

Si le déterminant est nul, cela signifie que le n-simplexe est aplati sur un sous-espace de l'espace vectoriel donné, donc que les n vecteurs A_1, A_2,..., A_n sont linéairement dépendants.

Comment trouver le nombre minimal p de vecteurs linéairement indépendants ? Supposons par exemple que A_1, A_2 soient linéairement indépendants. Ces deux vecteurs définissent un sous-espace de dimension 2, analogue à un plan, à l'intérieur duquel le triangle (2-simplexe S_2) et le parallélogramme qu'ils définissent a une aire (2-volume) non nulle. Projetons ce plan sur les divers plans de coordonnées :

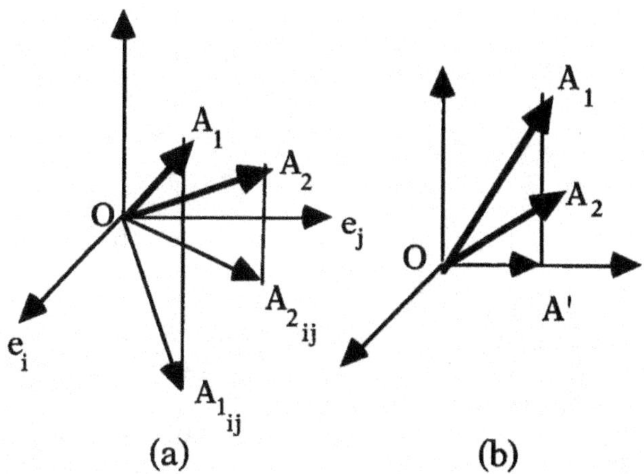

Nous voyons sur la figure à trois dimensions ci-dessus que cette projection peut être ici, selon les cas, soit un triangle (a), soit un segment (b). Le point important est qu'il existe toujours au moins un plan sur lequel cette projection est un 2-simplexe S_2' non dégénéré. Si ce plan est engendré par les deux vecteurs de base e_i et e_j, le 2-simplexe S_2', projection dans ce plan du 2-simplexe S_2 défini par A_1 et A_2, est engendré par les vecteurs A_{1ij}, projection sur ce plan de A_1, et A_{2ij}, projection sur ce plan de A_2.

Les vecteurs A_{1ij} et A_{2ij} ont respectivement pour composantes :
$A_{1ij} = (0,..., 0, a_{1i}, 0,..., 0, a_{1j}, 0,..., 0)$
$A_{2ij} = (0,..., 0, a_{2i}, 0,..., 0, a_{2j}, 0,..., 0)$
Situés dans le plan (e_i, e_j), ces deux vecteurs déterminent le simplexe S' dont le 2-volume (aire) non nul, multiplié par 2, a pour valeur

$$\det \begin{bmatrix} a_{1i} & a_{2i} \\ a_{1j} & a_{2j} \end{bmatrix}.$$

Plus généralement, s'il existe p vecteurs A_i linéairement indépendants, ils définiront un p-simplexe S_p dans l'espace considéré. Il existera au moins un sous-espace vectoriel V_p, engendré par p-vecteurs de la base de l'espace donné, sur lequel S_p se projettera selon un p-simplexe S'_p, dont le p-volume ne sera pas nul. S'_p est défini en restreignant les composantes des p vecteurs A_i donnés à celles qui appartiennent à l'espace V_p : le déterminant de la matrice formée de ces coefficients sera non nul.

Naturellement, le sous-espace V_p n'est pas connu *a priori*, de sorte qu'il faudra peut-être dérouler la liste de ces sous-espaces avant d'en trouver un sur lequel la projection S'_p de S_p est un p-simplexe non dégénéré.

Notes de lecture

Le terme « déterminant » a été introduit en théorie des nombres (Lagrange, Gauss). Peut-on, comme pour les objets géométriques, parler de la forme d'un nombre ? Comment la déterminer ? Prenons les nombres n de la forme, dite *quadratique*, $n = ax^2 + 2bxy + cy^2$; on montre que la quantité $b^2 - ac$ détermine la forme du nombre : cette quantité est le *déterminant* de la forme.

Sur l'histoire de la notion de déterminant, on pourra consulter l'ouvrage de T. Muir, *The Theory of Determinants in the Historical Order of Development*, Londres, Mac Millan, vol. 1, 1901, vol. 2, 1911, vol. 3, 1920.

On apprendra par exemple que Cauchy, voulant calculer le volume occupé par une molécule tétraédrique lorsque les positions des sommets a, b, c varient en fonction des coordonnées x, y, z, introduit en 1815 (mémoire publié en 1827) le déterminant :

$$\begin{vmatrix} \dfrac{\partial a}{\partial x} & \dfrac{\partial a}{\partial y} & \dfrac{\partial a}{\partial z} \\[2mm] \dfrac{\partial b}{\partial x} & \dfrac{\partial b}{\partial y} & \dfrac{\partial b}{\partial z} \\[2mm] \dfrac{\partial c}{\partial x} & \dfrac{\partial c}{\partial y} & \dfrac{\partial c}{\partial z} \end{vmatrix}$$

Il le calcule de manière explicite en utilisant la règle introduite plus tard par Sarrus. Le déterminant fonctionnel a été défini par Jacobi et en latin, en 1841, dans son article « De determinantibus functionalibus », paru dans le *Journal de Crelle*.

Sur l'aspect formel des déterminants, leur définition abstraite et leur calcul, les ouvrages d'algèbre (cf. le chapitre suivant) sont d'égale qualité.

Chapitre IV

La classification
des applications linéaires

Reprenons cette illustration d'un espace vectoriel qu'est l'espace formé par l'ensemble des rayons, supposés flexibles, issus d'une source lumineuse. Quelles manipulations pouvons-nous opérer sur cet espace de manière qu'après ces transformations le nouvel objet conserve la structure d'espace vectoriel ?

Cette question admet une réponse assez simple, entièrement décrite par un théorème de Camille Jordan, énoncé au siècle dernier. Les manipulations qui conservent la structure d'espace vectoriel s'appellent des *applications linéaires*. Nous prenons ici comme définition celle qui pose qu'une application linéaire possède simplement cette propriété de transformer les sous-espaces vectoriels en sous-espaces vectoriels, éventuellement de dimension moindre. En particulier, tout rayon lumineux, tout sous-espace vectoriel de dimension 1, devient encore un rayon lumineux, ou bien s'éteint en un point, l'origine.

Nous allons voir qu'il n'existe au fond que deux types fondamentaux d'applications linéaires : la transvection*, dont l'applica-

---

* Le terme transvection a été introduit par J. Dieudonné (*Bulletin de la Société mathématique de France*, 1943) : une belle trouvaille linguistique. Une transvection selon Dieudonné est une application linéaire définie par $h(x) = x + d(x) a$ où a est un vecteur fixe, d une forme linéaire telle que $d(a) = 0$. On peut étendre cette définition en posant que $h(x) = \lambda x + d(x)a$ où $d(x)$ est une *multiforme linéaire nilpotente d'ordre* p, $(d(x) = (d_1(x),..., d_p(x)))$, où $d(x)a$ désigne le vecteur $(d_1(x)a_1,..., d_i(x)a_i,..., d_p(x) a_p)$, et où l'on s'affranchit de la restriction $d(a) = 0$. Dans le cadre de notre étude, a est le vecteur $(0, 1,..., 1)$, et, si $x = (x_1,..., x_p)$, $(d1(x) = 0, d_2(x) = x_1,..., d_i(x) = x_{i-1},..., d_p(x) = x_{p-1})$. Si $p = 2$, on retrouve la définition de Dieudonné.

tion nilpotente peut apparaître comme un cas particulier, et la trans-rotation. Dans des cas simples, ces applications deviennent respecti-vement des rotations ou des dilatations ; la projection est traitée comme une dilatation très particulière. Une application linéaire quelconque est une combinaison par somme et composition de ces applications linéaires fondamentales. Nous allons d'abord les décrire en dimension 1 et 2. Le passage de la dimension 2 aux dimensions supérieures ne fait pas apparaître de notion nouvelle et s'accomplit sans difficulté spéciale.

LA CLASSIFICATION DES APPLICATIONS LINEAIRES EN DIMENSION 1

Soit D un espace vectoriel de dimension 1. La seule opération extérieure que nous pouvons accomplir sur les vecteurs de D, de manière à conserver la structure d'espace vectoriel, consiste à les éti-rer ou à les contracter de façon uniforme. Chaque vecteur v de D devient un vecteur $v' = \lambda v$. Utilisant le langage vivant de la physique quotidienne, nous dirons que nous avons effectué une *dilatation* de ce sous-espace, de *rapport* ou de *coefficient* ou de *valeur propre* λ. Cette dilatation étant uniforme sur tout l'espace, nous l'appellerons également, d'un terme plus mathématique, une « *homothétie* ». Lorsque la valeur propre est nulle, nous dirons que la droite est *projetée* sur l'origine O.

Si D est un espace vectoriel dont le corps des scalaires est l'ensemble **R** des nombres réels, une droite ordinaire suffira pour donner une représentation de D.

Si D est un espace vectoriel dont le corps des scalaires est l'ensemble **C** des nombres complexes, le plan ordinaire donnera dans ce cas une représentation géométrique de D. Le vecteur v de D pourra alors se mettre sous la forme $v = x + iy$, où x désignera la composante de v sur une droite D_1 du plan, passant par l'origine, appelée par convention droite des réels **R** ; y désignera la composante de v sur une autre droite du plan D_2, passant également par l'origine, et appelée la droite des imaginaires purs i**R**.

La valeur propre λ est maintenant un nombre complexe,
$$\lambda = a + ib = (a^2 + b^2)^{1/2}[a(a^2 + b^2)^{-1/2} + ib(a^2 + b^2)^{-1/2}]$$
$$= |\lambda| (\cos\theta + i \sin\theta),$$
où $|\lambda|^2 = a^2 + b^2$ est le carré du module de λ, θ son argument. Lorsque $\sin\theta = 0$, λ *est réel*, le plan qui représente D subit une simple *homothétie*.

Lorsque le module prend la valeur 1, $\lambda = \cos\theta + i \sin\theta$, λv s'obtient à partir de v par une rotation d'angle θ. Le plan représentatif de

D subit donc une *rotation uniforme d'angle θ*. Dans ce cas, de la relation

$$v' = x' + iy' = (\cos\theta + i\sin\theta)(x + iy)$$
$$= (\cos\theta\, x - \sin\theta\, y) + i(x\sin\theta + y\cos\theta),$$

on déduit que

$$x' = \cos\theta\, x - \sin\theta\, y\,, \quad y' = x\sin\theta + y\cos\theta,$$

soit en notation matricielle :

$$\begin{pmatrix} x' \\ y' \end{pmatrix} = \begin{bmatrix} \cos\theta & -\sin\theta \\ \sin\theta & \cos\theta \end{bmatrix} \begin{pmatrix} x \\ y \end{pmatrix}.$$

La classification des applications lineaires en dimension 2

• *La dilatation*

Prenons un espace vectoriel de dimension 2, par exemple un plan P. Privilégions un sous-espace vectoriel particulier de dimension 1, D_1, représenté par une droite passant par l'origine. Nous appellerons ce sous-espace un *sous-espace propre,* et tout vecteur de ce sous-espace, un *vecteur propre*.

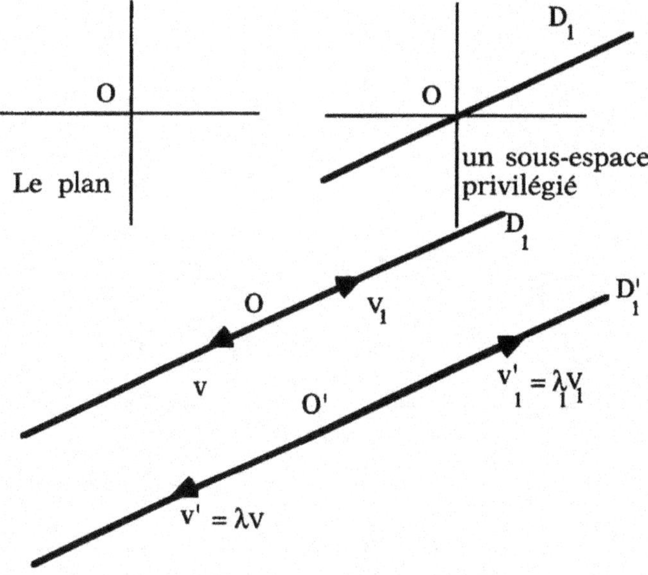

Étirons comme précédemment, de manière uniforme, tous les vecteurs de ce sous-espace : chaque vecteur v_1 devient un vecteur v'_1

$= \lambda_1 v_1$. Nous avons effectué une *dilatation* uniforme de ce sous-espace, de *rapport* (ou *coefficient* ou *valeur propre*) λ_1.

Si, comme nous l'avons signalé au paragraphe précédent, le langage mathématique ordinaire emploie plutôt le terme d'*homothétie* pour qualifier l'opération effectuée sur ce sous-espace propre, nous nous servirons parfois d'une autre dénomination, celle de *transvection d'ordre 1*.

Séparons bien la droite initiale D_1 de la droite étirée D'_1 : ce sont deux espaces vectoriels de dimension 1 distincts. Le premier est l'espace *source*, le second est l'espace *image* du premier par la dilatation d_1 de coefficient λ_1.

Soit D_2 un autre sous-espace vectoriel de dimension 1, différent du précédent. Il engendre avec D_1 le plan initial P. Par l'effet d'une homothétie d_2 de rapport λ_2, le sous-espace D_2, encore appelé un « sous-espace propre », a pour image le sous-espace D'_2. D'_1 et D'_2 engendrent l'espace vectoriel de dimension 2, P'. Quel rapport existe-t-il entre P et P', comment passe-t-on du premier au second espace ?

Nous savons déjà, par notre construction, que des dilatations convenables envoient D_1 sur D'_1, D_2 sur D'_2. Qu'en est-il d'un vecteur v quelconque du plan P ?

Celui-ci s'écrit sous la forme

$$v = x_1 v_1 + x_2 v_2,$$

ou encore

$$v = (x_1/\lambda_1)\, \lambda_1 v_1 + (x_2/\lambda_2)\, \lambda_2 v_2,$$

soit, puisque $v'_1 = \lambda_1 v_1$, $v'_2 = \lambda_2 v_2$,

$$v = y_1 v'_1 + y_2 v'_2.$$

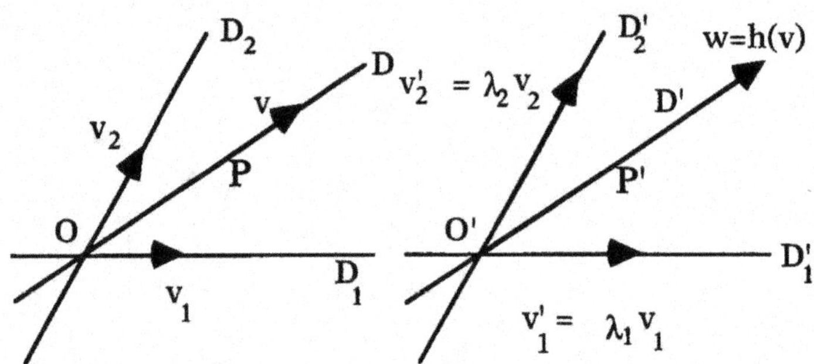

Cette écriture nous montre que v peut être considéré également comme un vecteur du plan P', puisqu'il est combinaison linéaire des vecteurs v'_1 et v'_2 qui engendrent ce plan. Considéré comme vecteur de P', nous le noterons alors v'.

Par suite, le sous-espace vectoriel D de P, engendré par v et qui contient tous les vecteurs de la forme kv, est transformé en un sous-espace vectoriel D' de P', contenant tous les vecteurs de la forme kv'.

Reprenons le même vecteur v : en conservant ses composantes x_1 et x_2, mais en dilatant ses vecteurs de base v_1 et v_2, on construit le vecteur

$$w = x_1 \lambda_1 v_1 + x_2 \lambda_2 v_2.$$

Comme précédemment, l'identification de $\lambda_1 v_1$ et de $\lambda_2 v_2$ aux vecteurs v'_1 et v'_2 de P' permet d'identifier w à un vecteur w' de P'.

Ainsi, le vecteur $v = x_1 v_1 + x_2 v_2$ de P devient-il le vecteur de P' $w' = h(v) = x_1 v'_1 + x_2 v'_2$.

Le vecteur $kv = k x_1 v_1 + k x_2 v_2$, appartenant au sous-espace vectoriel D, devient, par cette transformation h, le vecteur

$$h(kv) = k x_1 v'_1 + k x_2 v'_2$$
$$= k w'$$

qui appartient au sous-espace D' engendré par le vecteur w'.

Par la définition que nous avons donnée d'une application linéaire – transformer tout sous-espace vectoriel en un sous-espace vectoriel –, h est une telle application.

Voyons tout de suite les propriétés caractéristiques des applications linéaires. Puisque, par construction, $h(v_1) = v'_1 = \lambda_1 v_1$, $h(v_2) = v_2' = \lambda_2 v_2$, on peut écrire :

$$h(v) = h(x_1 v_1 + x_2 v_2)$$
$$= x_1 v'_1 + x_2 v'_2$$
$$= x_1 h(v_1) + x_2 h(v_2) \qquad (1)$$

et

$$h(kv) = k h(v) \qquad\qquad (2)$$

Les propriétés (1) et (2), qui résultent de la définition géométrique de la linéarité d'une application, sont traditionnellement prises comme définition algébrique d'une application linéaire.

Nous allons donner une représentation numérique simple de h, en introduisant une matrice qui relate comment v_1 et v_2 sont transformés en v'_1 et v'_2.

Choisissons (v_1, v_2) comme base de P : dans cette base, v_1 a pour composantes (1,0) ($v_1 = 1 v_1 + 0 v_2$), v_2 a pour composantes (0,1), v a pour composantes (x_1, x_2). Choisissons de même (v'_1, v'_2) comme base de P' : dans cette base, $h(v) = w'$ a également pour composantes (x_1, x_2), et, dans ce cas, la matrice qui permet de passer des composantes de v à celles de h(v) est l'identité.

Mais prenons pour base de P' des vecteurs (v''_1, v''_2) équipollents à (v_1, v_2) (ce qui revient à identifier v''_1 à v_1, v''_2 à v_2). Alors

$$h(v) = w' = x_1 \lambda_1 v''_1 + x_2 \lambda_2 v''_2.$$

Dans cette nouvelle base (v''_1, v''_2), w a pour composantes $(x_1 \lambda_1, x_2 \lambda_2)$.

Pour le couple de bases $b = (v_1, v_2)$ de P et $b'' = (v''_1, v''_2)$ de P', la matrice de l'application h est définie par les composantes des images par h des vecteurs v_1 et v_2 de la base b, à savoir $(\lambda_1, 0)$ pour $h(v_1)$, et $(0, \lambda_2)$ pour $h(v_2)$. On écrit :

$$\begin{pmatrix} x_1 \lambda_1 \\ x_1 \lambda_2 \end{pmatrix} = \begin{bmatrix} \lambda_1 & 0 \\ 0 & \lambda_2 \end{bmatrix} \begin{pmatrix} x_1 \\ x_2 \end{pmatrix}.$$

La matrice

$$\begin{bmatrix} \lambda_1 & 0 \\ 0 & \lambda_2 \end{bmatrix}$$

a une structure très particulière : les seuls éléments éventuellement non nuls qu'elle possède, les λ_i, sont situés sur une diagonale singulière, appelée « *diagonale principale* ».

On notera que h, considérée comme application de P dans lui-même, admet deux sous-espaces *globalement invariants*, à savoir les sous-espaces propres D_1 et D_2. Ces invariants caractérisent évidemment h. Et il est tout à fait naturel de commencer par rechercher ces espaces invariants, figures stables par rapport auxquelles on rapportera les éléments qui varient.

CAS PARTICULIER D'UNE PROJECTION PARALLELE A UNE DIRECTION

Supposons que le rapport de dilatation dans la direction D_2 soit nul. Cela veut dire que tous les vecteurs portés par ce sous-espace rétrécissent soudainement jusqu'à devenir un point unique, l'origine.

Nous avons écrit tout à l'heure l'expression de $h(v) = w'$:

$w' = x_1 \lambda_1 v''_1 + x_2 \lambda_2 v''_2$.

Comme λ_2 est nul, w se réduit à un vecteur proportionnel à v''_1 : il appartient donc à l'espace vectoriel de dimension 1 D'_1 identifié à D_1.

h, en tant qu'application de P dans lui-même, est alors appelée une *projection* de P sur le sous-espace D_1, *parallèlement au sous-espace D_2.*

Sur la figure ci-après, on voit très bien comment h opère sur le plan P. Tous les points de ce plan situés sur la droite $D2_v$, passant par l'extrémité différente de l'origine du vecteur quelconque v, et parallèle au sous-espace D_2, sont projetés par h sur la composante $x_1 v_1$ de v.

En particulier, *D_2 elle-même est envoyée par h sur l'origine de D'_1.* D_2 est appelée le *noyau* de l'application h.

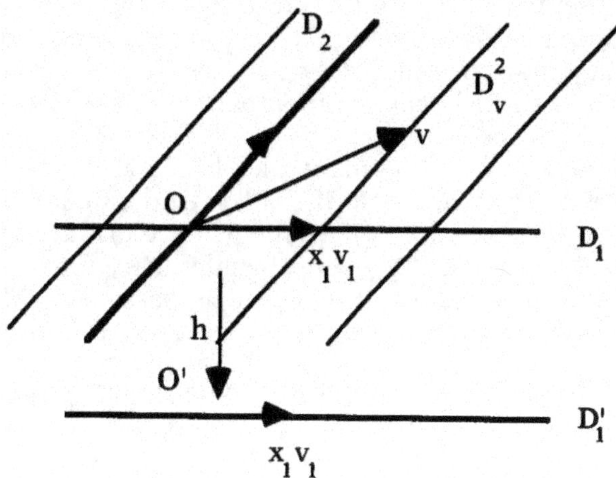

• *Les notions de noyau d'une application et d'espace-quotient*

De manière générale, on a la définition suivante : étant donné une application linéaire h : E -> F entre deux espaces vectoriels, on appelle *noyau* de h, N(h), l'ensemble des éléments de E envoyés par h sur l'origine de l'espace d'arrivée F.

Nous allons maintenant aborder la question de l'espace-quotient, qui est si utile, mais que les étudiants ont souvent bien du mal à comprendre. Le dessin de la figure précédente les aidera beaucoup.

Regardons, sur la figure précédente, la droite D^2_v : tous les vecteurs du plan qui ont leur extrémité différente de l'origine située sur cette droite, comme le vecteur v justement, sont projetés par h sur le même vecteur $x_1 v_1$. Tous ces vecteurs partagent en commun cette propriété, et donc, de ce point de vue, nous les considérerons comme *équivalents*, et l'on dit que l'ensemble de ces vecteurs forme une *classe d'équivalence*.

Le lecteur est ici invité à prendre « classe » dans son acception toute scolaire ; il remplacera alors le terme d'élément de la classe par celui d'élève. Naturellement, de nos jours, une classe possède un délégué, voire un chef, qui représente la classe auprès de l'administration...

La représentation mathématique de la classe d'équivalence procède de cette façon scolaire. Retournant à notre exemple, l'un des moyens consiste à choisir comme représentation D^2_v, ce qui revient à se donner tous les éléments de la classe à travers un seul être géométrique. Le second procédé consiste à prendre un élément de la classe qui présente semble-t-il un intérêt particulier, et à le désigner comme représentant de la classe, sachant ici qu'on obtiendra tous les autres en lui ajoutant des vecteurs de D_2. Le choix standard consiste à prendre l'élément de la classe qui appartient à D_1, en l'occurrence x_1v_1.

On voit alors immédiatement que l'ensemble des classes est entièrement décrit par ce même D_1. Si l'on se donne un vecteur a de D_1, c'est-à-dire son extrémité différente de l'origine, la parallèle à D_2 menée par cette extrémité, $D^2{}_a$, est le lieu des extrémités des vecteurs de P équivalents au vecteur a ; ou encore on passe d'un vecteur de la classe à un autre de cette même classe en lui ajoutant un vecteur de D_2.

De la sorte, l'espace vectoriel P est *divisé* en classes distinctes, représentées chacune par une droite. Le fait que les classes soient distinctes entraîne que les droites n'ont pas de point commun, ou encore sont parallèles à un même sous-espace (ici D_2). La réunion de ces classes, ou encore de ces droites, est évidemment P.

Définition : La division de P par ces droites parallèles à D_2 est notée comme à l'ordinaire P/D_2. P/D_2 est appelé l'*espace vectoriel quotient* de l'espace vectoriel P par le sous-espace vectoriel D_2.

P/D_2 est l'ensemble des classes d'équivalence de vecteurs de P, telles que deux vecteurs appartiennent à la même classe s'ils diffèrent par un vecteur de D_2.

Cet ensemble de classes d'équivalence étant décrit par D_1, on écrit :

$P/D_2 = D_1$,

ou encore quelquefois

$P = D_1 \times D_2$.

Revenons maintenant à l'application linéaire qui projette P sur D_1, parallèlement à D_2. Notons encore par $h : P \to D_1$ cette application. Nous avons vu que le noyau de h , N(h), était justement D_2. On peut donc écrire aussi :

$P/N(h) = D_1$.

Ce fait est général, et très utile à connaître :

Théorème : Soit $h : E \to F$ une application linéaire surjective, c'est-à-dire telle que tout élément de F soit l'image d'un élément de E. Alors : E/N(h) = F.

● *La rotation*

Une rotation du plan autour de l'origine revient à faire tourner simultanément et uniformément, d'un même angle θ, toutes les droites du plan passant par cette origine. Ainsi l'application de rotation h qui, au plan **P**, fait correspondre le plan **P'** obtenu à partir du précédent par une rotation autour de l'origine est-elle une application linéaire puisqu'elle transforme tout sous-espace vectoriel de l'espace source en un sous-espace vectoriel de l'espace d'arrivée.

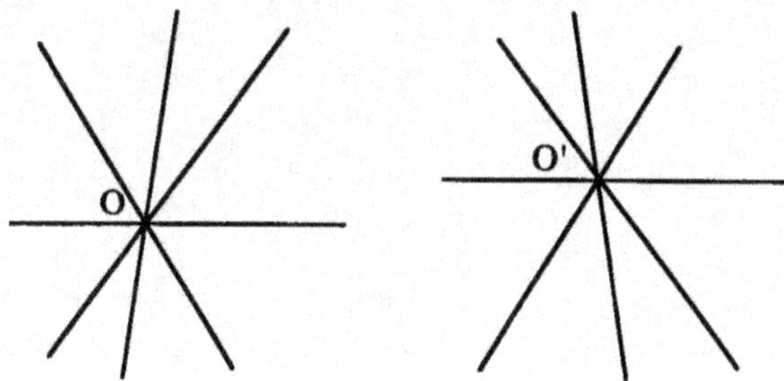

Nous avons déjà donné une description analytique de cette rotation dans le paragraphe consacré aux applications linéaires entre espaces vectoriels de dimension 1. Nous allons la retrouver ici sans le passage par la complexification de l'espace vectoriel.

h transforme une base (e_1, e_2) du plan en une base (e'_1, e'_2). Si l'on note par (a, c) et (b, d) les coefficients de $h(e_1)$ et de $h(e_2)$ dans la base (e'_1, e'_2), un vecteur $v = x\, e_1 + y\, e_2$ de **P** devient un vecteur

$$v' = h(v) = x\, h(e_1) + y\, h(e_2) = x\,(a\, e'_1 + c e'_2) + y\,(b\, e'_1 + d\, e'_2)$$
$$= (x\, a + by)\, e'_1 + (x\, c + y\, d)e'_2$$
$$= x'\, e'_1 + y'\, e'_2,$$

ce qu'on écrit sous forme matricielle :
$$\begin{pmatrix} x' \\ y' \end{pmatrix} = \begin{bmatrix} a & b \\ c & d \end{bmatrix} \begin{pmatrix} x \\ y \end{pmatrix}.$$

h étant une rotation, elle conserve la longueur euclidienne des vecteurs, et donc leurs carrés. Par suite :
$$x^2 + y^2 = x'^2 + y'^2$$
$$= (ax + by)^2 + (cx + dy)^2,$$

d'où l'on déduit que :
$$a^2 + c^2 = b^2 + d^2 = 1$$
$$ab + cd = 0.$$

En introduisant l'angle θ qui ne peut être que l'angle de rotation, il vient :
$$a = \cos\theta,\ b = -\sin\theta,$$
$$c = \sin\theta,\ d = \cos\theta.$$

- *L'application nilpotente*

De la définition d'une application linéaire résulte que la composée d'applications linéaires est encore une application linéaire.

On peut composer sans fin les dilatations et les rotations entre elles : si la dilatation de départ n'est pas la dilatation nulle, l'application linéaire composée finale ne saurait être nulle (cette application enverrait tout l'espace de départ sur l'origine de l'espace d'arrivée).

Il existe des applications linéaires g, dites *nilpotentes*, qui ne vérifient pas cette propriété. Elles sont telles qu'en composant n fois l'application avec elle-même, l'application finale soit nulle : $g^n = 0$. Le plus petit entier n pour lequel ce phénomène se produit s'appelle « *l'ordre* de l'application ».

Voici un exemple, en dimension 2. Considérons une application linéaire g qui envoie le vecteur de base e_1 sur le vecteur de base e_2, et le vecteur de base e_2 sur O :

$$g(v) = g(x\, e_1 + y\, e_2)$$
$$= x\, g(e_1) + y\, g(e_2)$$
$$= x\, e_2 + y\, O$$
$$= x\, e_2$$
$$g(g(v)) = g(x\, e_2)$$
$$= x\, g(e_2) = x\, O = O.$$

g est donc une application linéaire nilpotente d'ordre 2. On vérifie que g a pour matrice :

$$\begin{bmatrix} 0 & 0 \\ 1 & 0 \end{bmatrix}.$$

En effet, $g(e_1)$, d'écriture matricielle

$$\begin{bmatrix} 0 & 0 \\ 1 & 0 \end{bmatrix}\begin{pmatrix} 1 \\ 0 \end{pmatrix} = \begin{pmatrix} 0 \times 1 + 0 \times 0 = 0 \\ 1 \times 1 + 0 \times 0 = 1 \end{pmatrix},$$

est bien le vecteur e_2.

La matrice de l'application g possède des zéros sur sa diagonale principale, ce qui donnerait à penser qu'on procède à une projection. C'est vrai, mais, en l'occurrence, ce point de vue est incomplet. L'application g est associée ici à *deux* opérations géométriques qu'on ne peut commuter : d'une part et en premier lieu, la projection sur le sous-espace engendré par le vecteur (1,0) (« l'axe des x ») ; d'autre part, et en second lieu seulement, l'envoi de ce sous-espace sur celui engendré par le vecteur (0,1) (« l'axe des y »). On ne peut pas alors trouver de base pour laquelle la matrice de l'application g se présente sous la forme d'une matrice diagonale, une telle matrice étant associée à une seule opération géométrique de dilatation le long des sous-espaces engendrés par les vecteurs de base.

• Le cas général

Si h et g sont deux applications linéaires, par les vertus de l'addition vectorielle, f = h + g est également une application linéaire ; la composée k = hog, obtenue en effectuant g puis h, est aussi une application linéaire.

Remarquons que, si g (ou h) est nilpotente, il en est de même de k. En effet, si h et g sont nilpotentes, il en est sûrement de même de k. Si h n'est pas nilpotente, h est un isomorphisme ou une projection parallèle à un sous-espace : h(V) et h(h(V)) ont même dimension. Comme cette dimension est stationnaire, on peut supposer pour simplifier que h est un isomorphisme. Du fait que g est nilpotente, hog a alors certainement une dimension de moins que h(V). En répétant n fois l'opération k = hog, où n est le degré de nilpotence de g, on aboutira à un espace de dimension nulle : k a ici le même degré de nilpotence que g.

Une application linéaire f quelconque n'est pas nilpotente *a priori* ; elle n'est donc pas de la forme hog où g est nilpotente. Par contre, toujours *a priori*, une application linéaire quelconque contient une part nilpotente et une part non nilpotente ; elle ne peut donc être que la forme f = h + g où g est une application linéaire nilpotente, h et une application linéaire non nilpotente.

Plaçons-nous dans le cas de deux dimensions. Supposons que la matrice de h soit une rotation : alors f est soit une rotation soit une dilatation. Si h est une dilatation dont la matrice associée est telle que les coefficients de la diagonale principale (valeurs propres) soient *distinctes*, alors f est encore une dilatation que nous dirons *non équilibrée*. On peut voir ces propriétés directement par la géométrie, ou par le calcul qui traduit en symboles la géométrie.

Supposons par exemple, les bases étant données, h et g représentées respectivement par les matrices

$$\begin{bmatrix} \lambda_1 & 0 \\ 0 & \lambda_2 \end{bmatrix} \text{ et } \begin{bmatrix} 0 & 0 \\ 1 & 0 \end{bmatrix},$$

de sorte que f a pour matrice $\begin{bmatrix} \lambda_1 & 0 \\ 1 & \lambda_2 \end{bmatrix}$.

Cherchons si f admet des sous-espaces propres, c'est-à-dire des sous-espaces le long desquels f exerce des dilatations pures. Si v est un vecteur d'un tel sous-espace, $f(v) = \lambda v$. Soient (x, y) les composantes de v :

$$\begin{bmatrix} \lambda_1 & 0 \\ 1 & \lambda_2 \end{bmatrix} \begin{pmatrix} x \\ y \end{pmatrix} = \lambda \begin{pmatrix} x \\ y \end{pmatrix}.$$

De cette équation matricielle, on déduit :

$\lambda_1\, x = \lambda\, x$

$x + \lambda_2\, y = \lambda\, y.$

Une première solution apparaît : $v_2 = (0,1)$ avec $\lambda = \lambda_2$. On retrouve ici le sous-espace propre D_2. Il existe une autre solution : posant $\lambda_1 = \lambda$, et $x = 1$, on trouve que $y = 1/(\lambda_1 - \lambda_2)$. On remarquera que les coefficients de dilatation ou valeurs propres de f sont les mêmes que ceux de h. Mais la présence du facteur déformant g modifie au moins l'un des sous-espaces propres quand on passe de h à f.

Comme nous l'avons dit, la seconde solution n'existe, et f est une dilatation, que pour autant que λ_2 est différent de λ_1.

Plaçons-nous dans le cas où $\lambda_2 = \lambda_1 = \lambda$. Nous conviendrons alors de dire que h est une *dilatation équilibrée* ou *homothétie de rapport* λ, et que f est une *transvection d'ordre 2, de rapport* λ. Dans ce contexte, une application linéaire nilpotente à deux dimensions est une transvection de rapport nul.

Dans ce cas, il est aisé de voir géométriquement que h et g commutent : $hog = goh$. Il suffit pour cela de traduire géométriquement ce que signifie l'expression analytique de la relation $h(g(v))$ par exemple. Cette expression est

$$\begin{bmatrix} \lambda & 0 \\ 0 & \lambda \end{bmatrix} \begin{bmatrix} 0 & 0 \\ 1 & 0 \end{bmatrix} \begin{pmatrix} x \\ y \end{pmatrix}.$$

Le vecteur v est d'abord projeté sur le sous-espace des y, la valeur de cette projection valant x. Puis l'espace est dilaté de manière homogène du facteur λ, de sorte que le résultat final est un vecteur du sous-espace des y valant λx. Mais il revient au même de pratiquer d'abord l'homothétie de rapport λ qui tranforme v en $\lambda v = (\lambda x, \lambda y)$, et de projeter ce vecteur sur le sous-espace des y, avec pour valeur de la projection la valeur de la composante sur le sous-espace des x, λx.

En conclusion, une application linéaire entre espaces vectoriels de dimension 2 peut se présenter sous l'une de ces trois formes :

1) la transvection d'ordre 2, de matrice générique

$$\begin{bmatrix} \lambda & 0 \\ 1 & \lambda \end{bmatrix},$$

la matrice étant nilpotente si λ est nul ;

2) la dilatation, de matrice générique

$$\begin{bmatrix} \lambda_1 & 0 \\ 0 & \lambda_2 \end{bmatrix}$$

λ_1, λ_2 pouvant être quelconques : s'ils sont égaux, la dilatation est une homothétie, si l'une de ces valeurs propres est nulle, la dilatation comporte une projection ; une telle dilatation peut être conçue comme le produit direct de deux transvections d'ordre 1, qui sont alors des homothéties, l'une de rapport λ_1, l'autre de rapport λ_2 ;

3) la rotation, de matrice générique

$$\begin{bmatrix} \cos\theta & -\sin\theta \\ \sin\theta & \cos\theta \end{bmatrix}$$

Rappelons que cette rotation correspond à une homothétie de la droite complexe dont la valeur propre complexe est de module unité.

CLASSIFICATION DES APPLICATIONS LINEAIRES ENTRE ESPACES VECTORIELS DE DIMENSION QUELCONQUE

Le théorème de Jordan dit qu'une application linéaire f étant donnée, il existe des bases de l'espace source et de l'espace image par rapport auxquelles la matrice de f se présente sous la forme suivante :

$$\begin{bmatrix} B_1 & 0 & \dots & 0 & 0 \\ 0 & B_2 & \dots & 0 & 0 \\ \dots & \dots & \dots & \dots & \dots \\ 0 & 0 & \dots & B_{r-1} & 0 \\ 0 & 0 & \dots & 0 & B_r \end{bmatrix}.$$

Dans cette écriture, les B_i, appelés *blocs de Jordan*, sont des matrices carrées à b_i lignes (et même nombre de colonnes) ; les 0 sur la ligne i et la colonne j désignent des matrices à coefficients tous nuls, ayant b_i lignes et b_j colonnes.

Les matrices de Jordan peuvent être de l'un des deux types suivants :

1) dans le premier cas, celui d'une *transvection d'ordre p*, tous les coefficients d'une diagonale quelconque sont égaux : à λ, pour ceux de la diagonale principale ; à 1, pour ceux de la diagonale sous-principale ; à 0, pour tous ceux des autres diagonales.

$$\begin{bmatrix} \lambda & 0 & \ldots & 0 & 0 \\ 1 & \lambda & \ldots & 0 & 0 \\ 0 & 1 & \ldots & 0 & 0 \\ 0 & 0 & \ldots & \lambda & 0 \\ 0 & 0 & \ldots & 1 & \lambda \end{bmatrix}.$$

Lorsque $b_i = 2$, on reconnaît la matrice précédente d'une transvection d'ordre 2. Lorsque $b_i = 1$, la matrice de la transvection, qui est d'ordre 1, n'a qu'un coefficient, λ ; c'est une homothétie sur un sous-espace de dimension 1 ; la matrice d'une dilatation entre espaces vectoriels de dimension 2 comprend deux blocs de Jordan de format 1 ;

2) le second cas ressemble au premier, à condition de remplacer chaque coefficient réel λ par la matrice d'une rotation

$$\begin{bmatrix} \cos\theta & -\sin\theta \\ \sin\theta & \cos\theta \end{bmatrix},$$

et chaque coefficient égal à 1 par la matrice unité de format 2 :

$$\begin{bmatrix} 1 & 0 \\ 0 & 1 \end{bmatrix}.$$

Nous conviendrons d'appeler *transrotation d'ordre p* un bloc de Jordan comprenant p matrices de rotations.

NOTES DE LECTURE

Avec plus ou moins de détails dans la réalisation pratique, la classification algébrique des applications linéaires se rencontre dans tous les traités classiques d'algèbre, comme par exemple : R. Godement, *Cours d'algèbre*, Paris, Hermann, 1961 ; S. Mac Lane et G. Birkhoff, *Algebra*, New York, Macmillan, 1967 ; J. Lelong-Ferrand et J. M. Arnaudiès, *Cours de mathématiques*, t. 1, *Algèbre*, Paris, Dunod, 1971 ; S. Lang, *Algèbre linéaire*, Paris, InterÉditions, 1971 ; N. Jacobson, *Basic Algebra*, Freeman, 1974.

Très utile pour la classification des solutions des équations différentielles du premier ordre, la classification algébrique des applications linéaires est également présentée dans le très bon ouvrage de M. W. Hirsch et S. Smale, *Differential Equations, Dynamical Systems and Linear Algebra*, New York, Academic Press, 1974.

Je me suis efforcé, dans ce chapitre, de faire apparaître le substrat géométrique qui se cache derrière la réduction algébrique.

Divers auteurs ont par ailleurs étudié, en fonction de leurs effets géométriques, différentes classes d'applications linéaires qui possèdent en général la structure de groupe de Lie, thème qui n'est pas abordé dans ce livre. Voici quatre références d'ouvrages classiques sur ces groupes non moins classiques : H. W. Turnbull et A. C. Aitken, *An Introduction to the Theory of Canonical Matrices* (1932), New York, Dover, 1952 ; J. Dieudonné, *Sur les groupes classiques*, Paris, Hermann, 1957 ; E. Artin, *Algèbre géométrique*, Paris, Gauthier-Villars et InterÉditions, 1962. Dans la préface, G. Julia cite Dieudonné qu'il qualifie d'« éminent algébriste » : erreur d'appréciation, Dieudonné était manifestement un géomètre qui s'exprimait avec une grande aisance en langue algébrique (*Algèbre linéaire et géométrie élémentaire*, Paris, Hermann, 1964).

Ces deux derniers ouvrages peuvent compléter le livre de M. Berger cité dans les notes de lecture du premier chapitre (ils figurent bien sûr dans sa bibliographie).

<h1 style="text-align:center">Chapitre V</h1>

<h1 style="text-align:center">Prémisses de la géométrie :
produits scalaires, longueurs
ou formes quadratiques</h1>

Le travail d'une force le long d'un chemin est défini, en mécanique usuelle, comme le produit de la valeur de cette force par la longueur du chemin parcouru. Cet énoncé suppose que la direction de la force est constamment parallèle à celle du chemin.

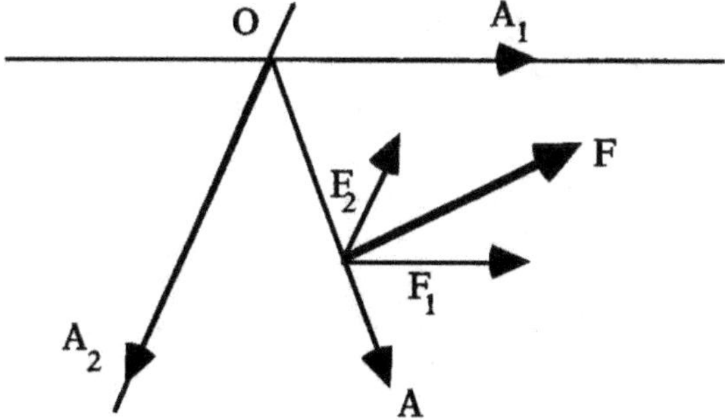

Ainsi, le travail, noté $F_1.A_1$, de la force F_1 le long du vecteur A_1 a pour valeur le nombre algébrique positif $+ |F_1||A_1|$, alors que le travail de la force F_2 le long du vecteur A_2 a pour valeur le nombre algébrique négatif $- |F_2||A_2|$. Le travail $F_1.A_2$ de F_1 (respectivement $F_2.A_1$ de F_2) le long de A_2 (respectivement de A_1) est nul.

Le travail noté $F.A$ de $F = F_1 + F_2$ le long de $A = A_1 + A_2$ s'obtient en additionnant le travail de chacune des composantes de F selon chacune des composantes de A :

F.A = (F$_1$ + F$_2$).(A$_1$ + A$_2$)
    = F$_1$.A$_1$ + F$_1$.A$_2$ + F$_2$.A$_1$ + F$_2$.A$_2$
    = F$_1$.A$_1$ + F$_2$.A$_2$.

L'analyse structurelle de ce produit scalaire montre que :

1) F et A appartiennent à deux espaces vectoriels de même dimension que nous conviendrons d'identifier ;

2) par construction, s et r étant des nombres du corps des scalaires,

(sF+ s'F').(rA + r'A') = sr (A.F) + sr'(F.A') + s'r(F'.A) + s'r'(F'.A') ;

3) F.A = A.F.

En formalisant et en généralisant ces propriétés, on obtient la définition du produit scalaire en général, celle qui lui impose d'être défini positif, trop restrictive, étant inadaptée à la description de tous les aspects du monde physique.

Définition : On appelle *produit scalaire* sur l'espace vectoriel E la valeur d'une application

b : E x E -> K

de l'ensemble E x E des couples (F, A) de vecteurs de E sur l'ensemble K des nombres scalaires de E, telle que

I) – pour F fixé, b est une application linéaire de E sur K

– pour A fixé, b est également une application linéaire de E sur K.

On résume ces deux propriétés en disant que b est une *forme bilinéaire sur E*.

II) Quels que soient F et A, b(F,A) = b(A,F), ce que signifie l'expression b est *symétrique*.

III) b est *non dégénérée*, en ce sens que si, quel que soit le vecteur A, b(F,A) est nul, alors F est le vecteur nul.

En résumé, un produit scalaire ou *travail* est une forme bilinéaire symétrique, non dégénérée.

On appellera alors « espace vectoriel géométrique » un espace vectoriel à l'intérieur duquel on peut travailler, c'est-à-dire un espace vectoriel sur lequel on a défini un produit scalaire b. Dans un tel espace, la notion de longueur est bien sûr définie.

LONGUEURS OU FORMES QUADRATIQUES

Voici une définition apparemment inhabituelle de la longueur. Ce n'est qu'une interprétation physique de sa notion formelle, établie par les mathématiciens par observation et généralisation des propriétés de la notion ordinaire.

Définition : On convient de définir le carré de la *longueur* d'un vecteur A, *relativement à un produit scalaire donné b*, comme le travail accompli par la force A pour parcourir le trajet A. On appelle également ce carré la valeur en A de la *forme quadratique q associée à b*.

On note :

$l^2(A) = \|A\|^2 = b(A,A) = q(A)$.

L'exemple de longueur auquel nous sommes habitués depuis notre jeune âge est celui de la longueur pythagoricienne appelée encore *euclidienne*, établie à partir du *produit scalaire euclidien* dont, sans le nommer ainsi, nous nous sommes servis au paragraphe précédent.

Si $F = (F_1,..., F_i,..., F_n)$ et $A = (A_1,..., A_i,..., A_n)$ sont deux vecteurs de l'espace vectoriel E, par définition, le produit scalaire euclidien des vecteurs F et A a pour valeur :

$b(F, A) = F_1A_1 + ... + F_iA_i + ... + F_nA_n$,

et par suite le carré de la longueur du vecteur A, par rapport à ce produit scalaire, vaut :

$l^2(A) = q(A) = A_1^2 + ... + A_i^2 + ... + A_n^2$.

Dans le cas où $n = 2$, on reconnaît le théorème de Pythagore dans le plan. On a ici le théorème de Pythagore dans un espace vectoriel multidimensionnel.

La donnée de la longueur (ou du produit scalaire, ou de la forme quadratique) définit ce qu'on appelle la « *métrique* de l'espace ».

La métrique euclidienne est celle de notre espace local usuel. Mais elle ne convient pas pour décrire les propriétés de l'espace physique plus étendu. On lui substitue la *métrique de Lorentz*, définie sur l'espace-temps $\boldsymbol{R}^4$ (trois composantes spatiales, une composante temporelle) par le produit scalaire :

$b(F, A) = (F_1A_1 + F_2A_2 + F_3A_3) - F_4A_4$

et la forme quadratique

$q(A) = A_1^2 + A_2^2 + A_3^2 - A_4^2 = l^2(A)^*$.

Remarquons qu'il existe alors des vecteurs non nuls, et dont pourtant la longueur est nulle ! On les appelle des vecteurs *isotropes*. Ce sont des vecteurs orthogonaux à eux-mêmes, deux vecteurs F et A étant définis comme *orthogonaux* si leur produit scalaire $b(F, A)$ est nul.

Prenons par exemple le vecteur de composantes $(a, 0, 0, a)$: sa longueur vaut $a^2 - a^2$, soit 0. L'ensemble de ces vecteurs isotropes – encore appelés *vecteurs de lumière* – forme un cône, en l'occurrence

---

* On admet que la vitesse de la lumière est un absolu constant c (ici A_4) qu'on ne peut dépasser. La forme quadratique représente la différence entre le carré de la vitesse d'un objet dans l'espace ordinaire et le carré de la vitesse de la lumière.

appelé le *cône de lumière*. Les vecteurs à l'intérieur du cône, dont le carré de la longueur est négatif, sont appelés les *vecteurs temporels*. Les vecteurs extérieurs au cône, dont le carré de la longueur est positif, sont appelés les *vecteurs spatiaux*.

Dans les deux exemples que nous venons de rencontrer, l'expression de q(A) est particulièrement simple : elle s'écrit sous la forme d'une somme algébrique de carrés des composantes de A. Ce fait est général. Voici d'ailleurs l'énoncé essentiel de la théorie des formes quadratiques :

Théorème : Étant donné un espace vectoriel E sur le corps K, de dimension n, muni d'une métrique définie par un produit scalaire b, il existe une base (e_1,..., e_i,..., e_n) orthonormale (i.e. composée de vecteurs unitaires et orthogonaux deux à deux) pour laquelle la forme quadratique q associée à b a pour expression :

$$q(A) = a^2_1 + ... + a^2_r - a^2_{1+r} - ... - a^2_{s+r = n}.$$

*De plus, les entiers r et s = n − r ne dépendent que de b. Si K est le corps des complexes **C**, r = n.*

Ainsi, dans le cas où le corps des nombres scalaires est l'ensemble **R** des réels, il ne peut y avoir, sur un espace vectoriel à deux dimensions, que deux types de métriques possibles définies par les formes quadratiques :

1. La métrique de type *elliptique* pour laquelle q(A) = $a^2_1 + a^2_2$.

2. La métrique de type *hyperbolique* pour laquelle q(A) = $a^2_1 - a^2_2$.

L'origine de cette terminologie est évidente. Plaçons-nous par exemple dans le premier cas. Le lieu des points A, dont les composantes vérifient la relation :

$$\lambda_1 a^2_1 + \lambda_2 a^2_2 = \text{constante} > 0,$$

où λ_1, λ_2 sont positifs, est une ellipse. Le changement de repère qui consiste à remplacer les vecteurs de base (e_1, e_2) par ($e_1/\sqrt{\lambda_1}$, $e_2/\sqrt{\lambda_2}$) nous ramène à l'expression standard de la métrique elliptique.

Le couple (s, r) caractérise le type de la forme quadratique : ce couple s'appelle parfois la *signature* de la forme quadratique.

Une forme quadratique de signature (n, 0) définit, de manière générale, c'est-à-dire rapportée à une base quelconque, une métrique dite *riemannienne* : c'est le cas en deux dimensions de la métrique elliptique, par exemple. Si, de plus, la base est orthonormée – q(A) se présente alors sous la forme d'une somme algébrique de carrés –, la métrique est dite *euclidienne*.

Une forme quadratique de signature (1, n–1) définit, de manière générale, une métrique dite *pseudo-riemannienne* : c'est le cas en deux dimensions de la métrique hyperbolique du plan, par exemple. Si la base est orthonormée, la métrique est dite *pseudo-euclidienne.*

Voyons, pour terminer, une autre écriture du produit scalaire et de la forme quadratique. Notons F^t le *transposé* du vecteur F (si les composantes de F sont disposées le long d'une colonne, le vecteur F^t transposé de F a les mêmes composantes mais disposées sur une seule ligne). Posons :

$$b(e_i, e_j) = g_{ij},$$

où les vecteurs e_i sont les vecteurs, pas nécessairement orthonormaux, d'une base de l'espace vectoriel. En utilisant le fait que $A = a_1 e_1 + ... + a_n e_n,$

$$b(e_i, A) = g_{i1} a_1 + ... + g_{in} a_n$$

qui est la i-ième composante du vecteur b(e,A), égal au produit G A de la matrice G des g_{ij} par le vecteur A :

$$b(e,A) = \begin{bmatrix} g_{11} & \cdots & g_{1j} & \cdots & g_{1n} \\ \cdots & \cdots & \cdots & \cdots & \cdots \\ g_{i1} & \cdots & g_{ij} & \cdots & g_{in} \\ \cdots & \cdots & \cdots & \cdots & \cdots \\ g_{n1} & \cdots & g_{nj} & \cdots & g_{nn} \end{bmatrix} \begin{pmatrix} a_1 \\ \cdots \\ a_i \\ \cdots \\ a_n \end{pmatrix}.$$

Remarquons que, puisque $b(e_i, e_j) = b(e_j, e_i)$, $g_{ij} = g_{ji}$: la matrice G est *symétrique* par rapport à la diagonale principale.

Enfin, puisque $F = f_1 e_1 + ... + f_n e_n,$

$$b(F, A) = b(f_1 e_1 + ... + f_n e_n, A)$$

et, par suite de la linéarité de b,

$$b(F, A) = f_1 b(e_1, A) + ... + f_n b(e_n, A) = (f_1 ... f_i ... f_n) \begin{pmatrix} b(e_1,A) \\ \cdot \\ b(e_i,A) \\ \cdot \\ b(e_n,A) \end{pmatrix}$$

$$= F^t b(e, A),$$

ce qu'on écrit, sous forme matricielle compacte :

$$b(F, A) = F^t G A.$$

Lorsque la base est orthonormée, G est une matrice diagonale : le nombre de +1 sur la diagonale principale est r, le nombre de –1 est s. Par exemple :

$$G = \begin{bmatrix} 1 & 0 \\ 0 & 1 \end{bmatrix}$$ pour la métrique euclidienne bidimensionnelle (métrique elliptique),

$$G = \begin{bmatrix} 1 & 0 \\ 0 & -1 \end{bmatrix}$$ pour la métrique pseudo-euclidienne bidimensionnelle (métrique hyperbolique).

BIBLIOSPHERE

Étant donné un objet X, le « meuble de rangement géométrique » qui contient tous les objets de type X sera nommé un *biblio-X*.

Prenons par exemple toutes les sphères de rayon z d'un espace euclidien à deux dimensions (ce sont tous les cercles de rayon z). La bibliosphère correspondante est un *paraboloïde de révolution* dans l'espace usuel. L'intersection de ce paraboloïde avec un plan contenant l'axe des z (plan vertical passant par l'origine) est une parabole. À la cote positive z, la section du paraboloïde par le plan horizontal est le cercle d'équation

$$z = x^2 + y^2 = (x \ y) \begin{bmatrix} 1 & 0 \\ 0 & 1 \end{bmatrix} \begin{pmatrix} x \\ y \end{pmatrix}.$$

Si, plus généralement, la métrique sur l'espace vectoriel à deux dimensions est riemannienne, le cercle de rayon z est le lieu des points (x, y) tels que

$$z = g_{11}\, x^2 + g_{22}\, y^2 = (x \ y) \begin{bmatrix} g_{11} & 0 \\ 0 & g_{22} \end{bmatrix} \begin{pmatrix} x \\ y \end{pmatrix}$$

où les deux coefficients g_{11} et g_{22} sont positifs : dans l'espace usuel, ce cercle riemannien est représenté par une ellipse. La bibliosphère est un *paraboloïde elliptique*, c'est-à-dire une surface dont la section par un plan vertical contenant l'axe Oz est une parabole, la section par un plan horizontal une ellipse : lorsque l'ellipse est un cercle, le paraboloïde est de révolution.

Supposons maintenant que la métrique sur l'espace précédent soit pseudo-riemannienne. Le cercle de rayon z a pour équation

$$z = g_{11}\, x^2 - g_{22}\, y^2 = (x\ y)\begin{bmatrix} g_{11} & 0 \\ 0 & -g_{22} \end{bmatrix}\begin{pmatrix} x \\ y \end{pmatrix}$$

où les deux coefficients g_{11} et g_{22} sont encore positifs : dans l'espace usuel, ce cercle pseudo-riemannien est représenté par une hyperbole. La section par un plan y = constante est une parabole. La bibliosphère est un *paraboloïde hyperbolique*.

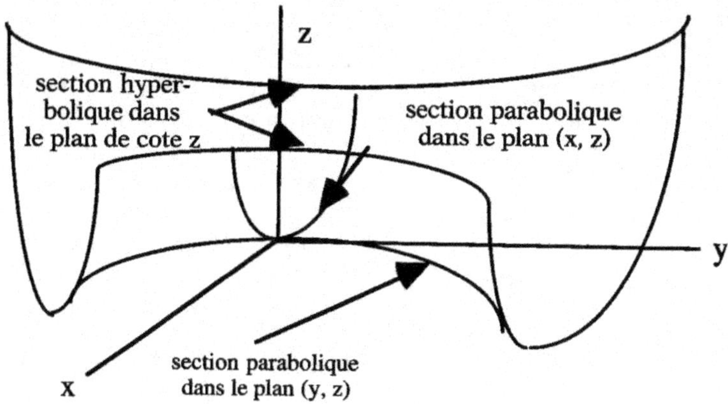

LONGUEURS, DISTANCES ET ANALYSE

On remarquera que les carrés des longueurs que nous avons définis par l'intermédiaire des formes quadratiques peuvent être négatifs. De la sorte, la longueur est, *a priori*, un nombre algébrique réel si son carré est positif, un nombre imaginaire pur si son carré est négatif.

On veut, à partir de la notion de longueur, pouvoir définir une distance entre deux points quelconques, distance dont l'usage quotidien impose qu'elle soit positive. Aussi prendra-t-on pour longueur la valeur absolue ou le module de la racine de son carré, ce qu'on appellera aussi sa *norme*.

Toute l'analyse, en particulier les approximations et limites, la dérivée, la formule de Taylor, s'appuie sur l'introduction de telles distances, de telles normes.

NOTES DE LECTURE

Extrait de l'ouvrage de Aitken-Turnbull cité au chapitre précédent : « The transformation of a quadratic form into a sum of squares dates back to Lagrange (1759), *Œuvres*, I, p. 3-20. It was also carried out by Gauss (1823), *Werke*, IV, p. 27-54 ; later by Jacobi Brioschi, Kronecker, and many others. The concept of rank was explicitly discussed by Sylvester, *Phil. Mag.* (4), 1 (1851), p. 121, or *Coll. Papers*, I, p. 221 ; he gave the law of inertia in the following year, *Phil. Mag.* (4), 4 (1852), p. 142, or *Coll. Papers*, I, p. 380. Jacobi gave it in *J. für Math.*, 53 (1857), p. 275... ». (« La tranformation d'une forme quadratique en une somme de carrés remonte à Lagrange (1759), *Œuvres*, I, p. 3-20. Elle fut également accomplie par Gauss (1823), *Werke*, IV, p. 27-54 ; plus tard par Jacobi Brioschi, Kronecker, et beaucoup d'autres. Le concept de rang fut explicitement analysé par Sylvester, *Phil. Mag.* (4), 1 (1851), p. 121, ou *Coll. Papers*, I, p. 221 ; il donna la loi d'inertie l'année suivante, *Phil. Mag.* (4), 4 (1852), p. 142, ou *Coll. Papers*, I, p. 380. Jacobi la donna dans le *J. für Math.*, 53 (1857), p. 275 ».)

On trouve bien sûr la démonstration du théorème principal énoncé dans ce chapitre dans tous les traités d'algèbre déjà cités. On la rencontre également dans cet excellent ouvrage classique de J. Dixmier, *Cours de mathématiques du premier cycle*, Paris, Gauthier-Villars et Bordas, 1967.

Un ouvrage complet sur les formes quadratriques est celui de R. Deheuvels, *Formes quadratiques et groupes classiques*, Paris, PUF, 1961.

Chapitre VI

Géométries bidimensionnelles
Classification par la courbure
et principales transformations

Après avoir introduit la notion de surface topologique, nous allons nous en tenir à un point de vue local. Nous verrons qu'un petit élément de surface munie d'une métrique appartient selon la valeur de sa courbure à l'une des trois classes, elliptique, hyperbolique, parabolique. Les propriétés des trois types de géométrie ainsi définis sont structurellement les mêmes.

Au cours de cette exploration, nous rencontrerons la transformation principale opérée sur les surfaces géométriques, à savoir la transformation conforme. L'isométrie en est un cas particulier, tout comme l'inversion et la réflexion, qui est à la fois une isométrie non réduite à l'identité et une inversion.

La géométrie au sens de Klein est l'étude des invariants des différents types de surfaces par ces transformations.

La notion de surface topologique

Une surface S est un objet à deux dimensions, comme une feuille de papier, un drap, une pièce de monnaie ou un ballon, supposés sans épaisseur. La métrique étant absente, des représentations visuelles de ces objets peuvent être un drap qui ondule, une pièce déformée, un ballon pour enfant aux formes saugrenues.

L'espace vectoriel topologique $\boldsymbol{R}^2$, le plan sans métrique, est la surface bidimensionnelle type. On gardera à l'esprit l'image d'un immense tapis d'Aladin qui flotte au vent.

La pièce de monnaie sans épaisseur est une surface bidimensionnelle appelée *disque* D^2. Le bord de ce disque est un cercle, sorte de film rectiligne infiniment mince qui entoure l'intérieur du disque. L'intérieur du disque sera appelé le *disque ouvert*, et noté D^{o2} : en ouvrant une boîte, on obtient ce qu'elle contient, son intérieur.

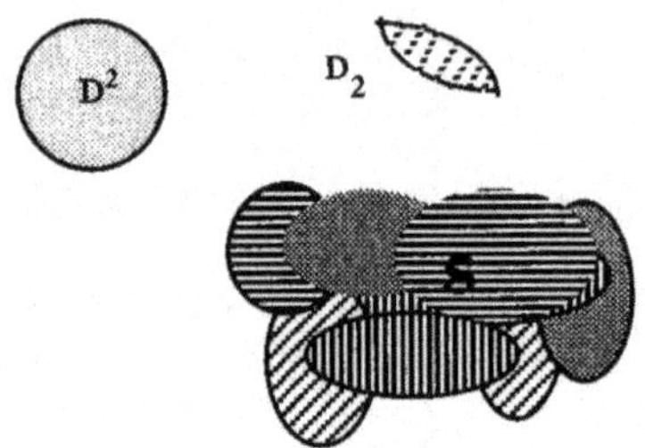

Ce disque ouvert joue le rôle de brique fondamentale dans la construction d'une surface. Une *surface* S est un patchwork de tels disques.

Considérons par exemple un ballon sans épaisseur, appelé une *sphère* à deux dimensions S^2, et un point P quelconque de cette sphère. Ce point est le centre d'un petit disque ouvert sphérique, ne comprenant que des points situés sur la sphère, et ne couvrant peut-être qu'une toute petite partie de la sphère. On peut, par la pensée, prendre ce disque et l'aplatir pour obtenir un disque ouvert du plan. Le passage du disque sphérique au disque plan se fait par une opération appelée *homéomorphisme* et qui associe de manière continue tout point de l'un des disques à un seul point de l'autre disque. On peut ainsi recouvrir la sphère de sortes de rustines invisibles car sans épaisseur, car abstraites, les disques ouverts, dont l'union est cette sphère.

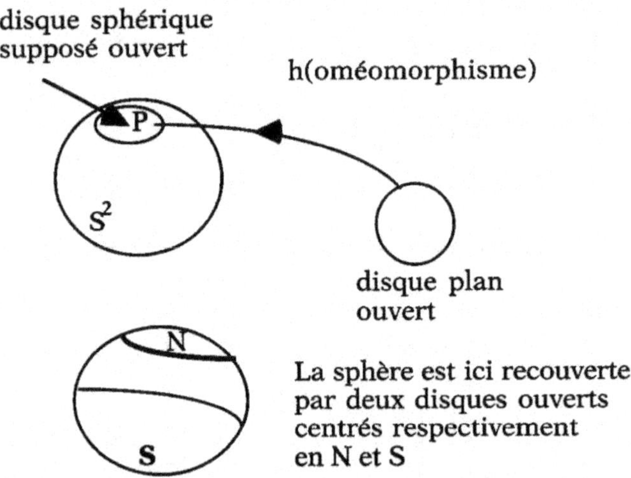

Plus généralement, on appellera *surface topologique* ouverte un objet dont tout point possède un voisinage U homéomorphe à un (disque) ouvert du plan.

En fait, l'image que prennent les mathématiciens est géographique. Ils font l'analogie entre la surface et une mappemonde ; les ouverts qui recouvrent la surface sont comparés à des pays. Un ouvert U de cette surface et l'homéomorphisme h qui lui fait correspondre l'ouvert standard du plan est appelé une *carte*. L'ensemble des (U, h) forme ce qu'on appelle un *atlas* sur la surface.

Les arbres, les liserons et glycines, les lianes, nous donnent le spectacle de surfaces un peu plus compliquées que la simple sphère topologique. On peut construire des surfaces encore moins communes.

Métriques sur une surface

Le fait qu'on puisse évaluer une longueur entre deux points d'une surface métrique différencie celle-ci d'une surface proprement topologique. Dans le chapitre précédent, nous avons vu la manière dont on définit, par la valeur de leurs carrés, les longueurs sur un espace vectoriel.

En particulier, sur R^2, considéré comme une surface topologique, il existe, ramenées à des bases orthonormées, deux métriques types : l'euclidienne, de signature (2, 0), ou elliptique ($l^2(A) = A_1^2 + A_2^2$) ; la pseudo-euclidienne, de signature (1, −1), ou hyperbolique pour laquelle $l^2(A) = A_1^2 − A_2^2$.

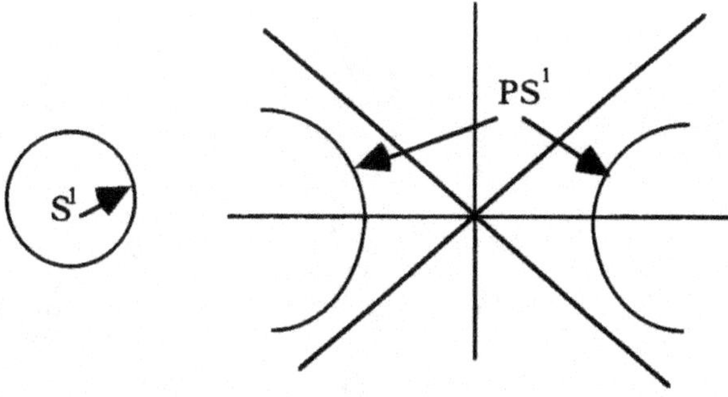

Représentations de la sphère (par un cercle) et de la pseudo-sphère (par une hyperbole équilatère) dans le plan euclidien

Supposons $\boldsymbol{R}^2$ muni de la métrique euclidienne, et qu'on écrit alors $\boldsymbol{R}^2$. On peut y parler de la *sphère* S^1 *de dimension* 1 *et de rayon* 1, ordinairement appelée « le cercle unité », lieu des extrémités des vecteurs A tels que $l^2(A) = A_1{}^2 + A_2{}^2 = 1$, et dont chacun connaît la représentation classique.

On définit de la même façon, dans $\boldsymbol{R}^2$ muni de la métrique pseudo-euclidienne, la *pseudo-sphère* PS^1 *de dimension* 1 *et de rayon* 1 (le pseudo-cercle unité), lieu des extrémités des vecteurs A tels que $l^2(A) = A_1{}^2 - A_2{}^2 = 1$. On notera que la représentation de la pseudo-sphère, dans l'espace euclidien usuel, est l'hyperbole équilatère.

Si nous savons établir une métrique sur un espace vectoriel, procéder à la même opération sur une surface quelconque est moins immédiat. Ainsi, nous savons bien mesurer des longueurs sur un plan ordinaire ; le faire sur une surface plongée dans l'espace usuel à trois dimensions est autrement difficile. Par contre, ce que nous savons faire aussi bien dans le plan que dans l'espace à trois dimensions, c'est mesurer des vitesses, comme celles des déplacements d'un avion ou d'une étoile. Nous allons mettre à profit cette ressource.

Commençons par examiner la trajectoire c d'un mobile, disons une voiture, dans le plan. En un point P de cette trajectoire, le mobile a une vitesse v(P, c), qui est, par définition, la limite du rapport entre l'espace parcouru PM et la durée t de parcours de cet espace, quand cette durée tend vers 0 :

v(P, c) = lim $_{t->0}$ PM/t.

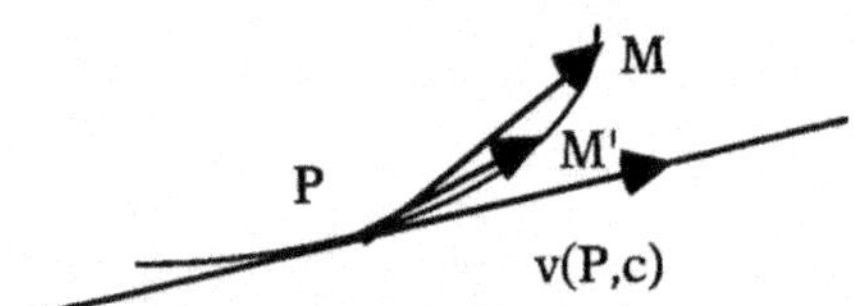

Quand t tend vers 0, M se rapproche de P, et PM tend vers un vecteur tangent à la trajectoire en P, de sorte que v(P, c) est lui-même un vecteur tangent à cette trajectoire. Quelle que soit la rapidité avec laquelle le mobile se déplace sur la courbe, le vecteur vitesse reste tangent à cette courbe. Mais naturellement, selon la rapidité du mobile, la longueur du vecteur vitesse v(P,c) est différente. L'ensemble des vecteurs vitesse s'identifie donc à l'ensemble des vecteurs tangents à la trajectoire en P, représenté ici par une droite tangente à la trajectoire en P : il forme *l'espace vectoriel tangent à la trajectoire* en P.

Soit maintenant un point P d'une surface S, en lequel on peut sans difficulté faire passer des courbes régulières tracées sur la surface. Chaque courbe c est considérée comme la trajectoire d'un mobile sur la surface. En un point P de c, l'ensemble des vecteurs vitesses des mobiles qui parcourent cette courbe forme l'espace vectoriel tangent à la courbe c en P : on peut, comme précédemment, le représenter par une droite tangente à la courbe c en P. En considérant toutes les courbes c passant par P, l'ensemble de tous les vecteurs vitesses possibles forment un espace vectoriel tangent à la surface au point P, $T_P S$, de dimension 2. C'est sur cet espace

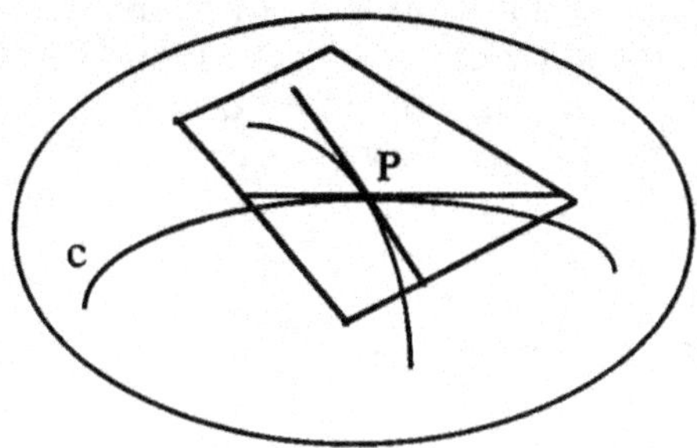

vectoriel qu'on établira une métrique permettant de mesurer la longueur des vecteurs vitesses. Cette métrique est totalement définie par une matrice symétrique G(P). Elle est *locale*. Naturellement, quand on passe d'un point P de la surface à un autre point P' de cette surface, il n'y a pas de raison, *a priori*, pour que la métrique soit la même. On peut, dans les cas ordinaires, supposer quand même que cette métrique varie continûment au moins avec le déplacement de P sur la surface. Mais elle peut naturellement rester constante en tout point P. C'est le cas, par exemple, de l'espace euclidien $\mathbf{R}^2$.

COURBURE D'UNE COURBE, COURBURE D'UNE SURFACE

● *Courbure d'une courbe*

La courbure est un caractère métrique qui permet de distinguer les courbes puis les surfaces entre elles. Donnons-nous une courbe c, située dans le plan euclidien, où l'on peut procéder à des mesures de longueurs. Comment évaluer la courbure en un point P de cette courbe ?

Cette courbe est considérée comme la trajectoire d'un mobile. S'il se déplace à vecteur vitesse constant, cela veut dire qu'aucune force ne vient perturber son mouvement : sa trajectoire sera rectiligne. Mais, si une force vient à agir, elle va introduire une accélération algébrique du mouvement, en même temps qu'elle va en général modifier la direction du mouvement, et donc introduire une courbure de la trajectoire.

Avant la perturbation introduite par l'action de la force, l'angle θ du vecteur vitesse par rapport à un repère était constant. L'action de cette force fait varier cet angle. La courbure n'est autre que la vitesse de variation de cet angle par rapport à la longueur parcourue.

Définition : Soit P la position d'un mobile sur la courbe c à un instant donné supposé nul. Son vecteur vitesse est v(P). À l'instant voisin t, il a parcouru la longueur ds et se trouve en P(t) ; son vecteur vitesse est alors v(P(t)). Soit $d\theta$ l'angle que font les vecteurs v(P) et v(P(t)). La limite, quand t tend vers 0, de la variation d'angle $d\theta$, rapportée à la longueur ds parcourue pendant la durée t, est la *courbure* k(P) de la courbe c en P :

$$k(P) = \lim_{t \to 0} d\theta/ds = \theta'(s).$$

Le *rayon de courbure R* est l'inverse de la valeur absolue de la courbure.

Voyons comment calculer la courbure. Supposons qu'en P le système de coordonnées (x, y) soit tel que la longueur du vecteur vitesse v(P) soit égale à 1. Les composantes (x', y') de v(P) par rapport au repère valent :

$$(x' = \cos\theta, \ y' = \sin\theta),$$

où θ est l'angle du vecteur avec l'une des directions du repère.

La dérivée du vecteur vitesse est bien sûr le vecteur accélération $\gamma(P)$: sa direction est aussi celle de la force qui s'exerce sur le mobile (loi de Newton). Ce vecteur accélération a donc pour composantes dans cette situation

$$x'' = -\sin\theta \ \theta', \ y'' = \cos\theta \ \theta',$$

et pour longueur, la valeur absolue ou le module de la courbure

$$l(\gamma(P)) = |\theta'| = |k(P)|.$$

Ainsi, pour obtenir la valeur de la courbure, il suffit de se placer dans la situation où la paramétrisation de la courbe fait que le carré de la longueur de son vecteur vitesse égale l'unité.

On remarquera que, dans cette situation où le vecteur vitesse est un vecteur unitaire, le vecteur accélération lui est perpendiculaire. En effet, le mobile à l'instant t étant en P, $[v(t)]^2 = 1$ entraîne par dérivation $2\,v(t).v'(t) = 0$: v'(t), dérivée du vecteur vitesse, est par définition le vecteur accélération en P orthogonal à v(t) = v(P).

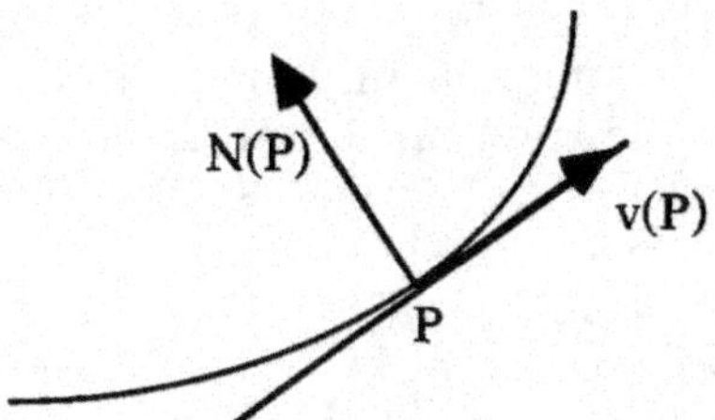

Si l'on introduit le vecteur normal unitaire N(P),

$v'(t) = \gamma(P) = k(P)\, N(P)$.

Si la courbe c est dans l'espace euclidien à trois dimensions, on évalue sa courbure en P de la même façon. Cette courbure est appelée la *courbure normale*, et par courbure nous entendrons désormais courbure normale. La valeur de la courbure dépend évidemment du choix de la métrique. On supposera ici cette métrique euclidienne. Si elle ne l'était pas, l'ensemble des conclusions serait invariant à une transformation près.

Exemples : Prenons l'exemple du mobile qui décrit, de manière uniforme, dans le plan euclidien un cercle de rayon R centré à l'origine. Sa position à un instant donné est

$(x = R\cos\theta,\ y = R\sin\theta)$

où $\theta = \omega t$, de sorte que $\theta' = \omega$.

Sa vitesse est le vecteur $(x' = -R\sin\theta\ \theta',\ y' = R\cos\theta\ \theta')$ dont le carré de la longueur euclidienne est $x'^2 + y'^2 = (R\theta')^2 = (R\omega)^2$. Pour que ce carré soit égal à 1, il faut changer la paramétrisation du cercle et poser

$t = s/R\omega$.

Pour cette paramétrisation, un point du cercle a pour composantes

$x = R\cos s/R,\ y = R\sin s/R$.

Le vecteur vitesse est alors le vecteur $(x', y') = (-\sin s/R, \cos s/R)$, qui est bien de longueur 1. Le vecteur accélération correspondant à ce vecteur vitesse est le vecteur de composantes $(-1/R\cos s/R, 1/R\sin s/R)$, de longueur $1/R$: la courbure du cercle est $1/R$, son rayon de courbure est égal à R.

Prenons maintenant l'exemple du mobile qui décrit dans le plan pseudo-euclidien le cercle de rayon R centré à l'origine. Rappelons que l'équation cartésienne de ce cercle est $x^2 - y^2 = R^2$. La position du mobile à un instant donné est, $\theta = \omega t$ désignant maintenant un angle hyperbolique :

$(x = R\,\text{ch}\,\theta,\ y = R\,\text{sh}\,\theta)$.

Sa vitesse est le vecteur $(x' = R\,\text{sh}\,\theta\ \theta',\ y' = R\,\text{ch}\,\theta\ \theta')$ dont le carré de la longueur pseudo-euclidienne est $x'^2 - y'^2 = - (R\theta')^2$. Pour que ce vecteur vitesse soit de longueur unitaire, il faut changer la paramétrisation de l'hyperbole, prendre comme précédemment $t = s/R\omega$. Dans ces conditions, $(x = R\,\mathrm{ch}\theta, y = R\,\mathrm{sh}\theta) = (R\,\mathrm{ch}\,s/R, R\,\mathrm{sh}\,s/R)$.

Le vecteur vitesse est alors le vecteur :

$(x' = \mathrm{sh}\,s/R, y' = \mathrm{ch}\,s/R)$

dont le carré de la longueur est -1. Le vecteur accélération correspondant est le vecteur $(x'' = 1/R\,\mathrm{ch}\,s/R, y'' = 1/R\,\mathrm{sh}\,s/R)$: ici encore, le pseudo-cercle a pour courbure $1/R$, et R pour rayon de courbure.

- *Courbure en un point d'une surface*

On dira qu'un point P d'une surface, etc., est un *point régulier* s'il n'est pas le sommet d'un tronc de cône porté par la surface, éventuellement dégénéré. Considérons les courbes tracées sur la surface passant par un tel point régulier, et situées à l'intersection avec S des plans contenant la normale à la surface en P.

Toutes ces courbes ont une courbure (normale) comprise entre une valeur maximale $k_M(P)$ et une valeur minimale $k_m(P)$. On supposera d'abord ces valeurs non nulles. Soit $c_M(P)$ une courbe de courbure $k_M(P)$, et $c_m(P)$ une courbe de courbure $k_m(P)$.

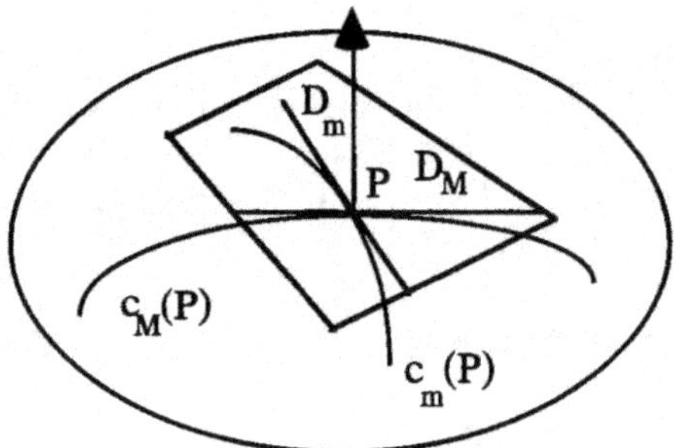

D_M désigne l'espace tangent (droite tangente) à la courbe C_M

Définition : Ces courbes et leurs courbures normales sont, respectivement, les *courbes principales* et les *courbures principales* de la surface en P. Le produit $K(P) = k_m(P)k_M(P)$ de ces courbures principales est la *courbure de Gauss* en P de la surface.

Les directions des vecteurs tangents à ces courbes en P sont les *directions principales* de l'espace tangent en P à la surface.

Comme nous allons le voir, il existe alors une surface simple que nous connaissons déjà, un paraboloïde, tangent et même équivalent à la surface S au voisinage de P, qui porte deux courbes, l'une de courbure $k_m(P)$, l'autre de courbure $k_M(P)$, et dont les vecteurs tangents sont parallèles aux directions principales.

Supposons la surface plongée dans l'espace usuel, de sorte que P soit l'origine, et que le plan horizontal passant par l'origine soit également le plan tangent à la surface.

On peut définir la surface par ses lignes de niveaux : à la cote z, la section de la surface par le plan horizontal est une courbe, la ligne de niveau, décrite par l'équation $z = f(x,y)$, puisque l'origine appartient à S, $f(0,0) = 0$, la courbe $z = f(x,0) = g(x)$, située dans le

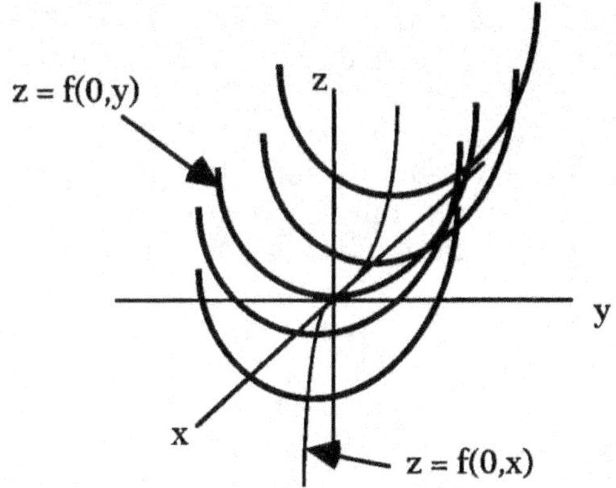

plan des (x, z) est tangente à l'origine au plan horizontal, donc la dérivée de cette fonction est nulle à l'origine : $g'(0) = f_x(0,0) = 0$. Pareillement, $f_y(0,0) = 0$. On peut faire un développement taylorien de f au voisinage de l'origine : les termes du premier ordre $f_x(0,0)x + f_y(0,0)\,y$ sont évidemment nuls, de sorte que ce développement commence par

$$f_{xx}(0,0)x^2 + 2\,f_{xy}(0,0)xy + f_{yy}(0,0)y^2 = (x\ y)\begin{bmatrix} f_{xx}(0) & f_{xy}(0) \\ f_{xy}(0) & f_{yy}(0) \end{bmatrix}\begin{pmatrix} x \\ y \end{pmatrix} = q(x,y).$$

La forme quadratique $q(x,y)$ est une approximation très intéressante de $f(x,y)$ au voisinage de l'origine. Comme on l'a vu dans le chapitre sur les formes quadratiques, si le déterminant de la matrice qu'on vient d'écrire, appelée la *matrice hessienne* de f, n'est pas nul, il existe une base par rapport à laquelle la matrice de la forme quadratique est diagonale.

On montre que les coefficients diagonaux de cette matrice K, que nous appellerons *matrice de courbure*, sont justement les courbures principales de la surface à l'origine :

$$q(x,y) = (x\ y)\begin{bmatrix} f_{xx}(0) & f_{xy}(0) \\ f_{xy}(0) & f_{yy}(0) \end{bmatrix}\binom{x}{y} = (u\ v)\begin{bmatrix} k_m(O) & 0 \\ 0 & k_M(O) \end{bmatrix}\binom{u}{v} = q(u,v).$$

Les directions principales sont les directions propres de l'application linéaire représentée par la matrice hessienne de f.

L'expression de q(u,v) contient quelques renseignements que nous allons commenter.

LES DIFFERENTS TYPES DE GEOMETRIE

La forme quadratique q(u,v), dont la matrice est la matrice de courbure K, définit une métrique sur l'espace tangent à l'origine, c'est-à-dire au point P qui avait été déplacé en cette origine. Cette métrique peut naturellement varier en fonction du point P.

Elle nous montre qu'au voisinage du point P la forme de la surface est soit un paraboloïde elliptique, soit un paraboloïde hyperbolique, si la forme quadratique n'est pas dégénérée (cf. le chapitre précédent).

De plus, la courbure gaussienne de la surface à l'origine,
$K(O) = k_m(O)k_M(O)$,
n'est autre que le déterminant de la matrice K. Il vaut
$K(O) = f_{xx}(0,0)f_{yy}(0,0) - [f_{xy}(0,0)]^2$.
Définition : Lorsque K(O) est positif, O est un *point elliptique* de la surface. La géométrie de la surface au voisinage de ce point est dite *elliptique*.

Lorsque K(O) est négatif, O est un *point hyperbolique* de la surface. La géométrie de la surface au voisinage de ce point est dite *hyperbolique*.

Prenons comme premier exemple, dans $\mathbf{R}^3$ muni de la métrique euclidienne (de signature (3,0)), la sphère S^2 de rayon R. C'est le lieu des points de composantes (x, y, z) tels que :

$$x^2 + y^2 + z^2 = (xyz)\begin{bmatrix} 1 & 0 & 0 \\ 0 & 1 & 0 \\ 0 & 0 & 1 \end{bmatrix}\begin{pmatrix} x \\ y \\ z \end{pmatrix} = \mathbf{R}.$$

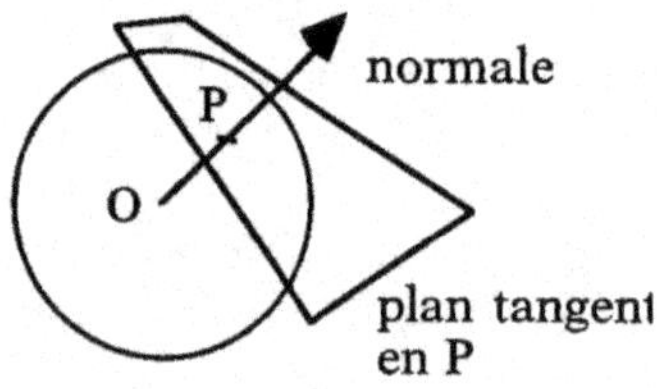

La métrique euclidienne sur $\mathbf{R}^3$ induit la métrique euclidienne sur l'espace tangent (plan tangent) en tout point P de la sphère. En ce point, la normale à la surface a la même direction que OP, de sorte que tous les plans contenant cette normale coupent la sphère selon un grand cercle de courbure 1/R : $k_M(P) = k_m(P) = 1/R$.

Compte tenu du fait que la métrique est euclidienne, la courbure gaussienne est le déterminant de la matrice :

$$\begin{bmatrix} k_M(P) & 0 \\ 0 & k_m(P) \end{bmatrix} = \begin{bmatrix} 1/R & 0 \\ 0 & 1/R \end{bmatrix}.$$

La sphère est une surface de *courbure constante positive* égale à $1/R^2$ en chacun de ses points.

Prenons comme second exemple celui de la pseudo-sphère de rayon R dans $\mathbf{R}^3$ muni de la métrique pseudo-euclidienne. Son équation cartésienne est :

$$x^2 - y^2 - z^2 = (xyz) \begin{bmatrix} 1 & 0 & 0 \\ 0 & -1 & 0 \\ 0 & 0 & -1 \end{bmatrix} \begin{pmatrix} x \\ y \\ z \end{pmatrix} = R.$$

La représentation, dans $\mathbf{R}^3$ muni de la métrique euclidienne, de cette pseudo-sphère est l'hyperboloïde équilatère à deux nappes :

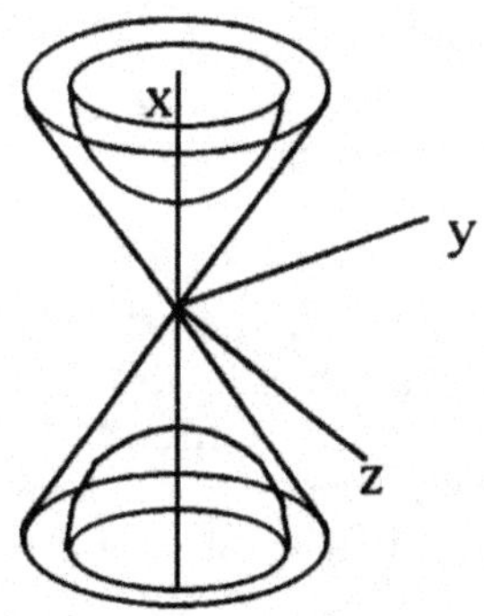

La section de cet hyperboloïde par un plan y = constante ou z = constante, plus généralement un plan vertical, est une hyperbole équilatère, qui est l'image euclidienne d'un cercle pseudo-euclidien.

On a vu plus haut qu'un cercle pseudo-euclidien de rayon R était de courbure constante égale à 1/R. Compte tenu du fait que la métrique imposée est pseudo-euclidienne, la courbure gaussienne de la pseudo-sphère est le déterminant de la matrice

$$\begin{bmatrix} k_M & 0 \\ 0 & -k_m \end{bmatrix} = \begin{bmatrix} 1/R & 0 \\ 0 & -1/R \end{bmatrix}$$

soit $-1/R^2$. La pseudo-sphère est une *surface à courbure constante et négative*.

Abordons le cas où la courbure gaussienne est nulle en P. L'une des courbures principales est nulle. L'autre peut ne pas l'être. En ce cas, le point P est dit *parabolique*. La forme locale de la surface est celle d'une gouttière, d'un cylindre parabolique.

Lorsque enfin les deux courbures principales sont nulles, la surface est localement plane, et on peut qualifier le point P de *planaire*.

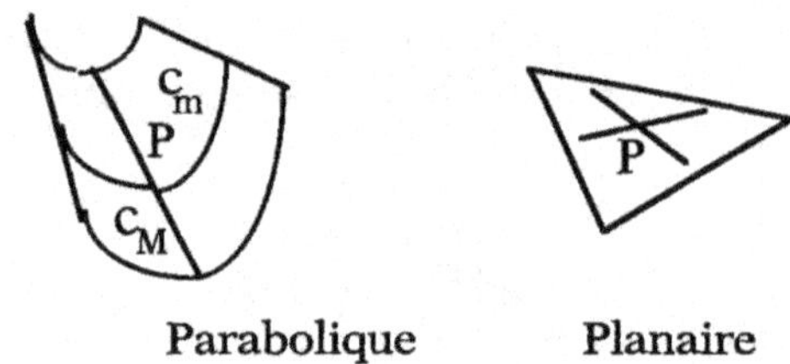

Parabolique   **Planaire**

Le plan euclidien est une surface de courbure constante nulle.

Trouver des objets géométriques de courbure constante fait l'objet d'une grande activité de recherche.

LES TRANSFORMATIONS DU CARTOGRAPHE

À la fin du XVIIIe siècle, les mathématiciens ont fait beaucoup de cartographie terrestre autant que céleste. Ils ont donc naturellement abordé le problème de la représentation et de la conservation sur un plan des distances entre points d'une sphère. Évaluer une distance n'est pas facile, surtout si elle se rapporte à deux points isolés dans l'espace. Par contre – il suffit d'une lunette –, mesurer l'angle que font avec un observateur deux points éloignés est réalisable beaucoup plus aisément. Dessiner des cartes où, à défaut des distances, les angles seraient au moins respectés a été une autre tâche abordée par ces mêmes mathématiciens.

On définit aujourd'hui, d'une part, les isométries qui, par définition, conservent les distances (et *ipso facto* les angles), d'autre part les transformations conformes, qui, par définition, conservent les angles. C'est à propos de ces dernières transformations que nous rencontrerons l'inversion : cette transformation non linéaire est parmi les plus surprenantes et les plus stimulantes des applications fondamentales.

• *La notion d'isométrie*

Comment comparer deux surfaces S et S', chacune d'elles étant munie d'une métrique, c'est-à-dire, par l'intermédiaire d'un produit scalaire ou de la forme quadratique qui en dérive, d'une mesure des longueurs sur chaque espace tangent des vecteurs vitesses ?

La réponse est suggérée par le détail de la question elle-même. On commence évidemment par rechercher des critères et des procédures qui permettent de ranger les deux surfaces dans la même classe, voire de les identifier. Pour cela, on va d'abord essayer d'établir une correspondance entre les points de la première surface et ceux de la seconde qui soit *bijective* (à un point P de la première correspond un seul point P' de la seconde, et réciproquement), et vérifier que la métrique définie sur l'espace tangent en P est la même que sur l'espace tangent à la seconde surface en P'. Deux telles surfaces seront dites *isométriques*. Ainsi, deux surfaces qui se déduisent l'une de l'autre par translation ou par rotation sont isométriques.

Examinons le cas simple où la surface topologique sous-jacente aux surfaces S et S' est, par exemple, un plan R^2. En chaque point P de S, la métrique est définie par une forme quadratique de matrice G(P). On suppose G(P) indépendante du point P choisi : G(P) = G. De même, en chaque point P' de S', la forme quadratique de matrice G'(P') = G' définit une métrique locale indépendante du choix de P', et donc globale.

Nous allons supposer que l'application f : S -> S' — qui, dans ce cas, peut aussi s'écrire f : (R^2, G) -> (R^2, G') — est bijective et linéaire sur R^2.

Par rapport à des bases données de l'espace source et de l'espace d'arrivée, f est représentée par une matrice A. De la sorte, si x désigne le vecteur des composantes de P, x' celui de P' = f(P), x' = Ax.

Si f est, comme on le souhaite, une isométrie, les carrés des longueurs des vecteurs sont conservés dans le transport par f :

$$q(x,x) = q'(f(x), f(x)) = q'(x',x')$$

ou encore :

$$x^tGx = x'^tG'x' = (Ax)^tG'(Ax) = x^t(A^tG'A)x \; ;$$

d'où la relation

$$G = A^tG'A$$

qui lie G, G' et f par l'intermédiaire de A.

Une telle isométrie entre deux répliques d'un même espace vectoriel géométrique s'appelle un *déplacement*. On sait classer ces isométries.

On peut toujours (cf. le chapitre sur les formes quadratiques) choisir une base de l'espace de départ pour laquelle G soit la matrice identité ou pseudo-identité selon que la métrique est du type elliptique ou hyperbolique. On peut procéder de la même façon dans l'espace d'arrivée, de sorte que G = G'. Comme le déterminant du produit est le produit des déterminants, et que A et A^t sont symétriques, det A^2 = 1.

Une matrice A qui vérifie cette condition est dite *orthogonale* (respectivement *pseudo-orthogonale*) si la métrique est euclidienne (respectivement pseudo-euclidienne). On note en général **O**(2,0) = **O**(2) le groupe des matrices orthogonales, **O**(1,1) celui des matrices pseudo-orthogonales.

Théorème : Les déplacements propres (det A = +1) du plan euclidien sont des translations ou des rotations. Les déplacements impropres (det A = −1) de ce même plan euclidien sont des symétries glissantes, c'est-à-dire des symétries par rapport à une droite suivies de translations parallèlement à cette droite.

Dans l'espace euclidien usuel tridimensionnel, les déplacements impropres (det A = −1) sont des rotations autour d'un axe suivies de symétries par rapport à un plan perpendiculaire à cet axe. Les déplacements propres (det A = +1) sont des rotations accompagnées éventuellement de translations (déplacements dits hélicoïdaux).

Cet énoncé fait l'inventaire des déplacements que l'on peut faire subir à une règle sans la déformer, et qui sont décrits par des applications linéaires. Astreinte à rester dans un plan, on peut faire tourner la règle autour d'un point ou la déplacer parallèlement à elle-même : ces déplacements sont qualifiés de propres ; ils sont compatibles avec une orientation donnée du plan. Dans l'espace usuel, on retrouve les mêmes types de déplacements propres.

Les déplacements impropres sont également de même nature dans le plan ou dans l'espace tridimensionnel. On observera, sur le

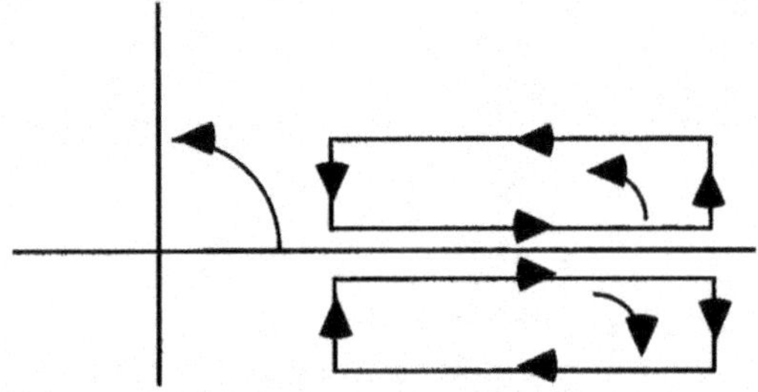

Les deux règles ont des orientations opposées

dessin ci-dessus, que la règle donnée et sa symétrique par rapport à une droite ont des orientations contraires par rapport à une orientation donnée du plan.

Revenons maintenant à deux surfaces quelconques S et S'. On suppose qu'on peut passer de l'une à l'autre par une bonne déformation, non mutilante, c'est-à-dire par une application f qui est non seulement bijective, mais qui admet, ainsi que son inverse, des dérivées elle-mêmes dérivables, quel que soit l'ordre de dérivation. f est appelée un *difféomorphisme*.

Une telle application en induit une autre, notée $df(P)$, entre le plan tangent T_PS à la surface S au point P, muni de la métrique $G(P)$, et son homologue $T_{P'}S'$, muni de la métrique $G'(P')$. $df(P)$ est une application linéaire dont la matrice $Jf(P)$, dite *matrice jacobienne de f en P*, a pour coefficients les dérivées partielles premières de f calculées en P.

Définition : Le difféomorphisme f est une *isométrie* entre surfaces si, en tout P, $df(P)$ est elle-même une isométrie entre espaces vectoriels.

La classification des isométries revient à faire celle, connue, des formes quadratiques, et celle, plus difficile, des difféomorphismes.

Un *théorème* célèbre de Gauss *(theorema egregium)* affirme : *La courbure gaussienne en P est invariante par toute isométrie locale.*

En effet, une isométrie va conserver les longueurs des accélérations $\gamma(P,c) = k(P)N(P)$, donc des courbures de toutes les courbes c passant par P, et par conséquent la valeur du produit $K(P) = k_m(P)k_M(P)$.

Cette valeur dépend de manière essentielle de la métrique choisie, et en fait ne dépend localement que d'elle.

- *Les transformations conformes*

L'inversion : cas particulier, la réflexion. L'inversion, avec comme cas particulier la *projection stéréographique*, est l'exemple type et le plus ancien de transformation qui conserve les angles sans toutefois respecter toujours les longueurs.

Pour représenter le cercle S^1 (respectivement la sphère S^2) sur une droite (respectivement sur un plan), on fixe les pôles nord et sud et l'on pose le cercle (la sphère) sur la droite (le plan) sur son pôle sud. Le rayon lumineux issu du pôle nord rencontre le cercle (la sphère) en P, et la droite (le plan) en P' : P' est une *projection stéréographique* de P.

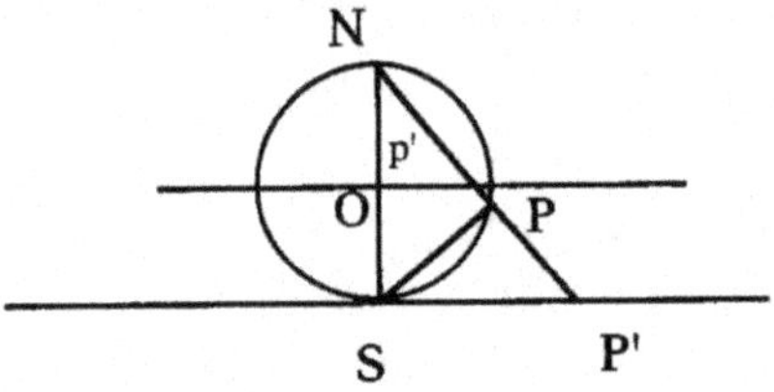

Les triangles NSP' et NPS étant semblables,

$$\frac{NS}{NP'} = \frac{NP}{NS}$$

d'où la relation :
NP.NP' = NS².

Définition : On dit que P et P' sont *inverses* l'un de l'autre dans l'inversion de centre N et de puissance NS².

Avant de justifier cette terminologie classique, donnons une définition formelle de l'inversion. On nommera par la même lettre l'extrémité d'un vecteur et le vecteur lui-même, lorsqu'il n'y a pas risque de confusion. Le vecteur d'origine N et d'extrémité P est équipollent au vecteur P – N.

Définition : Étant donné un espace vectoriel géométrique E muni du produit scalaire b, on appelle *inversion de centre N et de puissance k* sur E (k est un élément du corps des scalaires K) une transformation h : E -> E telle que les deux vecteurs P – N et h(P) – N soient colinéaires, et le produit de leur longueur algébrique égal à k (b(h(P) – N, P – N) = k).

Ainsi, dans cette inversion, l'image du cercle (de la sphère) de diamètre NS = $k^{1/2}$ est sa tangente (son plan tangent) au point S, diamétralement opposé au centre d'inversion N. Le point S est évidemment invariant par l'inversion. Si le point R est situé sur la droite

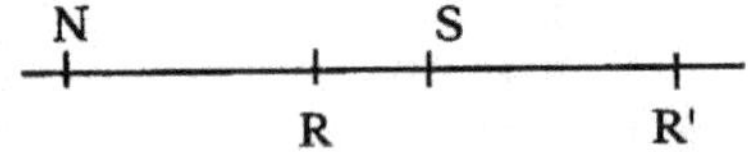

passant par N et S, entre N et S, R' sera extérieur au diamètre NS : R et R' sont en position inverse par rapport à S. R et N étant fixés, R' sera d'autant plus éloigné de R et de N que sera plus grande la longueur de NS et donc NS² = k : il est justifié d'appeler k la puissance de l'inversion.

Soit p' l'intersection de NP avec l'horizontale passant par le centre O. On passe de P' à p' par une homothétie de centre N et de rapport 1/2. Ainsi, puisque NP.Np' = NS²/2, p' est l'inverse de P dans une inversion de centre N et de puissance NS²/2, et l'horizontale est l'inverse du cercle dans l'inversion de centre N et de puissance NS²/2. Plus généralement, *toute inversion de centre N transforme un cercle passant par N en une droite perpendiculaire à la direction du diamètre du cercle passant par N,* ou encore *toute droite est l'inverse d'un cercle, le centre d'inversion se trouvant sur le cercle, la direction de la droite étant perpendiculaire à celle du diamètre contenant le centre d'inversion.*

On remarque également que cette inversion envoie le pôle nord à l'infini. Si l'on ajoute ce point à l'infini à la droite (au plan), celle-ci (celui-ci) peut être vue (vu) comme un cercle (une sphère) de rayon infini. Compte tenu de cette vision étendue, notre inversion transforme le cercle en un autre cercle, la sphère en une autre sphère. De manière générale, en utilisant la définition de l'inversion et les propriétés des similitudes, on obtient le résultat suivant :

Théorème : Une inversion transforme un cercle en un autre cercle.

Soit en effet une inversion de centre N et de puissance k, et un cercle quelconque C. La droite passant par N et le centre de C coupe le cercle en A et B, qui, dans l'inversion, ont pour image respective A' et B' (NA.NA' = NB.NB' = k). Un autre point P de C a pour image P'. Montrons que le cercle C' passant par A', B', P' est l'image de C par l'inversion. AB étant un diamètre, l'angle du triangle APB est droit en P. Si l'on montre que l'angle en P' du triangle A'P'B' est également droit, nous aurons prouvé notre théorème car tout autre point Q de C vérifie la même propriété que P, et par conséquent son image Q' sera telle que l'angle A'Q'B' soit droit, et donc sur le cercle C' de diamètre B'A'.

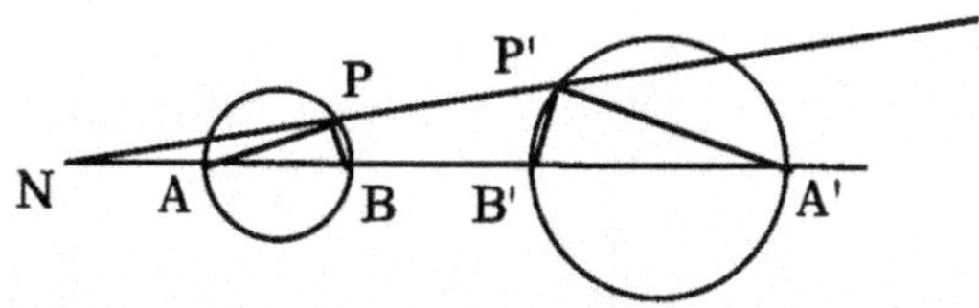

Pour montrer que l'angle en P' est droit, il suffit de montrer que les triangles APB et B'P'A' sont semblables. Du fait que NA.NA' = NB.NB' = NP.NP' = k, on déduit que 1 = (NB/NA).(NB'/NA') = (NP/NA).(NP'/NA') = (NP/NB).(NP'/NB'). Compte tenu du fait que les triangles NPA et NA'P' d'une part, NPB et NB'P' d'autre part ont en commun l'angle en N, nous sommes en présence de couples de triangles semblables. On en déduit aussitôt des égalités d'angles, notamment celle que nous cherchons.

En faisant tourner les cercles autour de leurs diamètres, on en déduit exactement le même résultat pour les sphères : *l'inversion transforme une sphère en une autre sphère.*

Revenons alors à notre sphère initiale dont nous avons fait la projection stéréographique sur le plan tangent au pôle sud, mais qu'on peut faire tout aussi bien, et plus souvent, sur le plan équatorial (le plan horizontal passant par le centre de la sphère).

Prenons un cercle C tracé sur cette sphère. Quelle est son image par la projection stéréographique ? C'est encore un cercle C'. En effet, un cercle tracé sur une sphère est l'intersection d'un plan ou d'une autre sphère avec la sphère donnée. Par l'inversion, ceux-ci sont transformés en des sphères, dont l'intersection avec un plan, celui de la projection stéréographique, est un cercle C'.

Prenons maintenant deux cercles C et Σ de même rayon, tracés sur la sphère. Ils ont pour image par la projection stéréographique les cercles C' et Σ' respectivement, qu'on peut déduire l'un de l'autre par une inversion h, plus généralement par une *transformation* dite *homographique* ou *homographie* – composée de translations, d'inversions et de similitudes. Par ailleurs, on peut passer de C à Σ par une rotation de la sphère. Ainsi, *toute rotation de la sphère se traduit par une homographie du plan de projection stéréographique.*

On pourra s'étonner que l'opération de symétrie par rapport à une droite, opération appelée *réflexion*, ne soit qu'une inversion déguisée. Elle est de puissance $k = NS^2$ infinie, le centre d'inversion N étant lui-même rejeté à l'infini, le point S restant à distance finie.

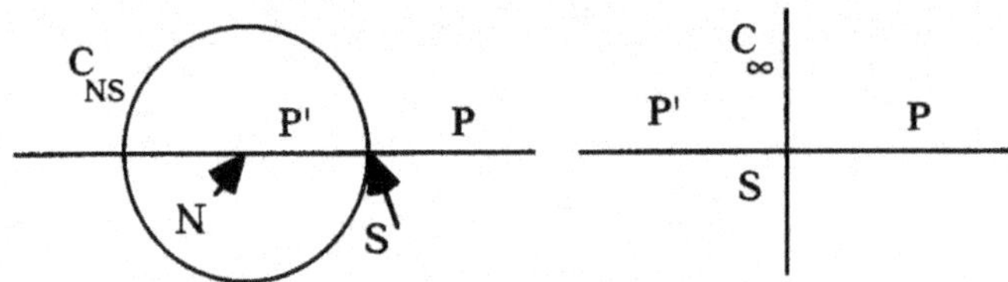

Partons en effet d'un cercle C_{NS} de rayon fini NS. Désignons par P' l'inverse d'un point quelconque P par l'inversion de centre N, de puissance k. On peut choisir S de manière qu'il soit situé sur la droite passant par N et P : alors $NP = NS + SP$ et $NP' = NS + SP'$, de sorte que $NP.NP' = NS^2 + NS.(SP + SP') + SP.SP' = NS^2$. D'où l'on déduit que :

$$NS.(SP + SP') + SP.SP' = 0.$$

Faisons tendre NS vers l'infini, alors que S reste fixe. En divisant les deux termes de l'égalité ci-dessus par la quantité infinie NS, il vient :

SP + SP' = 0.

P' est bien le symétrique de P, non seulement par rapport à S, mais aussi par rapport à la droite C_∞ perpendiculaire à PP' en S : cette droite n'est autre que le cercle précédent dont le centre N est rejeté à l'infini.

Les réflexions occupent une place importante en géométrie et en algèbre (l'échange de places de deux pions, ou permutation, est une réflexion). Nous donnerons plus loin quelques résultats de base sur les groupes de déplacements engendrés par les réflexions.

Transformations conformes en général. Venons-en enfin à l'inversion en tant que transformation conforme. Il convient, avant toute chose, de définir l'angle entre deux courbes.

Définition : Soit deux courbes c et c' qui se coupent en P. L'*angle des deux courbes* est celui de leurs vecteurs tangents v(P, c) et v'(P, c') en P. Cette définition est valable quel que soit l'espace dans lequel les courbes sont plongées.

Plaçons-nous dans le plan. Montrons alors que l'angle de deux droites est conservé par une inversion de centre N. Soit D et D' ces deux droites qui se rencontrent en P. L'inversion de centre N transforme D et D' en des cercles C et C' passant par N ; la direction du diamètre de C(C') passant par N est perpendiculaire à la droite D (D'). Par suite, le couple de tangentes aux cercles C et C' en N est parallèle au couple de droites D et D'. P, à l'intersection D∩D', a

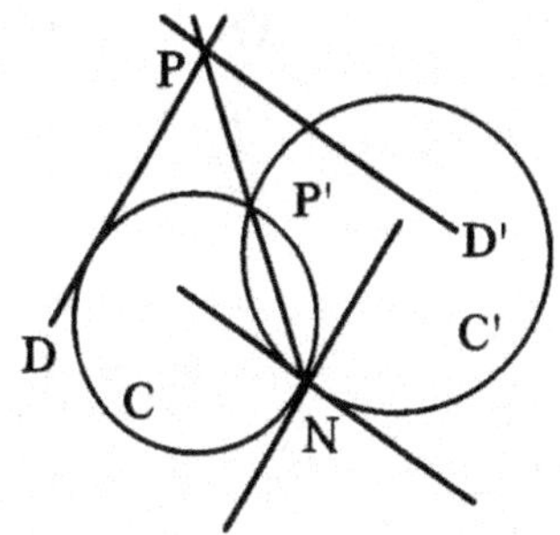

pour image sur la droite NP le point P', situé à l'intersection de C image de D et de C' image de D'. Le point P' est symétrique de N par rapport à la droite OO' joignant les centres O de C et O' de C'. Par suite, les tangentes en P' aux cercles C et C' sont les symétriques par rapport à OO' des tangentes en N aux cercles. L'angle que font ces tangentes en P' est évidemment le même que l'angle que font ces tangentes en N, qui est aussi, par le parallélisme, l'angle des droites D et D' en P.

La démonstration géométrique du fait que l'inversion dans l'espace usuel à trois dimensions conserve les angles est amusante mais un peu longue. On lui préfère dans les manuels les démonstrations analytiques qui peuvent être très courtes. Elles reposent sur la définition analytique d'une transformation conforme. Cette définition s'exprime en termes de métrique : on en déduit rapidement que la transformation conserve les angles.

Définition : Soit $f : S \to S'$ l'application qu'on a appelée un « difféomorphisme ». On note par b_P (b'_P) le produit scalaire défini sur l'espace vectoriel $T_P S$ ($T'_{P'}S'$) des vecteurs tangents à la surface S (S') en P (P'). f est une *application* ou *transformation conforme* si, quel que soit le point P choisi, la métrique en P' est proportionnelle à la métrique en P, c'est-à-dire s'il existe une fonction $g : S \to \mathbf{R}$, telle que
$$b_P(v(P),w(P)) = g(P)\, b_P'(v'(P'),w'(P')) \quad (*)$$
où $v(P)$, $w(P)$ sont deux vecteurs de l'espace tangent $T_P S$, $v'(P')$ et $w'(P')$ sont leurs images respectives dans $T'_{P'}S'$ par l'application linéaire df.

Dans le cas où $g(P)$ vaut 1, on retrouve comme cas particulier l'isométrie.

Une des manières de définir l'angle θ entre deux vecteurs v et w consiste à poser θ tel que
$$\cos\theta\; l(v)\, l(w) = b(v,w) \quad (**),$$
où $l(v)$ est comme d'habitude la longueur de v, c'est-dire que $l^2(v) = q(v) = b(v,v)$.

En calculant $b'_{P'}(v'(P'),v'(P'))$ en fonction de $b_P(v(P),v(P))$, on obtient, par la relation $(*)$:
$$g(P)b'_{P'}(v'(P'),v'(P')) = b_P(v(P),v(P)),$$
ou encore
$$l^2(v(P)) = g(P)\, l^2(v'(P')) \quad (***).$$

Remplaçons $b(v,w)$, ou plutôt son carré, par son expression en fonction de $\cos\theta$ donnée par la relation $(**)$, et dans cette expression, remplaçons $l^2(v(P))$ par sa valeur donnée par la relation $(***)$. Il vient :
$$b_P(v(P),w(P))^2 = (\cos\theta)^2\, g(P)\, l^2(v'(P'))\, g(P)\, l^2(w'(P')) \quad (\#).$$
Par ailleurs, par la relation $(*)$,
$$b_P(v(P),w(P))^2 = g^2(P)b_{P'}(v'(P'),w'(P'))^2.$$
Mais par la relation $(**)$,
$$b_{P'}(v'(P'),w'(P'))^2 = (\cos\theta')^2\, l^2(v'(P'))\, l^2(w'(P')),$$
et par suite on a également :
$$b_P(v(P),w(P))^2 = g^2(P)\, (\cos\theta')^2\, l^2(v'(P'))\, l^2(w'(P')) \quad (\#\#).$$
Des relations $(\#)$ et $(\#\#)$ on déduit, après simplification, l'égalité des cosinus et celle des angles.

C'est un théorème remarquable que *deux surfaces quelconques sont localement conformes*, c'est-à-dire qu'il existe une représentation de la surface S au voisinage du point P et une représentation de la surface S' au voisinage du point P' telle que l'application entre les deux voisinages est une transformation conforme.

QUELQUES PROPRIETES GEOMETRIQUES DES SURFACES

• *Propriétés de densité*

Nous avons relevé qu'il existe, fondamentalement, classés par la matrice K de leurs courbures principales, trois types de surfaces géométriques : l'hyperbolique, les paraboliques dont l'euclidienne est la plus singulière, l'elliptique.

Certaines surfaces, et par conséquent les géométries dont elles sont les supports, sont *a priori* plus nombreuses que d'autres. On peut en effet représenter la matrice de courbure

$$K = \begin{bmatrix} k_M & 0 \\ 0 & k_m \end{bmatrix}$$

par un point du plan de composantes (k_M, k_m). Les quarts de plan $(x > 0, y > 0)$ et $(x < 0, y < 0)$ correspondent aux surfaces elliptiques, les deux autres quarts de plan aux surfaces hyperboliques. Les axes,

de mesure nulle dans le plan, correspondent donc à des surfaces très rares, les paraboliques. Quant au plan euclidien, représenté par la seule origine du plan, son existence est tout à fait exceptionnelle. N'en tirez aucune conclusion théologique !

• *Les droites*

Il existe des courbes particulières sur les surfaces géométriques : les *géodésiques* sont celles qui minimisent la longueur du chemin entre deux points.

Nous allons donner quelques propriétés géométriques des surfaces types, des surfaces symboles que sont la sphère, la pseudosphère, le plan euclidien. *Structurellement*, ces propriétés sont les mêmes.

Sur ces objets, les géodésiques sont également appelées des *droites*. Nous distinguerons les *droites* que nous nommerons *axiales* et les *droites affines*.

On connaît bien celles du plan euclidien : les droites axiales passent par l'origine du plan ; les autres droites sont affines. Une droite affine devient axiale par transport de l'origine sur cette droite.

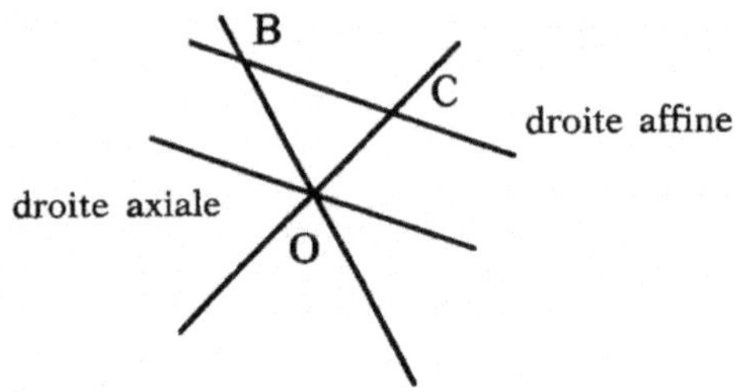

Un premier caractère de la géométrie du plan en est que *par deux points ne passe qu'une seule géodésique, qu'une seule droite, de longueur infinie.*

Un second caractère de cette géométrie en est que, *par tout point extérieur à une droite, il existe une droite unique, dite parallèle à la droite donnée, c'est-à-dire sans point commun avec cette droite* (sauf éventuellement, par convention, à l'infini). *De plus, la droite et sa parallèle sont équidistantes.*

Un dernier caractère marquant est le fait que, si l'on se donne un *triangle géodésique* (trois points reliés deux à deux par un chemin géodésique, en l'occurrence un segment), *la somme des angles du triangle géodésique vaut* π.

Prenons maintenant la sphère et un plan vertical contenant l'axe nord-sud : il coupe la sphère selon un *grand cercle* appelé *méridien*. La projection stéréographique l'envoie sur une droite axiale du plan de projection. Un tel méridien jouera donc le rôle d'une droite axiale dans la géométrie sur la sphère (dite *géométrie sphérique* voire *elliptique*), de même que le couple de points nord-sud y joue le rôle de l'origine dans le plan.

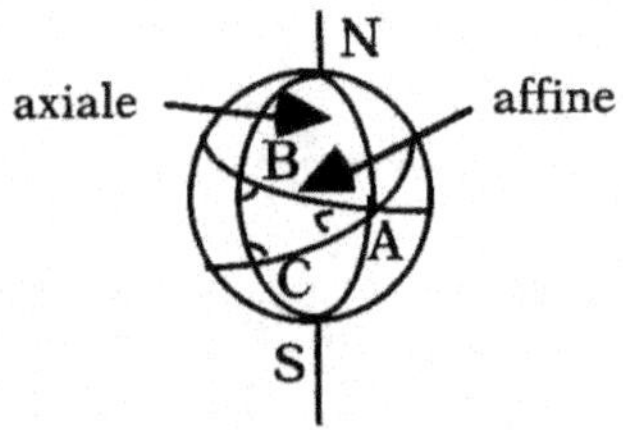

Tout plan passant par le centre de la sphère coupe celle-ci selon un grand cercle. Choisissons un couple de points diamétralement opposés sur celui-ci. Si, par changement d'origine, il en déterminait l'axe nord-sud, ce grand cercle serait une droite axiale (un méridien) de la géométrie sur la sphère. Ainsi, de façon tout à fait analogue à ce qu'il advient dans le plan, tout grand cercle non méridien peut être considéré comme une droite affine dans la géométrie de la sphère.

Les géodésiques sur la sphère en sont encore les droites axiales et affines, c'est-à-dire tous les grands cercles.

Un premier caractère de la géométrie de la sphère en est que, *par deux points non diamétralement opposés (non antipodiques), ne passe qu'une seule droite sur cette sphère,* alors que *par deux points antipodiques passent une infinité de droites. Toutes les droites sont de longueur finie.*

Un second caractère de la géométrie sphérique est *l'inexistence de parallèles : deux droites se rencontrent toujours.* Il n'existe donc pas de parallèles.

Un dernier caractère marquant de la géométrie sur la sphère est que la *somme des angles d'un triangle géodésique dessiné sur cette sphère est égale ou supérieure à* π. L'énoncé du théorème remonte en fait à Harriot (1603), bien qu'il se rapporte à l'aire d'un triangle sphérique.

Ces propriétés se voient directement sur la sphère ou sa représentation stéréographique sur le plan équatorial. Pour démontrer le théorème sur les angles d'un triangle géodésique, on pourra toujours supposer qu'un des sommets est au pôle nord, et que ses côtés adjacents sont des méridiens (droites axiales). On utilisera la construction, donnée au paragraphe suivant, de l'image d'un grand cercle non méridien (droite affine), et on se servira d'une inversion ayant pour centre l'origine du plan, ou bien on utilisera directement le fait que l'angle des méridiens au pôle nord est celui des droites axiales qui en sont les images.

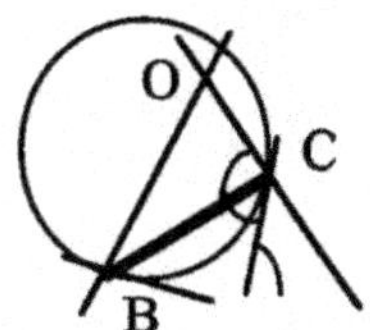

Comparaison des angles entre le triangle euclidien OBC et le triangle sphérique formé des segments OB, OC et de l'arc de cercle BC

Nous n'avons pas de représentation directe des espaces pseudo-euclidiens. Nous pouvons représenter le plan pseudo-euclidien dans le plan euclidien : nous avons vu qu'un cercle pseudo-euclidien a pour image une hyperbole équilatère.

Nous pouvons aussi le représenter sur la sphère. Considérons le plan contenant un méridien Σ (droite axiale) de cette sphère, et le diamètre AB de la sphère perpendiculaire à ce plan. Tous les plans contenant ce diamètre sont perpendiculaires au plan du méridien, et tous les grands cercles contenus dans ces plans (droite axiale et droites affines) sont perpendiculaires au méridien. Ils se projettent sur des cercles qui admettent comme axe de symétrie commun la droite axiale du plan Σ', projection du méridien. Il résulte du calcul que les extrémités H et H' des diamètres de ces cercles décrivent une hyperbole équilatère, un pseudo-cercle, dont l'axe de symétrie est bien sûr la droite axiale du plan. L'hyperbole se relève, sur la sphère, sur l'intersection de cette sphère avec un cône équilatère passant

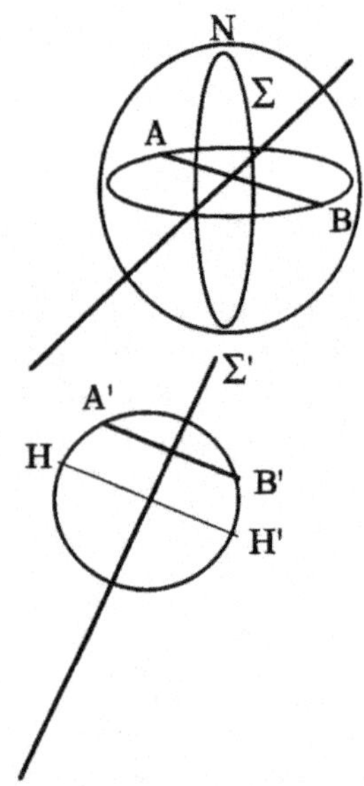

par le pôle nord ; son intersection avec le plan de projection forme les asymptotes à l'hyperbole. Notons, à ce propos, que toute courbe tracée sur la sphère, tangente au pôle nord à deux méridiens orthogonaux entre eux, se projette par stéréographie sur une courbe admettant bien sûr pour asymptotes deux droites axiales orthogonales dans le plan de projection.

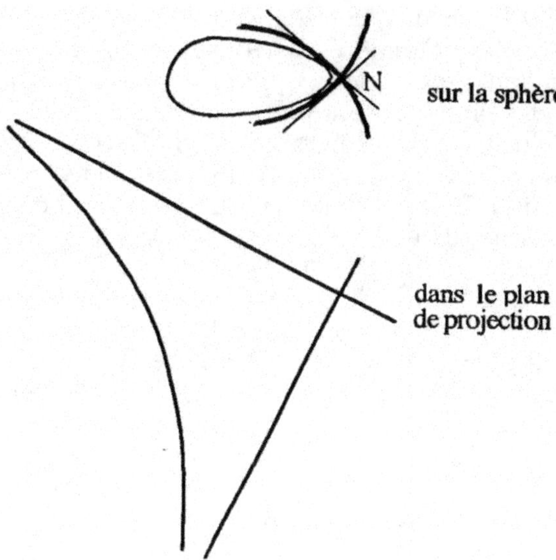

Examinons la pseudo-sphère, représentée dans l'espace euclidien par l'hyperboloïde de révolution équilatère à deux nappes. Un tel hyperboloïde s'obtient en faisant tourner une hyperbole équilatère autour de l'axe de symétrie qui la traverse. Les asymptotes à l'hyperbole engendrent alors par révolution un cône, appelé *cône asymptotique à l'hyperboloïde*.

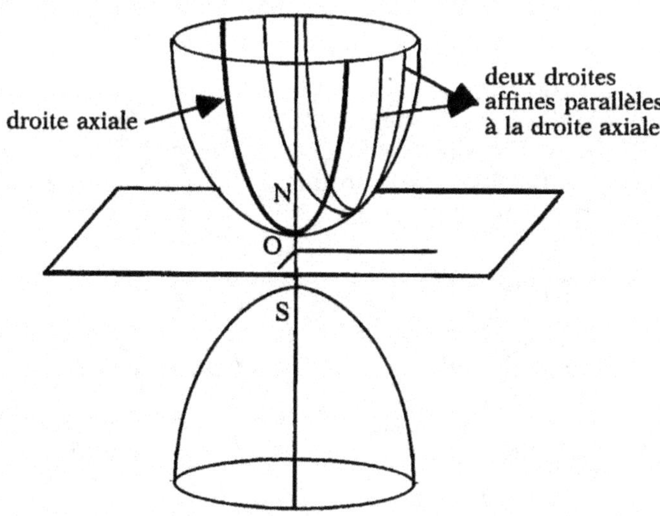

Jouant le rôle des droites de la géométrie plane, les géodésiques sont les hyperboles équilatères de courbure 1/R tracées sur la surface. Comme dans le cas de la sphère, les droites axiales sont les intersections des plans passant par l'axe nord-sud de l'hyperboloïde, les droites affines sont les intersections de l'hyperboloïde avec des plans passant par l'origine, dont la direction est contenue dans le cône asymptotique à l'hyperboloïde. Ces données sont décrites dans la figure ci-dessus, d'où l'on déduit les caractères de la géométrie hyperbolique.

Un premier caractère de la géométrie hyperbolique en est que *par deux points passe toujours une droite de longueur infinie*.

Un second caractère de cette géométrie en est que *deux droites se rencontrent en un point au plus*, alors que, *par un point donné extérieur à une droite donnée, passent au moins deux droites qui ne rencontrent pas la droite donnée : il existe une infinité de parallèles, non équidistantes les unes des autres ; certaines d'entre elles sont tangentes à l'infini, on les dit asymptotiques. Celles qui sont symétriques par rapport à une droite axiale sont dites ultra-parallèles.*

Un dernier caractère en est que *la somme des angles d'un triangle géodésique est au plus égale à* π. Des démonstrations de ce théorème ont été données par Legendre, puis Gauss (1827), puis Lobatchevski (1836). Lobatchevski et Bolyai ont donné une présentation axiomatique de la géométrie hyperbolique.

Les propriétés de ces droites se voient directement sur la pseudo-sphère. Par exemple, si l'intersection de deux plans passant par l'origine se fait selon une droite du cône asymptotique à l'hyperboloïde, les deux hyperboles (droites affines) sont tangentes à l'infini.

Par projection stéréographique de pôle sud, la partie supérieure de l'hyperboloïde se projette sur le disque centré à l'origine de rayon R. Les droites axiales de la pseudo-sphère deviennent des droites axiales du plan ; les droites affines de la pseudo-sphère deviennent des cercles du plan, orthogonaux au bord du disque.

droite axiale
et droites
affines
ultra-parallèles

droites
asymptotiques

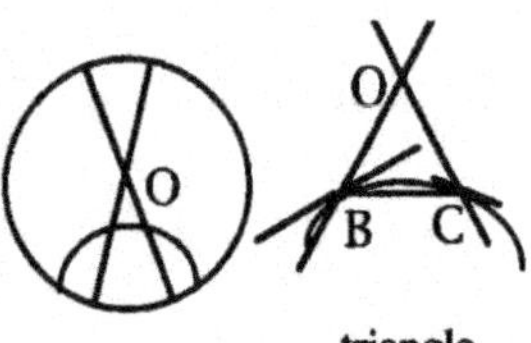

triangle
géodésique

On conviendra d'appeler *modèle de Poincaré* cette représentation de la pseudo-sphère.

Par une réflexion suivie d'une inversion, on transforme cette représentation plane en une autre appelée *modèle de Klein* de la géométrie hyperbolique. La réflexion se fait par rapport à l'axe horizontal (axe des x), l'inversion est de centre (0, –1) et de puissance égale à 2. On obtient le demi-plan supérieur (y > 0). Au point P(x, y), la métrique du plan *(métrique de Klein)* est définie par la forme quadratique

$$G(P) = \begin{bmatrix} 1/y^2 & 0 \\ 0 & 1/y^2 \end{bmatrix}$$

Cette métrique est aussi celle d'une surface isométrique à la pseudo-sphère telle que nous l'avons définie, et, de ce fait, également appelée la pseudo-sphère. Cette dernière est la surface obtenue par révolution de la *tractrice* autour de l'axe horizontal (sur le dessin, nous nommons *pseudo-trompette* une section de cette surface). Cette tractrice est la *développante* de la *chaînette* dont le point courant M a pour coordonnées (x, chx). Pour construire cette développante, on mène par tout point M de la chaînette sa tangente, et sur cette tangente, on porte un segment MP dont la longueur est celle de la chaînette comptée à partir du point I(0,1).

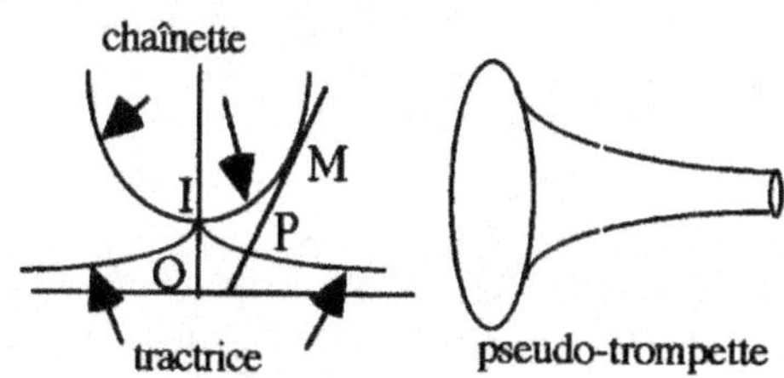

Comme la pseudo-sphère, la pseudo-trompette est une surface de courbure gaussienne constante et négative.

Le théorème unificateur des trois énoncés sur les angles d'un triangle géodésique a été énoncé par Gauss dans son mémoire sur les surfaces paru en 1828. Il énonce que *l'excès sur π de la somme des angles d'un triangle géodésique est égal à l'intégrale de la courbure sur le domaine occupé par le triangle*. Nous reviendrons sur ce très beau résultat.

ISOMETRIES

Quel que soit le type de surface considéré, les réflexions par rapport aux droites engendrent le groupe des déplacements sur chaque surface.

Dans les trois géométries, toute isométrie est le produit d'une, deux ou trois réflexions.

Prenons l'exemple du plan. On a déjà vu que toute isométrie du plan euclidien est soit une rotation, soit une translation, soit une symétrie glissante.

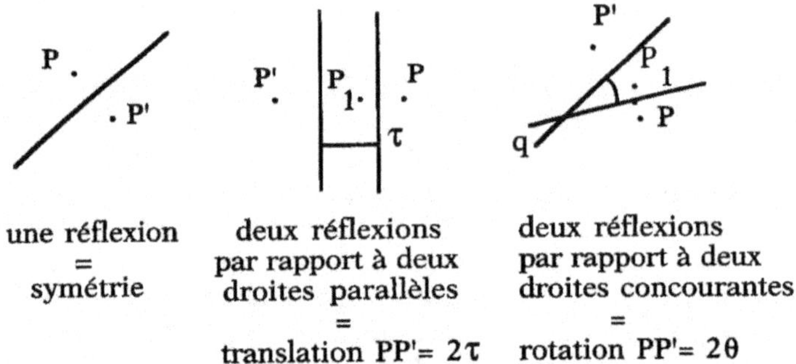

une réflexion = symétrie	deux réflexions par rapport à deux droites parallèles = translation PP'= 2τ	deux réflexions par rapport à deux droites concourantes = rotation PP'= 2θ

La réflexion est une symétrie glissante, de glissement nul.

La translation de longueur 2τ est le produit de deux réflexions par rapport à deux droites parallèles distantes de τ.

La rotation d'angle 2θ est le produit de deux réflexions par rapport à deux droites concourantes faisant entre elles l'angle θ.

La symétrie glissante est le produit de trois réflexions par rapport à trois droites en position générale.

Après avoir ramené les surfaces dans le plan par d'éventuelles projections stéréographiques, on peut établir l'expression analytique des isométries de leurs représentations planes.

Afin d'avoir une expression simple qui tienne compte simultanément des deux coordonnées x et y, on utilise la représentation du plan sous la forme de la droite complexe **C**, que l'on complète en général par un point à l'infini (on la notera alors **P(C)**).

a, b, c, d désignant des nombres complexes, l'expression générale d'une homographie h : **P(C)** -> **P(C)** de la droite complexe s'écrit :

$$z' = h(z) = \frac{az + b}{cz + d}$$

Examinons deux cas particuliers. Lorsque c = 0, d = 1, on est en présence d'une simple application linéaire. Lorsque c = 1, d = 0, a = 0, b = 1, on est en présence d'une inversion suivie d'une symétrie par rapport à l'axe horizontal.

Si $\underline{z}$ = x – iy désigne le complexe conjugué de z = x + iy, et si on remplace z par son complexe conjugué dans l'expression de h, on obtient une transformation qui inverse le sens de l'orientation du plan : par suite, si h(z) est une isométrie, il en sera de même de h($\underline{z}$).

Dans le cas où h est une isométrie du plan elliptique, la matrice $H = \begin{bmatrix} a & b \\ c & d \end{bmatrix}$ est l'équivalent, dans le plan complexe, d'une matrice orthogonale dans le plan euclidien réel. Le calcul montre alors que c = –$\underline{b}$, d = $\underline{a}$.

Dans le cas euclidien, l'isométrie h est simplement l'application linéaire h(z) = az + b avec |a| = 1.

Dans le cas hyperbolique, la matrice H est l'équivalent, dans le plan complexe, d'une matrice pseudo-orthogonale dans le plan pseudo-euclidien. Le calcul donne c = $\underline{b}$, d = $\underline{a}$.

On a ainsi obtenu la description analytique des éléments des groupes d'isométries associées à chacune des trois géométries.

NOTES DE LECTURE

Les ouvrages de géométrie différentielle sont nombreux et répondent chacun à des objectifs particuliers. On ne donnera pas ici les références de divers ouvrages avancés, où la notion de connexion joue un rôle essentiel.

La notion de courbure d'une courbe, son étude figurent dans tous les ouvrages complets de premier cycle. L'étude plus détaillée des surfaces n'apparaît en général que dans les options de fin de premier cycle, ou dans le second cycle.

Parmi les textes, en français, abordant l'étude de la courbure des surfaces, on peut signaler les premiers chapitres du tome 1 de l'ouvrage déjà cité : B. Doubrovine, S. Novikov, A. Fomenko, *Géométrie contemporaine*, Moscou, Éditions Mir, 1982, ainsi que les premiers chapitres de l'ouvrage de M. Postnikov, *Leçons de géométrie, variétés différentiables*, Moscou, Éditions Mir, 1990.

Précédés d'un rappel de cours, l'étudiant trouvera une litanie de petits exercices de calcul dans : A. Fédenko *et al.*, *Recueil d'exercices de géométrie différentielle*, Moscou, Éditions Mir, 1982.

Certains ouvrages, en langue anglaise, sont des classiques comme T. J. Willmore, *An Introduction to Differential Geometry*, Oxford, Oxford University Press, 1959.

Celui-ci, l'un des meilleurs ouvrages de référence et qui mériterait d'être traduit en français, contient en plus de nombreux exercices avec leurs corrigés : M. P. Do Carmo, *Differential Geometry of Curves and Surfaces*, Englewood Cliffs, Prentice-Hall, 1976.

L'ouvrage de J. Stillwell, *Geometry of Surfaces*, New York, Springer, 1992, aborde effectivement la géométrie des surfaces, et notamment la géométrie hyperbolique.

La géométrie hyperbolique continue de faire l'objet de très nombreux travaux. Le lecteur qui désirerait étudier plus avant cette géométrie peut lire : J. G. Ratcliffe, *Foundations of Hyperbolic Manifolds*, New York, Springer, 1994.

Cet ouvrage contient plus de 500 exercices, une bibliographie de 422 références, et des notes historiques très complètes.

On pourra étudier la géométrie des groupes de réflexion dans l'ouvrage, toujours très clair et sans difficulté majeure, de N. Bourbaki, *Groupes et algèbre de Lie*, Paris, Masson, 1981, chap. 4, 5 et 6.

Le lien entre la physique de l'espace-temps et la mathématique correspondante pourra être approfondi par la lecture de cet ouvrage précité : H. Weyl, *Temps, Espace, Matière*, Paris, Blanchard, 1922, ou par la lecture d'un ouvrage didactique plus récent : G. L. Naber, *The Geometry of Minkowski Space-Time*, New York, Springer Verlag, 1992.

Sur ces géométries, on pourra également relire avec intérêt cet article de fond : H. Poincaré, « Les hypothèses fondamentales de la géométrie », *Bulletin de la Société mathématique de France*, XV (1887), p. 203-216.

Chapitre VII

Le théorème des fonctions implicites

Lorsque la vision directe est étouffée par la pluralité des dimensions et la trop riche combinatoire des possibilités, l'emploi de techniques machinales et récurrentes, qu'elles soient algorithmiques, formelles, algébriques, ou numériques, devient indispensable : ainsi, l'analyse est essentiellement l'étude de la représentation par le nombre de propriétés de l'espace. La représentation numérique, par sa finesse, permet également le contrôle et l'examen détaillé de comportements délicats, voire inattendus.

Le théorème dit des fonctions implicites est un exemple de théorème d'analyse dont nous allons voir le soubassement géométrique, simple.

Ce théorème, souvent employé, joue un rôle important. Déjà, dans le premier cycle, on en connaît les premiers usages effectifs : il fixe les conditions d'unicité de la solution d'une équation implicite et permet le calcul des espaces tangents (droites tangentes à une courbe, plans tangents à une surface). Plus généralement, il permet surtout de reconnaître l'existence d'une sous-variété paramétrée et d'en préciser la dimension.

LE CADRE GEOMETRIQUE D'UNE EQUATION IMPLICITE

Prenons dans l'espace usuel un élément de surface sans aspérité et, dans un premier cas, non vertical : si (x^*, y^*) désignent les coordonnées au sol d'un point P^* de cette surface, la hauteur de ce point par rapport au sol est finie ; elle a pour valeur $z^* = g(x^*, y^*)$; par suite :

$$z^* - g(x^*, y^*) = 0.$$

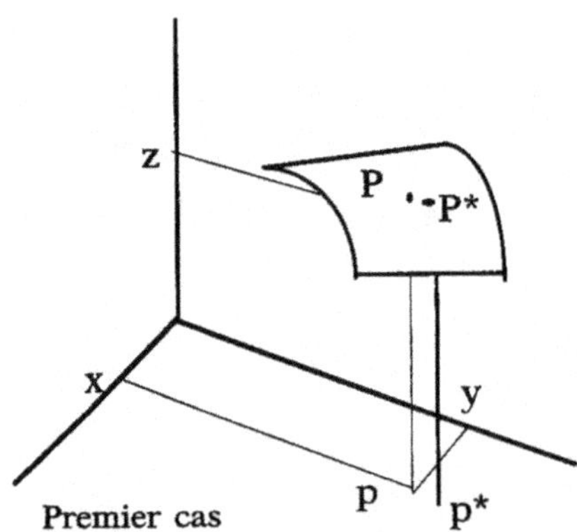

Nous noterons P, de coordonnées x, y, z, un point générique de l'espace, par opposition au point bien spécifié P*.

Posant

$$z - g(x, y) = F(x, y, z),$$

l'équation

$$F(x, y, z) = 0 = z - g(x, y),$$

devient l'équation qui définit localement la surface.

Observons le dessin : comme la surface n'est pas localement verticale, un point p du sol voisin de p* a pour image sur la surface un seul point P, voisin de P*, et à une hauteur z différente mais voisine de z*.

Ainsi, x et y étant donnés voisins respectivement de x* et de y*, nous sommes assurés que l'équation $F(x, y, z) = 0$ admet une solution unique.

Si, dans un second cas, la surface était localement verticale autour de P *, alors la projection p* de P* sur le sol serait l'image d'une infinité de points situés sur la verticale passant par p*. Et l'on voit aussi dans ce cas que tout point p voisin de p* est, par projection, l'image ou bien d'aucun point situé sur la surface, ou bien au contraire d'une infinité de points situés sur la surface, localement un cylindre vertical, dont l'équation $g(x, y) = 0$ est maintenant, simplement, celle qui lie les coordonnées x et y d'un point de la courbe située à l'intersection de la surface et du sol, la directrice du cylindre.

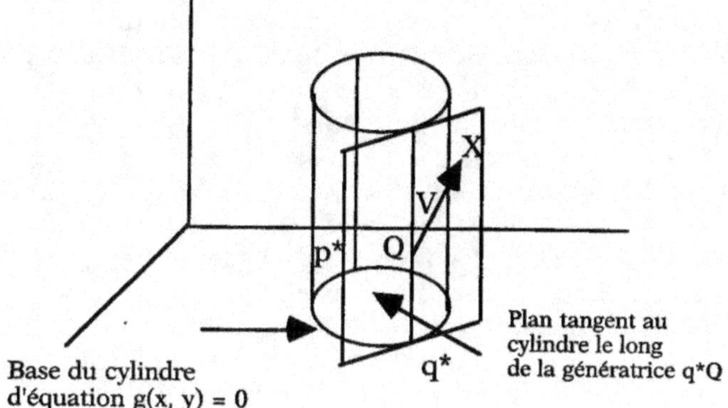

x et y étant donnés voisins respectivement de x* et de y*, nous sommes assurés cette fois que l'équation $F(x, y, z) = 0$ n'admet pas de solution ou au contraire une infinité de solutions.

Traduction analytique de la verticalite

Puisque $F(x, y, z)$ s'identifie à $g(x, y)$ où z ne figure pas, la dérivée partielle de F par rapport à z est nulle – la notion de dérivée partielle est supposée connue –, ou encore, plus géométriquement, la génératrice du cylindre passant par p* et P* étant verticale, sa pente par rapport à l'axe des z est nulle.

Ainsi, le fait que la surface soit localement verticale en P* dans la direction des z s'exprime numériquement par la nullité de la dérivée partielle de F par rapport à z en $P^* = (x^*, y^*, z^*)$, $F'_z(x^*, y^*, z^*) = 0$.

Voyons pourquoi, d'une autre manière, la géométrie impose cette condition. Prenons un point Q quelconque de la surface, situé sur la verticale passant par q*, et examinons son plan tangent.

L'application F est une application de $\boldsymbol{R}^3$ dans $\boldsymbol{R}$, associant à tout point Q (x, y, z) de la surface l'écart entre sa hauteur z et la valeur supposée connue de la fonction g(x, y). De manière générale, l'application linéaire dF, de matrice $JF = (F'_x, F'_y, F'_z)$, envoie les vecteurs tangents en Q à $\boldsymbol{R}^3$ sur les vecteurs tangents en F(Q) à $\boldsymbol{R}$.

Le fait que la valeur de F(Q) reste constante lorsque Q se déplace se traduit par le fait que le vecteur vitesse en F(Q), c'est-à-dire le vecteur tangent en F(Q) à $\boldsymbol{R}$, est nul.

Par suite, le sous-espace vectoriel affine formé des vecteurs V de

R^3 basés en Q, tels que JF(V) = 0, constitue le plan tangent à la surface en Q. Ces vecteurs V forment donc le noyau de JF.

Q est considéré comme l'extrémité du vecteur de composantes x, y, z. Un point X du plan tangent est considéré comme l'extrémité du vecteur de composantes (x, y, z) ; par suite

V = X – Q = (x – x, y – y, z – z).

Ainsi, le plan tangent à la surface en Q est constitué des vecteurs X – P tels que

JF(X – Q) = F'x(x – x) + F'y(y – y) + F'z(z – z) = 0,

les dérivées partielles étant calculées en Q.

Tenons compte maintenant du fait que le plan tangent à la surface en Q est vertical. Le sous-espace vectoriel de R^3 qui lui est parallèle contient l'axe des z, c'est-à-dire le vecteur (0, 0, 1). On a donc la relation :

JF(0, 0, 1) = 0 + 0 + F'z = 0.

On retrouve ainsi la condition de verticalité donnée en début de paragraphe.

LE THEOREME DES FONCTIONS IMPLICITES EN DIMENSION 2

Le théorème des fonctions implicites, ici en dimension 2, énonce, dans un langage *ad hoc*, ce que nous avons observé sur la première figure et que nous reprenons ici :

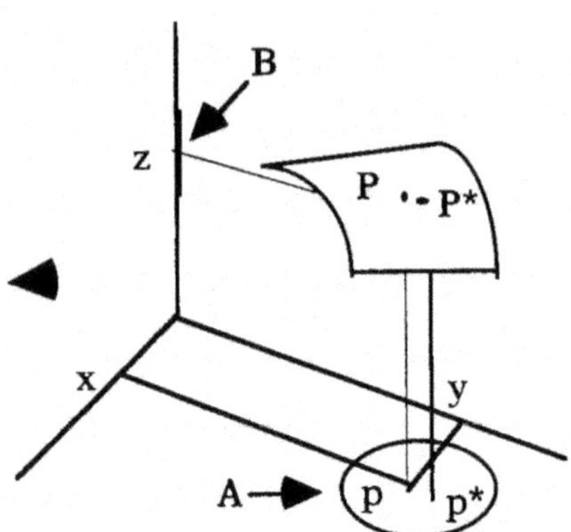

En nous servant des remarques faites au paragraphe précédent, il exprime en termes de dérivée partielle la non-verticalité locale de la surface. Il traduit l'existence de solutions locales uniques à l'équation F(x, y, z) = 0 où z = g(x, y).

Théorème : Si la dérivée partielle $F'z$, calculée en P^*, n'est pas nulle, alors il existe, dans le plan de projection, un voisinage A de $p^* = (x^*, y^*)$, et une application unique g de A sur un voisinage B de z^* situé dans l'axe vertical, de sorte que $F(x, y, g(x, y)) = 0$, cette relation étant évidemment vérifiée en $(x^*, y^*, z^* = g(x^*, y^*))$.

Cet énoncé mérite d'être complété. On a pu prendre la dérivée de F par rapport à z : on a donc supposé F au moins dérivable par rapport à cette variable. De manière générale, supposons que F soit de classe C^k, c'est-à-dire dérivable jusqu'à l'ordre k, les k premières dérivées étant continues ; alors, la démonstration est très technique, g sera aussi de classe C^k (la démonstration dans le cas où k = ∞ est facile pour peu qu'on admette le théorème des fonctions inverses).

Notons par ailleurs que si $F'z(P^*)$ est nul (la surface en P^* a une tangente verticale), P^* restant un point régulier de cette surface, on peut changer l'angle sous lequel on regarde la surface en faisant basculer le repère tridimensionnel. Par exemple, si $F'y$ (resp. x) n'est pas nul, on peut placer l'axe des y (resp. l'axe des x) verticalement et répéter mot pour mot la formulation du théorème en inversant les places de y (resp. de x) et de z. Donc, pour que le théorème des fonctions implicites puisse localement être appliqué, il suffit qu'une des dérivées partielles de F ne soit pas nulle. La matrice à une ligne et trois colonnes

$$JF = [F'_x, F'_y, F'_z]$$

ayant au moins un coefficient non nul est alors dite de rang 1.

FORMULATIONS PLUS GENERALES

Nous sommes partis d'une surface définie par $F(x, y, z) = z - g(x, y) = 0$. On pourra trouver qu'on est en présence d'une fonction $F(x, y, z)$ d'un type particulier. Mais remarquons, par exemple, que si H est une autre fonction telle que $H(x, y, z) = c$, on se ramène immédiatement au cas précédent en posant $H(x, y, z) - c = F(x, y, z) = 0$ (évidemment F et H ont mêmes dérivées partielles). Nous allons donc supposer que la fonction F est quelconque en dehors du fait qu'elle est dérivable. Le théorème précédent va s'appliquer tout simplement parce qu'il est possible de ramener le cas général au cas apparemment particulier précédent. L'énoncé précis est le suivant :

Théorème des fonctions implicites (pour la dimension 2) : Soit P^* un point de la surface définie par l'équation $F(x, y, z) = 0$ (par conséquent en particulier, $F(P^*) = F(x^*, y^*, z^*) = 0$) où F est de classe C^1, admettant en P^* une dérivée partielle par rapport à z différente de 0 de sorte que $JF(P^*)$ soit de rang 1. Alors (on voit que), sur un voisinage A *de la projection p* de P* sur le plan (x, y), il existe une bijection b de même classe entre les points de ce voisinage et les points d'un voisinage C, situé sur la surface, de P*. Soit p la projection de R^3 sur l'axe des z ; posons p(C) = B, et notons par g la composée de classe C^1 g = pob qui envoie A sur B, voisinage de z* : pour tout point p de A de composantes (x, y), z = g(x, y) et F(x, y ,g(x ,y)) = 0.*

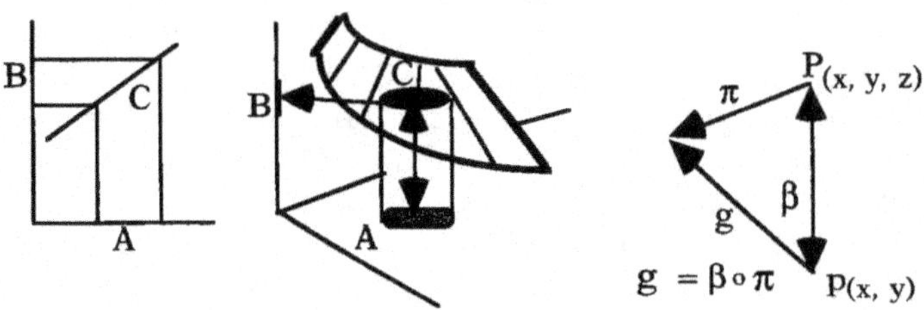

Dans ces conditions, (x, y, z = g(x, y)) sont les coordonnées d'un point P de la surface au voisinage de P.*

Définition : L'application h : R^2 -> R^3, qui, à p de composantes (x, y), fait correspondre P = h(p) = h(x, y) de composantes (x, y, z) par la relation

$$h_1(x, y) = x, \quad h_2(x, y) = y, \quad h_3(x, y) = g(x, y) = z,$$

est une *description paramétrée* locale, de paramètres x et y, du domaine C de la surface.

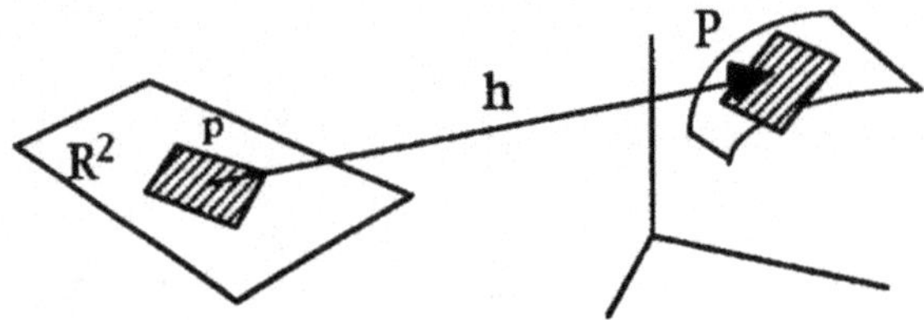

La matrice jacobienne de h

$$Jh = \begin{bmatrix} 1 & 0 \\ 0 & 1 \\ g_x(x,y) & g_y(x,y) \end{bmatrix}$$

étant de rang 2, l'application linéaire dh est un isomorphisme : l'image par dh du plan tangent en (x, y) à R^2 est un espace vectoriel de dimension 2. Cette image dans R^3 est, transportée en h(x, y), l'espace tangent à h(R^2), un plan puisqu'elle est de dimension 2. L'ensemble paramétré est également de dimension 2, donc un élément de surface.

En effet, au voisinage de P, la surface est très localement assimilable à une minuscule portion de plan, et vient pratiquement à se confondre avec son plan tangent. Soit maintenant h une application entre deux objets, par exemple deux surfaces pouvant présenter des aspérités. Supposons qu'en P et h(P) les espaces tangents aux surfaces existent, aient la même dimension : elle peut être égale à 1, si l'on se trouve le long d'une arête, ou à 2. Dans ce cas, chaque surface est localement très voisine de son plan tangent. On peut établir un difféomorphisme entre chaque élément de surface et l'élément de plan tangent correspondant (rappelons qu'un difféomorphisme est une application bijective indéfiniment différentiable ainsi que son inverse).

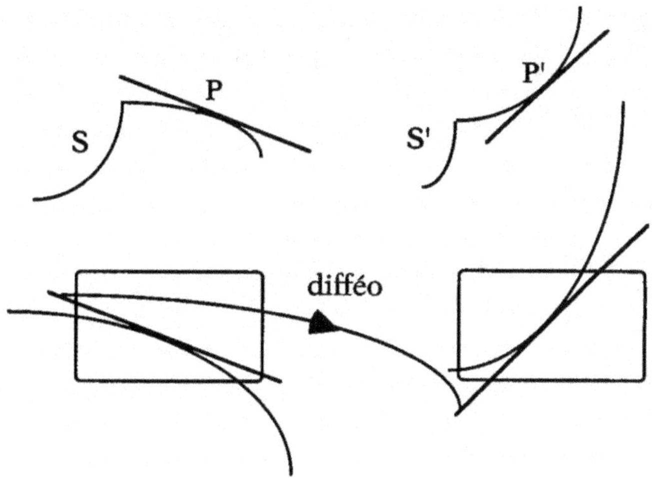

À l'intérieur des voisinages définis par les carrés, éléments de droites et éléments de courbes sont difféomorphes.

Comme les deux éléments de plans tangents peuvent être choisis de sorte qu'ils soient eux-mêmes difféomorphes, les deux éléments de surface sont aussi difféomorphes : le fait que l'application dh soit en P un isomorphisme (les espaces tangents ont même dimension) implique que h est un difféomorphisme local sur un voisinage de P.

L'extension de cette situation au cas général est connue sous le nom de :

Théorème des fonctions inverses : Si h : R^n -> R^n est telle dh(p) soit un isomorphisme, il existe un voisinage U de p sur lequel h est un difféomorphisme.

Revenons à notre surface définie par F au voisinage d'un point P, où elle est localement plane. Nous avons donné plus haut l'équation du plan tangent en ce point P :

$JF(X - P) = F'x(x - x) + F'y(y - y) + F'z(z - z) = 0$.

Le fait que la matrice jacobienne JF(P) soit de rang 1 implique l'existence de ce plan tangent. On pourra alors toujours trouver un repère par rapport auquel ce plan ne sera pas vertical.

Le théorème des fonctions implicites en une dimension quelconque étend simplement à cette dimension la description des propriétés que nous avons observées pour la dimension 2, et l'énoncé général correspondant sera calqué sur celui donné en dimension 2.

Nous sommes partis d'un plan (tangent). Cherchons son analogue pour une surface de dimension p, plongée dans un espace de dimension n.

L'équation d'un plan dans l'espace de dimension 3 est de la forme :

$ax + by + cz + d = 0$.

La dimension du plan est 2. La différence entre la dimension de l'espace dans lequel il est plongé et sa dimension est appelée la « codimension » du plan (dans son espace ambiant). Elle est ici égale à $3 - 2 = 1$.

L'intersection de ce plan avec un autre plan est une droite, éventuellement tangente à une courbe. Cette intersection est définie comme l'ensemble des (x, y, z) qui vérifient simultanément les équations :

$ax + by + cz + d = 0$

$a'x + b'y + c'z + d' = 0$.

Si l'on fixe la valeur de z, par exemple à z°, on est ramené à un système de deux équations à deux inconnues : il admet une solution unique si le déterminant de la matrice $ab' - a'b$ n'est pas nul, c'est-à-dire si la matrice

$$\begin{bmatrix} a & b & c \\ a' & b' & c' \end{bmatrix}$$

est de rang 2.

Sous cette condition, on peut calculer les coordonnées de tous les points de la droite d'intersection. Celle-ci est appelée une sous-variété linéaire. Sa dimension est égale à celle de l'espace dans lequel elle est plongée diminuée du nombre d'équations linéaires qui la définissent ; elle est donc égale à $3 - 2 = 1$. Sa codimension dans l'espace dans lequel elle est plongée vaut $3 - 1 = 2$.

De manière générale, s équations linéaires dans $\mathbf{R}^n$ définissent une sous-variété linéaire de dimension $n - s$ (ou de codimension s) si la matrice à s lignes et n colonnes formée des coefficients de ce système d'équations est de rang s.

Alors cette sous-variété linéaire est éventuellement l'espace tangent à cet objet qui généralise la notion de courbe en dimension 1, de surface en dimension 2, et qu'on nomme une variété de dimension $n - s$.

Considérons une application différentiable $F : R^{n+s} \to R^s$. C'est la situation que nous avons connue où $n = 2$, $s = 1$. Elle était alors définie par une seule fonction. Si s est plus grand que 1, F sera définie par s fonctions $F_1,..., F_i,..., F_s$, la fonction $F_i : R^{n+s} \to R^s$ envoyant R^{n+s} sur la i-ième composante d'un vecteur de R^n.

En écrivant $R^{n+s} = R^n \times R^s$, on notera par (p, z) les composantes du point P de R^{n+s} selon respectivement R^n et R^s. Dans la situation que nous avons connue, $p = (x, y)$, $z = z$. On suppose que $F(P^*) = F(p^* ,z^*) = 0$. On a vu que si $F(p^*, z^*)$ n'était pas nul, on se ramène à ce cas par simple translation des coordonnées.

De même qu'on avait supposé, dans l'exemple initial, à travers le fait que $F'z(P^*)$ n'était pas nul, que la matrice $JF(P^*)$ était de rang 1, on suppose ici la matrice $JF(P^*)$ de rang s. Joue le rôle de $F'z$ la sous-matrice de JF restreinte aux seules dérivées partielles par rapport aux composantes z_i formant le vecteur z : en la supposant de rang s, il en sera de même pour $JF(P)$.

Le théorème des fonctions implicites s'énonce alors : Sous les hypothèses précédentes, il existe un voisinage A de p^* dans R^n, un voisinage B de z^* dans R^s et une application différentiable $g : A \to B$ qui fait correspondre à tout point p de A un unique point z de B tel que $F(p, g(p)) = 0$.

POINTS CRITIQUES, REGULIERS, SINGULIERS

C'est à la physique qu'on doit l'emploi, en mathématiques, du terme « critique ». Considérons les points de la surface géographique S définie par l'équation $z - g(x, y) = 0$. Les points situés à une cote donnée, c, forment une courbe qu'on appelle une *ligne de niveau*. Lorsque cette ligne se réduit à un point C, un sommet ou un fond de cuvette local, celui-ci est appelé un point critique. C'est un point très particulier, entouré de points Q à partir desquels il faut grimper ou au contraire descendre pour l'atteindre. Un tel point critique est entouré d'une infinité de points qui ne le sont pas. Les points critiques jouent pourtant un rôle essentiel, car leur seule donnée caractérise le type de morphologie de leur voisinage (on l'a bien vu au chapitre précédent). On dit que ces points du voisinage appartiennent au déploiement du point critique. Un point qui n'est pas critique est régulier. Les points critiques sont aussi parfois appelés – c'est loin d'être toujours le cas en mathématiques – des points singuliers. Ils sont effectivement singuliers au sens courant du terme. L'analogie entre points critiques et points singuliers repose sur un caractère très simple des applications : points critiques et points singuliers sont associés à un état de dégénérescence ou de déstructuration locale.

En C, le fond de notre cuvette supposée être l'origine, le plan tangent est le plan horizontal : il a pour équation $z = 0$. Si l'on interprète S par la donnée de l'équation $F(x, y ,z) = z - g(x, y) = 0$, l'équation du plan tangent en C s'écrit aussi

$$F'_x(x - 0)+ F'_y(y - 0) + F'_z(z - 0) = 0 = z.$$

Cette égalité entraîne que les dérivées partielles en C ont pour valeur

$$F'_z = 1, \text{ et } F'_x = F'_y = 0 \text{ avec } F'_x = g'_x, F'_y = g'_y.$$

Rappelons qu'une courbe de niveau de cote z est l'ensemble des (x, y, z) tels que $z = g(x, y)$. On peut alors interpréter S comme l'ensemble des courbes de niveau de cote z, z parcourant, *a priori*, l'ensemble des nombres réels, ou encore comme le graphe de la fonction $g : \mathbf{R}^2 \rightarrow \mathbf{R}$. La différentielle de g est l'application linéaire dg de matrice (g'_x, g'_y). Lorsque, calculés au point P de $\mathbf{R}^2$, les deux coefficients de la matrice sont nuls, le rang de la matrice, 0, est donc inférieur à 1, le point $P' = g(P)$ est dit point-image ou valeur critique, alors que P est un point-source critique. Ce point critique est dit isolé car il n'en existe aucun autre dans son voisinage. On remarquera que C a mêmes composantes que (P, P').

On voit donc que le caractère critique d'un point est marqué par une dégénérescence inhabituelle de la différentielle en ce point, de sorte que l'image peut localement perdre beaucoup de dimensions par rapport à l'ordinaire. Les conditions d'emploi du théorème des fonctions inverses ne sont évidemment pas réunies au voisinage d'un point critique. Les points critiques sont associés à des applications qui ont la caractéristique de « submerger » l'espace d'arrivée : la dimension de l'espace de départ, disons un plan, une nappe, est supérieure ou égale à celle de l'espace d'arrivée, disons une droite, un manche autour duquel on va enrouler la nappe. L'application est en général surjective : l'image recouvre la totalité de l'espace d'arrivée. Nous nous en tiendrons ici à un point de vue local.

Définition : Soit ainsi l'application différentiable $g : \mathbf{R}^n \rightarrow \mathbf{R}^s$ où $n > s$. Si la matrice de la différentielle dg(P) est de rang inférieur à s, le point P de $\mathbf{R}^n$ est dit *point* (-source) *critique* ; $P' = g(P)$ est alors appelé une *valeur critique* de g. Si P n'est pas un point critique, il est dit régulier, et g est appelé une *submersion* locale en P.

Un théorème (de Sard) affirme que les ensembles de valeurs critiques sont de « mesure nulle », c'est-à-dire ont un volume inférieur à tout réel positif prescrit. Il en sera en général de même de leurs contre-images, autrement dit des ensembles de points critiques correspondants.

Lorsque g est régulier au voisinage de P*, les images g(P) des points P voisins de P* forment localement un objet de dimension s. Si P* est critique, notamment si P* est un point critique isolé, ces mêmes images peuvent former localement un objet de dimension inférieure à s, égale au rang de dg en P*.

Donnons-nous une valeur régulière de g, P'. La contre-image de P', notée $g^{-1}(P')$, est l'ensemble des points de $\boldsymbol{R}^n$ dont l'image par g est P'. Le résultat suivant est une illustration du théorème des fonctions implicites.

Théorème : Si P' est une valeur régulière de g, $g^{-1}(P')$ est sous-variété paramétrée de Rn de dimension n − s.

Ainsi, si n = 2, s = 1, ou si n = 3, s = 2, $g^{-1}(P')$ est une courbe ; si n = 3, s = 1, $g^{-1}(P')$ est une surface. Prenons par exemple la fonction g : $\boldsymbol{R}^2$ -> R définie par $g(x, y) = x^2 - y^2$. Jg est la matrice $(2x, -2y)$. Elle est de rang 1 si l'un au moins de ses coefficients n'est pas nul, par exemple si x = 2, y = 0 ; alors g(x, y) = 4, et $g^{-1}(4)$, formé des points (x, y) tels que $x^2 - y^2 = 4$, est une courbe du plan, une hyperbole. Par contre, Jg est de rang nul si x = y = 0 : 0 n'est pas une valeur régulière de g. $g^{-1}(0)$ se compose des deux bissectrices du plan, de deux courbes qui se rencontrent à l'origine, où le passage d'une bissectrice à une autre s'accomplit avec un changement brutal de la valeur de la dérivée. Le graphe de g est l'ensemble des (x, y, z) où z = g(x, y). C'est ici un paraboloïde hyperbolique (cf. chapitre V) dont l'origine est à la fois un maximum pour la partie de la surface sous le plan horizontal, un minimum pour la partie située au-dessus de ce plan. On l'appelle un « point-col ». On remarquera que la jacobienne de F(x, y, z) = g(x, y) − z = t est toujours de rang 1 : une telle fonction n'a pas de point critique. La contre-image de t est une surface régulière, quel que soit t et en particulier pour 0.

Nous allons maintenant examiner une situation inverse à la précédente, où h est une application qui envoie un espace de dimension donnée dans un espace de dimension plus grande. Le premier espace est « immergé » dans le second, de manière injective. Le changement de terminologie va refléter cette inversion du sens de l'application. Mais c'est le même type de phénomène que nous allons décrire. On observera encore ici une sorte de dégénérescence, de réduction de l'image par rapport à la source.

Définition : Supposons une surface S définie de manière paramétrée par une application h : R^2 -> R^3 (de manière plus générale par une application h : R^s -> R^n, s < n). Le point P de R^2 (resp. de R^s) est dit *point*-source *régulier* si le rang de la matrice de dh(P) est égal à 2 (resp. s), et l'on dit que h est une *immersion locale* en P. Sinon, le point P est dit *singulier*.

En restant dans le cadre de la dimension s = 2, l'image d'un voisinage bidimensionnel d'un point-source régulier est un voisinage bidimensionnel de h(P) ; si le point est singulier, et en particulier s'il n'est pas isolé, ce voisinage peut être aplati, projeté dans l'espace d'arrivée sur un voisinage de dimension inférieure à 2 : localement la surface est envoyée sur un élément de courbe ou sur un point.

On voit maintenant de suite le cas où l'on peut indifféremment, du point de vue mathématique, parler de point critique ou de point singulier : c'est le cas où les espaces source et but ont même dimension n. Lorsque le point est régulier, l'application dh est de rang n, c'est un isomorphisme, et le théorème des fonctions inverses s'applique. Lorsque le point est critique ou singulier, l'application dh y est de rang inférieur à n, par exemple p : l'image peut avoir localement la dimension p < n.

De toute façon, de manière générale, les deux notions de point critique et de point singulier sont très liées. Si g : R^n -> R^s admet P pour point-source critique, il existe une application h : R^r -> R^n qui admet un point-source singulier dont l'image est P.

On rencontre l'emploi du terme « singulier », en un sens mathématique, dans d'autres circonstances : par exemple, un point P d'un espace couvert par un champ de vecteurs est singulier si, en ce point, le vecteur du champ s'annule.

Qu'il soit, au sens mathématique, critique ou singulier, un tel point reste singulier au sens vernaculaire du terme. L'objet singulier, précieux de par sa rareté, tel le prince au faîte du pouvoir, caché mais omniprésent, joue, dans son environnement particulier, un rôle central et organisateur.

L'étude morphologique des objets fait bien sûr partie de la géométrie. Les morphologies qui restent stables quand on modifie les paramètres qui les caractérisent (données internes, angles d'observation) s'étudient à partir des déploiements de morphologies singulières, définies par des applications appelées parfois elles aussi singularités.

On remarquera que la donnée des points critiques ou des singularités de l'objet suffit en général pour caractériser la morphologie de l'objet. On peut en effet *grosso modo* reconstituer celui-ci à partir de ses creux et de ses bosses. Le passage d'un creux à une bosse voisine, par exemple, suit un processus de croissance régulière ; il ne présente donc aucun intérêt du point de vue de la nouveauté morphologique : celle-ci n'advient qu'aux points singuliers ou critiques. La nature utilise ce fait : la reconstitution mentale d'une morphologie s'accomplit par l'intermédiaire du trajet oculaire ; le regard parcourt de manière répétitive une ligne brisée se fixant près des singularités de l'objet qu'il examine.

Les phénomènes critiques, que l'on rencontre si souvent en physique et de manière bien plus générale dans le monde naturel, s'accompagnent souvent de déstructurations locales précédant des phases de restructuration qui peuvent être très diverses. On parle alors de bifurcations. La représentation mathématique de ces phénomènes importants fait appel aux concepts et aux outils exposés dans ce chapitre. Il vaut la peine de parler du théorème des fonctions implicites et de ses prolongements.

NOTES DE LECTURE

Le théorème des fonctions implicites est en général présenté comme un corollaire, assez immédiat, du théorème des fonctions inverses. La démonstration de ce dernier, au contraire assez longue, est parfois donnée au niveau de la licence. On la trouvera par exemple exposée dans l'un des ouvrages suivants : H. Cartan, *Calcul différentiel*, Paris, Hermann, 1967 ; J. Dieudonné, *Éléments d'analyse*, Paris, Gauthier-Villars, 1968 ; S. Lang, *Analyse réelle*, Paris, InterÉditions, 1977 ; A. Avez, *Calcul différentiel*, Paris, Masson, 1983.

On trouvera une bonne approche de la théorie des contours apparents dans l'ouvrage de J. W. Bruce et P. J. Giblin, *Curves and Singularities*, Cambridge, Cambridge University Press, 1984.

Chapitre VIII

Construction des surfaces
topologiques réelles

Comment, et avec quels objets, la nature remplit-elle l'espace ? Par leurs travaux de géométrie, le terme incluant ici la démarche topologique, les mathématiciens tentent de répondre implicitement à cette question physique.

Dans ce chapitre, il ne sera question que de surfaces topologiques, c'est-à-dire d'objets *a priori* sans métrique, formés par agglutination, collage d'éléments homéomorphes à des disques du plan, extensibles, élastiques, mais toujours sans épaisseur. Le disque type et souple D^2 constitue la brique fondamentale des constructions.

PRINCIPES DE CONSTRUCTION

La souplesse du disque D^2 fait qu'il peut être modelé : d'abord par extension et soufflage, à la manière des amateurs de chewing-gum, pour lui donner une forme sphérique ; puis, selon un processus que nous décrirons, par son bord topologique, la 1-sphère S^1, homéomorphe au cercle géométrique habituel.

• *L'identification*

Cette action sur le bord se fait en trois temps. Par analogie avec les rôles fonctionnels des trois feuillets du développement embryonnaire, nous nous permettrons de qualifier les phases successives de la démarche d'endo-, de méso- et d'ectodermique.

La première phase est préparatoire, endodermique. Elle consiste simplement à privilégier des points du bord : il s'agit d'une procédure de singularisation. Une 1-sphère qui possède k *points* privilégiés ou encore *singuliers* sera appelée ici une 1-*sphère polygonale d'ordre k*. Par exemple, un triangle est homéomorphe à une 1-sphère polygonale d'ordre 3. On pourra parfois considérer S^1 lui-même comme une 1-sphère polygonale d'ordre infini.

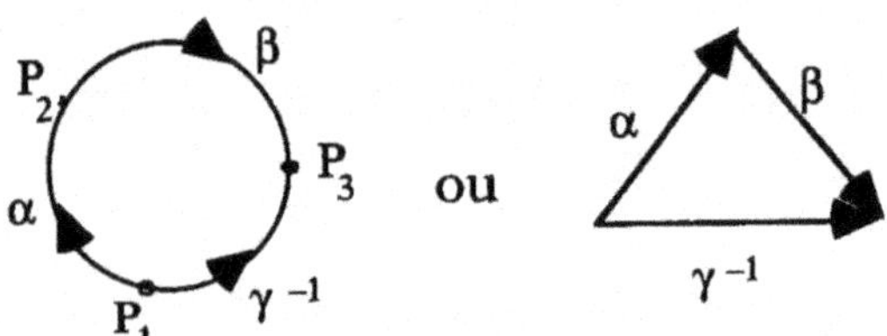

La seconde phase, mésodermique, consiste à définir, par l'introduction de sens de parcours, des orientations : d'une part sur la 1-sphère, d'autre part, sur chaque arc de 1-sphère dont les seuls points singuliers qu'il puisse contenir sont les bords de cet arc. On obtient ainsi une 1-sphère polygonale *orientée*. Le lecteur voudra bien pardonner la lourdeur de cette terminologie.

On note α un arc orienté dans le même sens que la 1-sphère ; s'il est orienté en sens opposé, on le note α^{-1}. Par suite, la 1-sphère polygonale orientée peut être *codée* par la donnée de la succession de ses arcs : par exemple, $\alpha \beta \gamma^{-1}$ désigne une telle 1-sphère d'ordre 3, dont l'arc γ a pour origine l'extrémité finale de l'arc β, de sorte que son orientation est opposée à celle de β.

La troisième procédure qui est employée, ectodermique, est beaucoup plus active : c'est la procédure d'*identification* ou encore de *collage*. Prenons une feuille de papier rectangulaire : on en fait un tube en collant l'un sur l'autre, ou en « identifiant » l'un avec l'autre les points de deux bords opposés de la feuille.

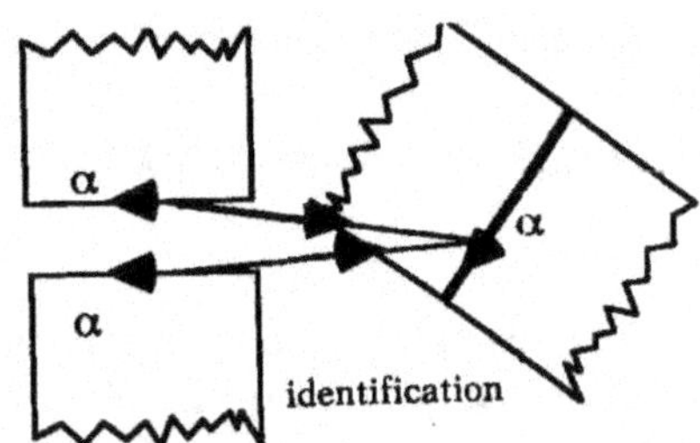

Définitions : Deux points distincts P et P' d'un objet E sont *identifiés* ou collés par une application continue f : E -> E', si f(P) = f(P').

L'application f de E dans E' induit une application de E dans E qui à P fait correspondre P' ; nous appellerons cette application l'*identi-fication induite par f*.

L'*ordre* o(P) de l'identification en P est le nombre de points P_i ayant la même image par f. Souvent, cet ordre est égal à 2 : il en sera ainsi sauf mention contraire. Par convention, on note par la même lettre deux arcs qu'on identifie.

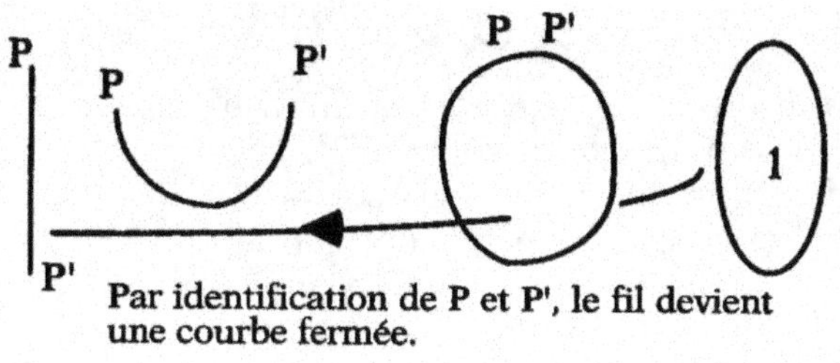

Par identification de P et P', le fil devient une courbe fermée.

Les formes 1, 2, 3, 4 sont homéomorphes à la sphère s[1].

Voici l'exemple fondamental d'identification : il consiste à prendre un fil d'extrémités P et P', et à coller P sur P'. Le fil a maintenant la forme d'un cercle S^1. Au cours de cette opération, on a supposé qu'on était parti d'un fil rectiligne, un segment de droite. On l'a courbé, opération au cours de laquelle aucune de ses propriétés topologiques n'est modifiée ; en se courbant, il a fini par acquérir la forme d'un demi-cercle ; on l'a courbé encore davantage jusqu'à pouvoir coller ses extrémités et obtenir une forme homéomorphe à un cercle.

● *La découpe*

Nous appellerons *découpe* une opération en quelque sorte inverse de l'identification.

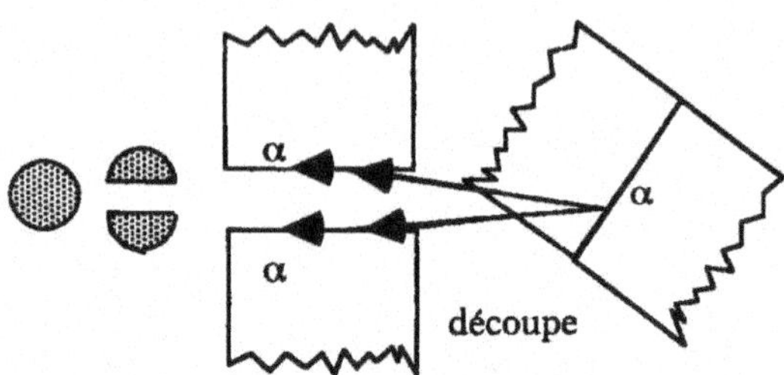

On introduit une *ligne orientée de découpe* α joignant deux points du bord d'un domaine, ici le disque D^2. On suppose que cette ligne partage le domaine donné en deux sous-domaines disjoints D et D', de sorte que leur bord respectif contienne chacun un arc homéomorphe à α. L'identification des deux sous-domaines le long de cet arc restitue le domaine initial.

La technique de la découpe, bien connue des petits enfants et de tous les amateurs ou passionnés de puzzles, permet de donner des présentations diverses du même objet.

• *Le piquage*

L'identification est analogue à une couture parfaite et invisible sauf éventuellement au bord des lignes de couture (arcs le long desquels s'effectue l'identification).

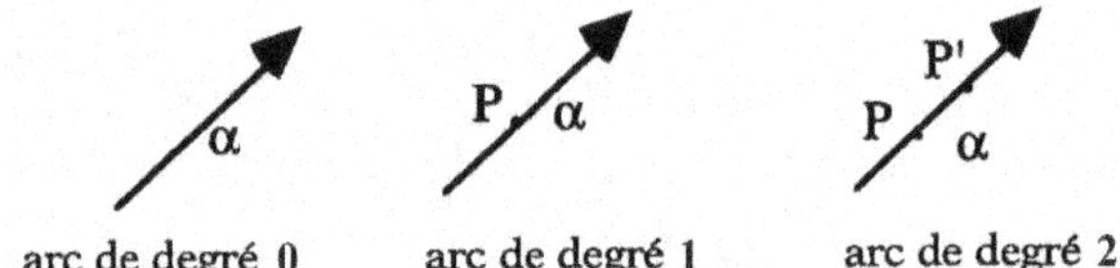

On appellera *point de piquage* un point distingué sur un arc d'identification qui le subdivise en deux. Il est de *degré* p, ainsi que l'arc qui le porte, s'il existe p points de piquage sur l'arc en question.

L'introduction de points de piquage ne modifie pas la nature de l'objet initialement construit. Il permet d'en donner des représentations parfois plus raffinées, ou plus faciles, ou plus étranges.

$K = 0$: LE DIADEME CONTINU

Rappelons que notre objet initial est un disque. On peut le déformer pour lui donner la forme d'une coupelle : celle-ci reste topologiquement un disque.

Lorsque k = 0, le bord du disque est orienté, mais ne possède pas de point singulier. L'application, dite *antipodie*, qui, à tout point P de S^1, fait correspondre le point P' diamétralement opposé à P, est une identification de S^1 avec lui-même.

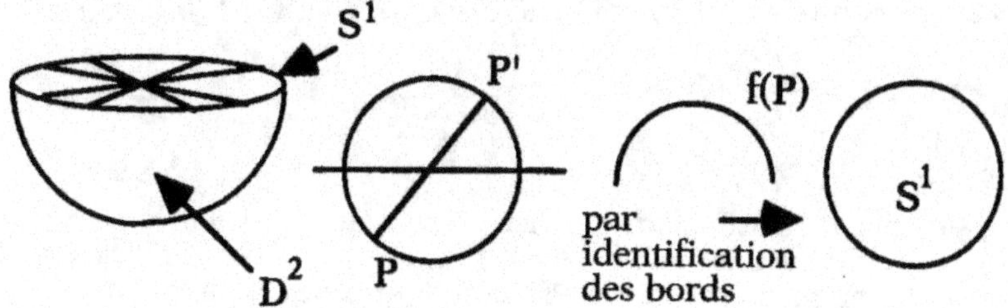

Coupons S^1 par un diamètre D. Identifions les points antipodaux P et P' qui n'appartiennent pas au diamètre D en les projetant sur le même point d'un autre demi-cercle : on obtient un demi-cercle ouvert, c'est-à-dire sans les extrémités qui constituent les points du bord de ce demi-cercle ouvert. En identifiant les deux points de son bord, le demi-cercle devient une réplique de S^1 : cette réplique est appelée ici une représentation, un modèle de la *droite projective réelle* **P(R)**, c'est-à-dire de l'espace des directions des droites du plan $\mathbf{R}^2$.

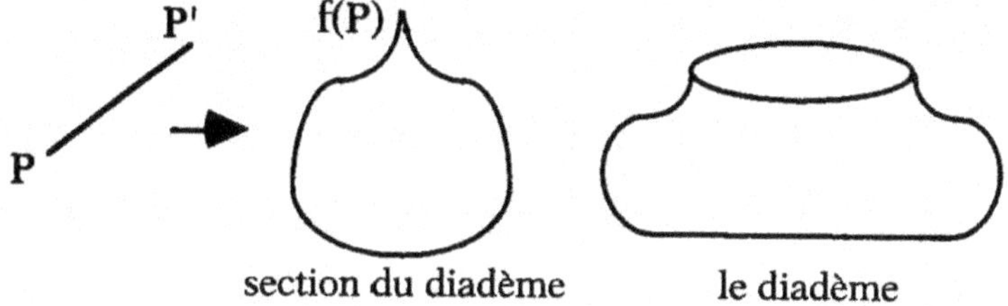

Quant aux diamètres PP' qui joignent les points antipodaux, ils deviennent, après identification de P et de P', des 1-sphères.

K = 1 : LE VASE OU LE BALLON PERCE ; LA POCHE CROISEE

L'objet initial est toujours notre disque déformable.

Lorsque son bord, la 1-sphère S^1, n'a qu'un seul point singulier P, l'identification totale de l'arc $S^1 - \{P\}$ avec lui-même par une application continue f est impossible : une telle application admet en effet un point fixe C(f), qu'on appellera le *point de crevaison*, où il n'y a pas soudure de deux points distincts. De ce fait, on ne pourra procéder qu'à une identification sur $S^1 - \{P, C(f)\}$ qui maintiendra l'équivalence topologique de l'intérieur du disque.

On peut toujours, après déformation, supposer P et C(f) diamétralement opposés. Deux identifications sont possibles. Celle qui est directe identifie les points de S^1 situés aux extrémités des cordes perpendiculaires au diamètre PC(f). On obtient alors le ballon percé, soit encore, en dilatant le point de crevaison, le vase, la vraie poche.

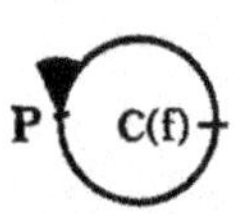 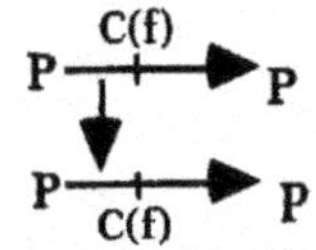 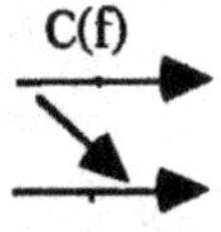 

Le point P est sur le bord de la cuvette. | **On identifie l'arc PP avec lui-même de manière directe. L'arc est percé en son milieu C(f)C.** | **Dans ce cas, on identifie l'arc PP avec lui-même de manière croisée.** | **Ici, le vase. La poche croisée n'est pas représentée.**

Celle qui est croisée identifie les points antipodiques de S^1 – {P,C(f)}. Cette fausse poche ou *poche croisée* ne peut pas être immergée dans l'espace usuel : on ne peut pas la représenter dans cet espace.

On voit que la parité du nombre k de points singuliers va jouer un rôle essentiel pour savoir si l'on construit un objet percé ou non. En maintenant à une valeur paire l'ordre des singularités, on fabriquera des objets non percés.

K = 2 : LA 2-SPHERE STANDARD ; LA SPHERE CROISEE OU PLAN PROJECTIF REEL

Le fait de transformer le point de crevaison précédent en un point singulier P' a un effet drastique.

Lorsque les deux arcs ont une orientation opposée par rapport à celle de S^1, on peut procéder comme précédemment à l'identification des extrémités des cordes transversales aux arcs. Cette identification aboutit à la construction de la 2-sphère vraie S^2.

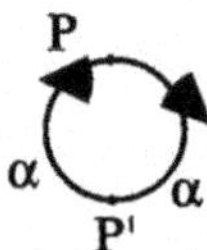 

Sur S^1, bord de la cuvette (le disque), on a pris deux points P et P', ce qui définit deux arcs de cercle. En collant l'un sur l'autre ces deux arcs, on transforme la cuvette en une sphère.

Lorsque les deux arcs ont même orientation, l'identification se fait par antipodie. On obtient la *2-sphère croisée,* beaucoup mieux connue sous l'appellation de *plan projectif réel,* $\mathbf{P}(\mathbf{R}^2)$, que nous rencontrerons encore tout à l'heure.

K = 4 : LE TUBE ; LE RUBAN DE MOBIUS ; LE TORE $\mathbf{T}^2$; LA BOUTEILLE DE KLEIN ; LA 2-SPHERE $\mathbf{S}^2$; LE PLAN PROJECTIF $\mathbf{P}(\mathbf{R}^2)$

a) On ne procède qu'à l'identification des arcs opposés et de même orientation P_4P_1 et P_3P_2 : on obtient le *tronc de cylindre* ou *tube*.

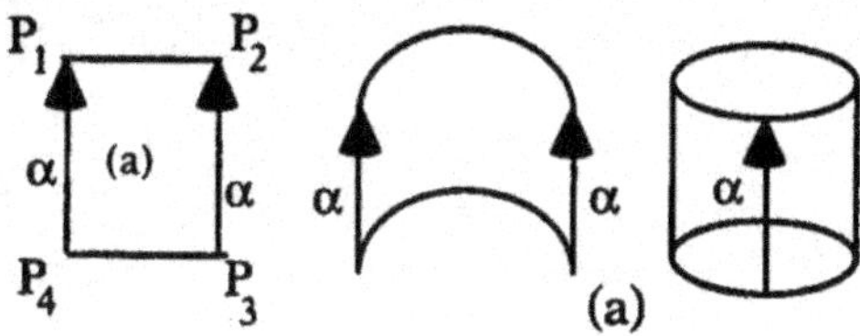

b) On ne procède qu'à l'identification des arcs opposés P_1P_2 et P_3P_4 et d'orientation différente : on obtient le *ruban une fois torsadé de Möbius.*

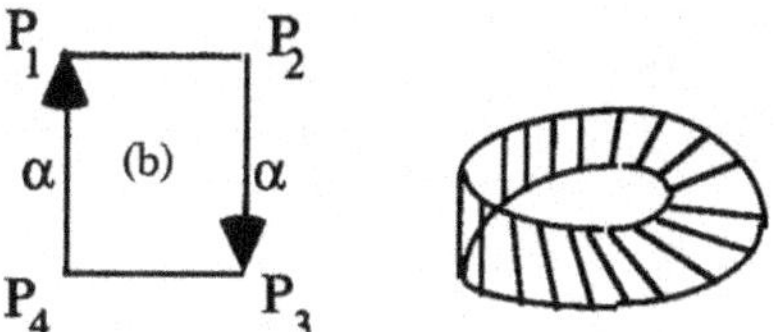

c) L'identification des deux côtés opposés verticaux et de même orientation engendre le tube ; l'identification des deux 1-sphères et de même orientation qui bordent le tube conduit au *tore* $\mathbf{T}^2$.

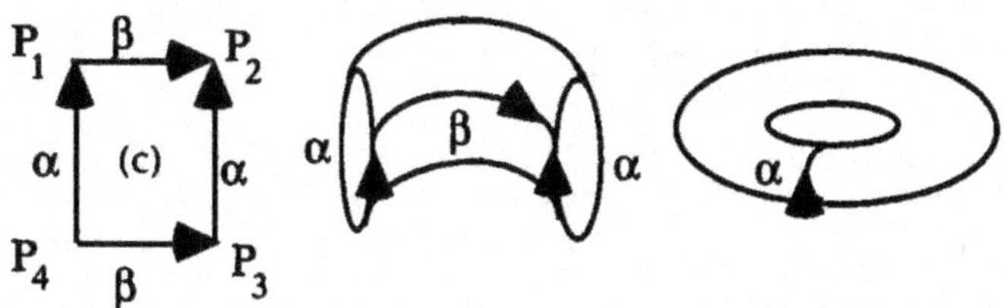

d) L'identification des deux côtés horizontaux et de même orientation engendre le tube ; l'identification des deux 1-sphères mais d'orientation différente qui bordent le tube oblige à le retourner pour que les deux 1-sphères puissent s'accoler avec la même orientation. On obtient ainsi la *bouteille de Klein* : elle n'est pas réalisable dans l'espace usuel sans auto-intersection.

Mais elle peut être immergée dans $\mathbf{R}^4$, espace qu'on appellera volontiers un « espace-temps » où elle ne présente plus cette particularité. Tout comme le ruban de Möbius, la bouteille de Klein n'est pas orientable.

Une autre construction de la bouteille est un peu moins accessible. Si l'on identifie d'abord les arcs α, on obtient un ruban de Möbius. L'identification des arcs ß revient maintenant à identifier le bord du ruban avec lui-même.

On peut aussi découper le tube précédent en deux demi-tubes : l'identification des bords de ces derniers restitue le tube initial. Puis on procède sur chaque demi-tube à l'identification croisée des autres bords : on obtient chaque fois un ruban de Möbius. De la sorte, la bouteille de Klein s'obtient également par l'identification par leur bord de deux rubans de Möbius.

e) L'identification de deux côtés adjacents engendre un tronc de cône. Accolés par leur base, deux troncs de cône forment un domaine homéomorphe à la 2-sphère S^2.

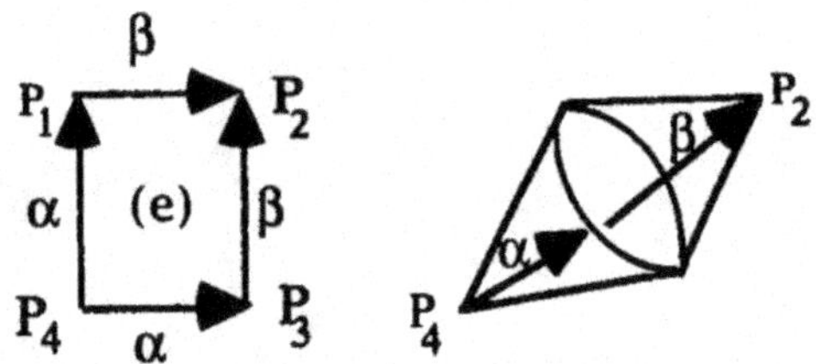

Il s'agit en fait de la construction de la sphère décrite au paragraphe précédent, où l'on remplace les arcs orientés dans le même sens $\alpha\beta$ par un seul arc. Son degré était 0 ; il est maintenant égal à 1.

f) En remplaçant encore dans le dessin ci-dessous $\alpha\beta$ par un seul arc, on retrouve le schéma de définition de l'espace projectif que nous avons rencontré au paragraphe précédent, alors de degré 0. Le schéma présent, de degré 1, précise l'un des couples de points intermédiaires, à savoir ici P_1 et P_3, qui, avec notamment les extrémités des arcs $\alpha\beta$ et $\beta^{-1}\alpha^{-1}$, sont identifiés.

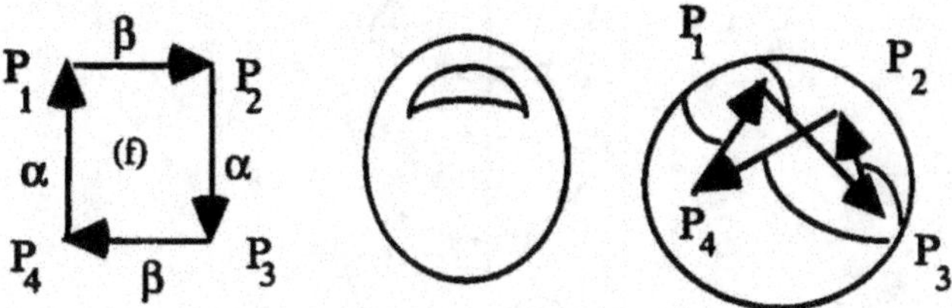

Soufflons alors sur le disque D^2 en maintenant son bord fixe : nous obtenons la 2-sphère trouée, un animal sphérique très lisse, doté d'une simple bouche, ouverte, dont les lèvres fines sont formées par les arcs α, β et α, β. Procédons à l'identification. L'arc P_1P_2 s'identifie à P_3P_4, l'arc P_4P_1 s'identifie à l'arc P_2P_3, de sorte qu'on obtient un seul arc joignant $P_4 = P_2$ à $P_1 = P_3$ le long duquel la sphère est pincée.

Supposons que l'axe vertical soit l'axe de symétrie de ces opérations, de sorte qu'après identification l'arc de pincement est porté par l'axe vertical. Considérons un plan perpendiculaire à cet axe rencontrant l'arc de pincement. Avant l'identification, il coupe l'animal selon deux arcs de cercle (de 1-sphère pour être plus juste) dont les bords sont situés sur la bouche de l'animal. Lors de l'identification, ces points sont envoyés sur le même point de l'axe vertical, d'où le dessin final (à droite sur la figure ci-dessous) illustrant le plan projectif réel.

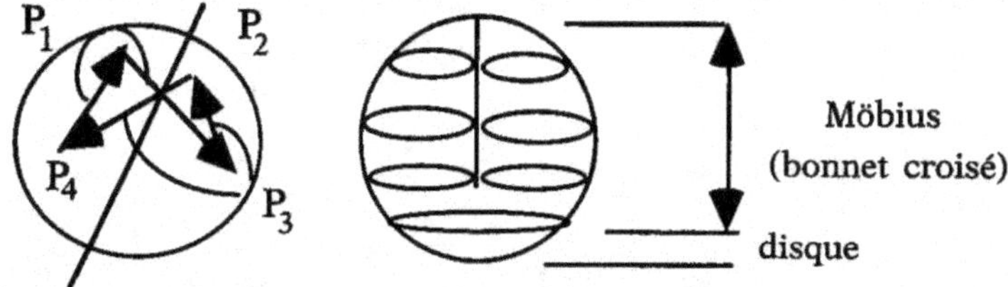

Le plan projectif réel est, par définition, l'espace des directions de droites de $\mathbf{R}^3$. C'est donc l'espace obtenu par identification des points antipodaux de la 2-sphère S^2. Traçons une couronne sphérique autour de l'équateur. La 2-sphère est alors divisée en trois parties : la couronne au milieu, deux calottes sphériques symétriques de part et d'autre, chacune homéomorphe au disque D^2.

L'identification transforme la couronne centrale en un ruban de Möbius, et les deux calottes sphériques en une seule. Autrement dit, l'espace projectif est la somme, obtenue par identification de leurs bords, d'un ruban de Möbius et d'un disque D^2.

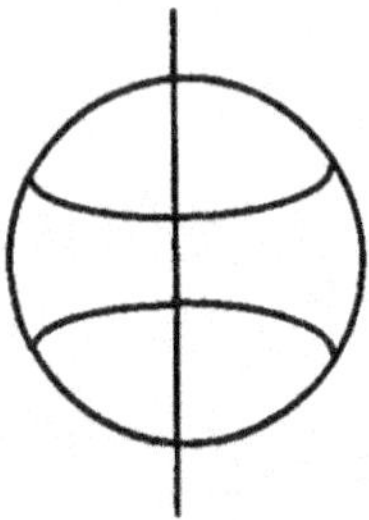

Mais cette découpe se voit également sur la figure précédente : la calotte sphérique inférieure est homéomorphe au disque, alors que la partie supérieure de la figure donne une autre représentation du ruban de Möbius, celle que l'on obtient en faisant en sorte que le bord du ruban, homéomorphe à la 1-sphère, soit effectivement une 1-sphère plane. Le ruban porte alors le nom de *bonnet croisé*.

LE MODELE DE BOY DE L'ESPACE PROJECTIF

Dans ce modèle, la 1-sphère polygonale orientée, bord du disque, possède deux arcs de degré p, orientés en sens opposés. Nous avons déjà rencontré successivement les cas où p était nul (alors k = 2), puis égal à 1 (alors k = 4).

Nous allons examiner ici le cas où p = 2 : alors k = 6 (de manière générale 2p + 2). Mais, par rapport aux constructions précédentes, nous allons introduire une identification supplémentaire, l'identification de Boy : elle identifie à un seul point, par exemple P, les k points singuliers de la 1-sphère polygonale formant le bord du disque D^2.

Ce bord est maintenant le suivant :

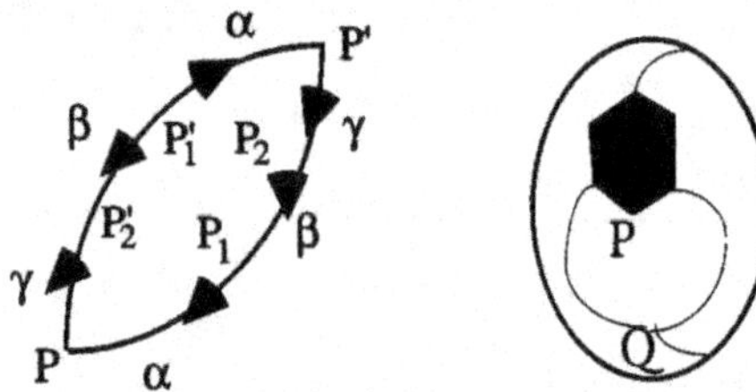

Couplons, deux par deux donc, les arcs successifs de cette figure hexagonale : par exemple P'_2P avec PP_1, P_1P_2 avec P_2P', $P'P'_1$ avec $P'_1P'_2$. Joignons également les trois points P_1, P', P'_2 à un point Q du disque sphérique, que l'on va découper selon les trois « méridiens » ainsi constitués, et obtenir trois pièces.

Prenons la découpe formée à partir des points P'_2, P, P_1 et Q, et identifions les points P'_2, P et P_1 à P. Nous obtenons les figures suivantes :

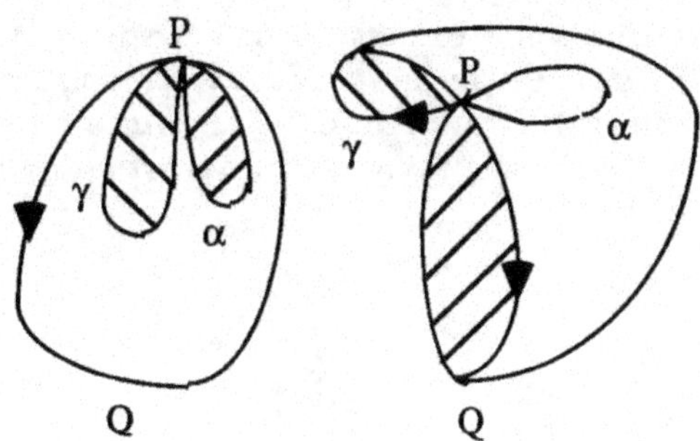

En effet, l'identification des points conduit à un morceau de sphère trouée au point P de son bord par deux vides bordés l'un par α, l'autre par γ (figure de gauche). La figure de droite représente une déformation de cette surface, de manière que l'arc PQ recouvre l'arc γ.

L'assemblage des trois pièces ou lobes ainsi réalisés, en opérant maintenant les identifications d'arcs, donne la surface suivante appelée *surface de Boy*, de degré 2 dans notre terminologie :

Les trois lobes de la surface peuvent être disposés à 120 degrés l'un par rapport à l'autre. L'identification fait que le passage d'un lobe à l'autre s'accomplit de manière continue, de sorte qu'on est en présence d'une surface sans point singulier, mais qui se rencontre elle-même selon les trois courbes fermées α, β, γ, appelées « courbes de self-intersection ».

Le lecteur curieux de morphologie pourra à souhait augmenter la valeur de p, et construire des surfaces de Boy de degré supérieur.

LES SURFACES EN TANT QUE SPHÈRES À ANSES

Prenons, sur une sphère, deux calottes sphériques diamétralement opposées. Ôtons-les de la sphère, et étirons cette sphère percée : elle devient un tube, que l'on courbe. On obtient un demi-tore en sectionnant un tore par un plan méridien et en jetant dans la corbeille l'autre demi-tore.

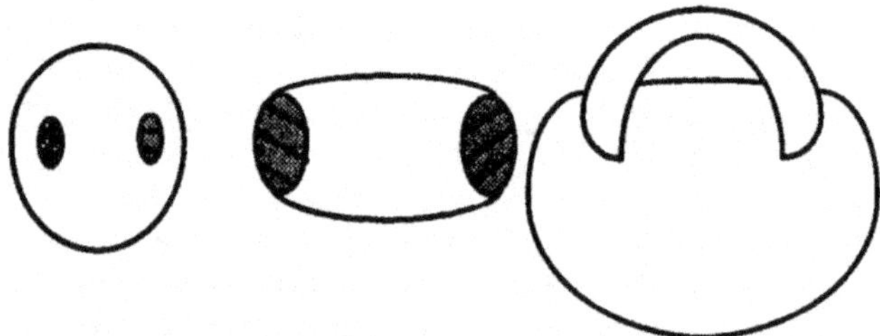

On peut bien sûr faire l'opération inverse : en identifiant les bords d'un tube avec ceux d'un autre tube, ou, ce qui revient au même, d'une sphère doublement percée, on obtient à nouveau le tore.

Lorsqu'il est courbé, un tube est appelé une *anse*.

Le nombre g d'anses que l'on rajoute ainsi à la sphère est appelé le *genre* de la surface. Par exemple, une sphère à deux anses, notée $S^2 + 2a$, est appelée un « bretzel » :

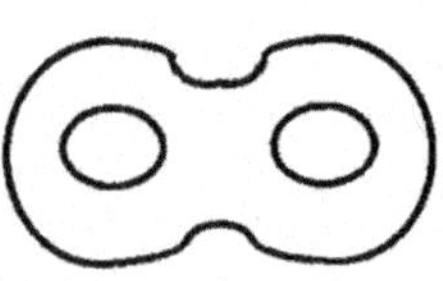

Cet objet peut être obtenu par identification des côtés de la 1-sphère polygonale d'ordre 8, codée par $(\alpha_1\beta_1\alpha_1^{-1}\beta_1^{-1})(\alpha_2\beta_2\alpha_2^{-1}\beta_2^{-1})$. Une surface à g anses est codée par $(\alpha_1\beta_1\alpha_1^{-1}\beta_1^{-1}) (...) (\alpha_g\beta_g\alpha_g^{-1}\beta_g^{-1})$.

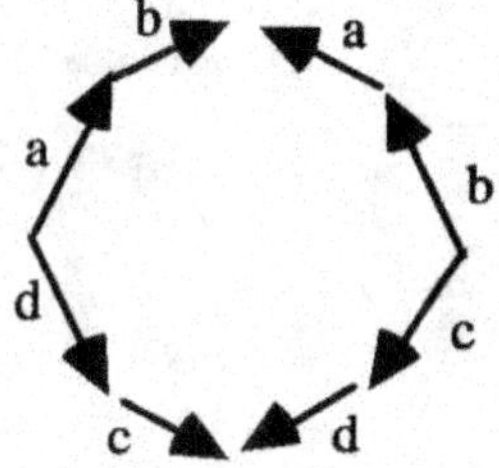

Le bretzel (aba^{-1}b^{-1}) (cdc^{-1})d^{-1}

Naturellement, à la manière des tiges des liserons ou des glycines, ou des chaises cannées, ces anses peuvent être tressées entre elles, de sorte que la description des surfaces à anses, orientables, doit être complétée par des emprunts à la théorie des nœuds.

Notons que la représentation classique de la bouteille de Klein peut entrer dans le cadre des constructions de sphères avec anses à condition d'introduire des *anses en crochet torsadées*, ou, plus simplement, des *crochets torsadés*. Dans ce cadre, la bouteille de Klein n'est autre qu'une sphère percée de deux trous, munie d'un crochet une fois torsadé, dont l'un des bords est identifié avec le bord de l'un des trous d'où le crochet est sortant extérieurement, l'autre bord étant identifié avec le bord du second trou d'où le crochet est sortant intérieurement, de sorte que cette anse traverse la sphère :

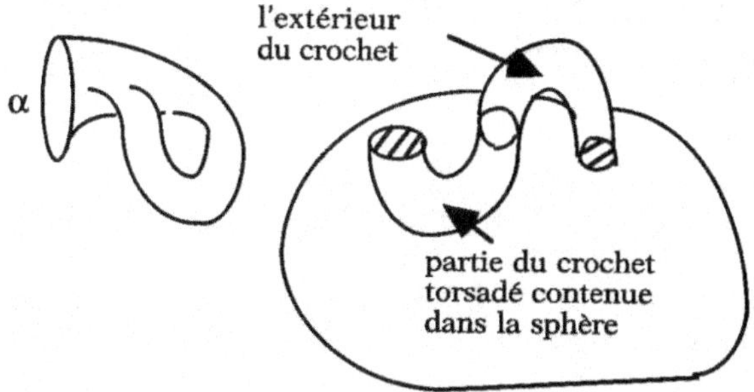

On a vu par ailleurs que l'espace projectif pouvait être représenté par un disque, ou, ce qui revient au même, une calotte sphérique sur le bord de laquelle on colle le bord d'un ruban de Möbius m. On peut coder cette construction par l'expression $S^2 + m$. On peut naturellement généraliser cette construction : percer la sphère de r trous, et coller sur chaque bord un ruban m pour obtenir un espace non orientable, codé par l'expression $S^2 + r\,m$.

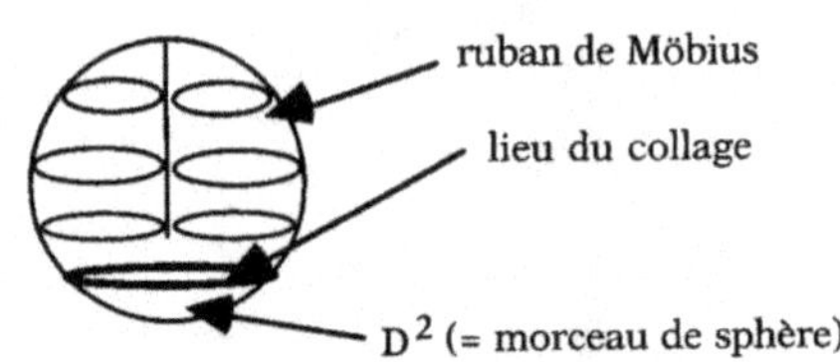

Dans le cas où m = 2, on retrouve la bouteille de Klein. On a vu en effet que la bouteille de Klein pouvait s'obtenir par identification le long de leur bord de deux rubans de Möbius. L'élargissement de ce bord conduit à une sphère tronquée de deux calottes sphériques diamétralement opposées, de sorte que la bouteille de Klein peut être codée par l'expression $S^2 + 2\,m$, où l'on entend que la sphère est percée de deux trous, sur lesquels on accole, bord à bord, un ruban de Möbius.

En définitive, l'expression $S^2 + g\,a + r\,m$ code une surface réalisée en perçant une sphère de $g + r$ trous, puis en collant g anses standard et r rubans de Möbius sur les bords des ouvertures ainsi pratiquées. L'enchevêtrement de ces ajouts est décrit par une codification supplémentaire.

Théorème : On obtient par ce procédé la liste complète des surfaces standard, c'est-à-dire connexes et fermées.

La topologie différentielle, aidée par la théorie des singularités, sait aujourd'hui dresser l'inventaire de la plupart sinon de toutes les formes de dimension 2. Les recherches d'aujourd'hui portent principalement sur les dimensions 3 et 4 : vaste programme !

Notes de lecture

L'ouvrage suivant est un ouvrage pédagogique en même temps qu'un livre d'art ; il vaut la peine de l'avoir dans sa bibliothèque : A. Fomenko, *Visual Geometry and Topology*, Berlin, Springer, 1994.

Celui de G. K. Francis, *A Topological Picturebook*, New York, Springer, 1987, présente également des qualités artistiques. On y trouvera les diverses formes, souvent plus ou moins nouées et tordues, des nombreux objets maniés par les topologues.

Plus classique est l'ouvrage de N. D. Gilbert et T. Porter, *Knots and Surfaces*, Oxford, Oxford University Press, 1994. Il contient de nombreux exercices.

On pourra se familiariser avec d'autres techniques non algébriques utilisées par les topologues en lisant l'ouvrage de E. E. Moise, *Geometric Topology in Dimension 2 and 3*, New York, Springer, 1977.

Chapitre IX

Un invariant de forme :
la caractéristique d'Euler-Poincaré

La nature nous offre une étonnante diversité de morphologies, et chacun, pour s'y reconnaître, s'efforce de classer les formes.

Le topologue dispose de plusieurs caractéristiques qui permettent de spécifier une forme. Comme elles doivent être invariantes quand l'objet est légèrement déformé, ces caractéristiques portent aussi le nom d'« invariants de forme » (par homéomorphisme, une application bijective et bicontinue). Avec la mise en évidence de ces invariants, on entre ici dans un domaine caché qui ne manque pas de profondeur.

L'invariant appelé *caractéristique d'Euler-Poincaré*, noté par la lettre grecque χ, est lié à la manière dont s'établit notre perception des objets : c'est par son bord qui démarque l'objet de son arrière-plan, le fond, que nous établissons la présence de cet objet, les premiers caractères de sa forme. Et ce sont même les éléments singuliers de ce bord, comme les points anguleux, qui attirent le plus notre attention. Le rôle des singularités est essentiel dans l'organisation des objets en général.

Descartes avait déjà soupçonné quelque chose en remarquant que le nombre F de faces d'un polyèdre diminué de 2 était égal à la différence entre le nombre A de ses arêtes et le nombre S de ses sommets. Mais ce n'est pas ainsi que l'invariant doit s'écrire.

La vraie manière d'écrire la caractéristique dont nous parlons, introduite par Euler, ressort de la topologie combinatoire, développée à la fin du siècle dernier par Poincaré, ou bien de la topologie différentielle, qui fait appel à l'analyse et s'est épanouie en ce demi-siècle. Nous verrons le lien entre les deux approches.

La dimension 1

En topologie combinatoire, l'objet courant de dimension 1 est le segment, ou *arête*, ou bien *1-simplexe*, ou encore *strate de dimension 1* :

Son bord, formant la *strate incidente de dimension 0*, se compose de deux points ou *sommets*, ou encore *0-simplexe*, qui nous attirent, et fixent l'étendue du segment.

Dans ce cas, $A = 1$, $S = 2$, et $- A + S = 1$.

Subdivisons l'arête donnée en deux, ou trois, en un nombre quelconque de segments : on obtient une *chaîne* d'arêtes. Comme l'ajout d'une arête entraîne celle d'un sommet, la relation $F - A + S = 1$ est toujours vérifiée.

Naturellement, cette relation reste toujours vérifiée si l'on déforme les segments rectilignes en morceaux de courbe... courbés à volonté : ces déformations sont des bijections continues comme leurs inverses, par conséquent des *homéomorphismes*. Liée à la structure de l'objet géométrique, caractérisée par l'agencement réciproque de ses différentes strates de dimension 0 et de dimension 1, l'expression $F - A + S$ est spécifique des objets polygonaux de dimension 1 : c'est la *caractéristique d'Euler-Poincaré* de l'objet polygonal considéré.

Supposons maintenant que la chaîne d'arêtes se ferme sur elle-même : dans ce cas, elle forme un *cycle*. Alors, comme on le calcule immédiatement, le nombre de sommets est égal au nombre d'arêtes : la caractéristique d'Euler-Poincaré du cycle est nulle.

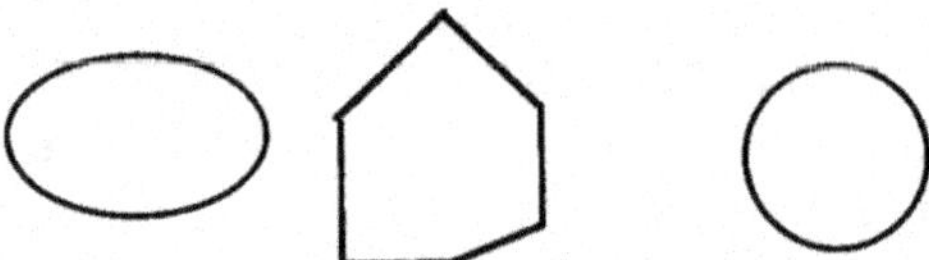

Si l'on fait tendre vers l'infini le nombre de sommets du cycle, sommets supposés situés sur une courbe convexe fermée, le cycle tend vers cette courbe (figure de droite), homéomorphe à la 1-sphère. Par suite : $\chi(S^1) = 0$.

La dimension 2

Prenons un simple triangle, et examinons sa décomposition en strates. La strate de dimension 0 comprend trois sommets, celle de dimension 1, trois arêtes. Ce triangle ne borde qu'une face intérieure de dimension 2. Par « triangle surfacique », nous entendrons l'élément de surface dont le bord est une courbe formant un triangle.

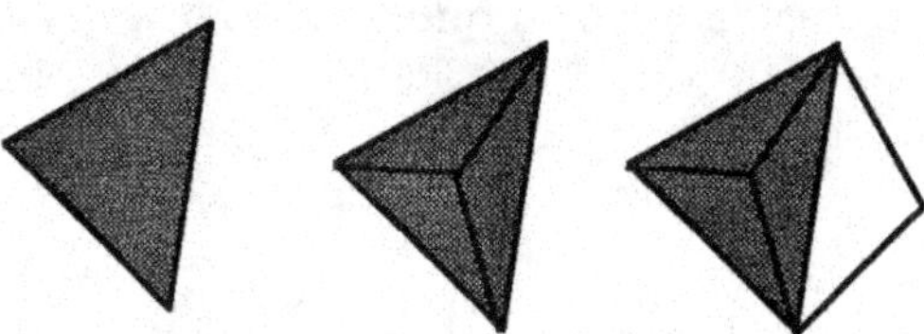

Ainsi, pour un tel triangle, F – A + S = 1. Si l'on procède à sa subdivision (figure du milieu), cette relation reste inchangée. De même, si l'on colle le long d'une arête du bord un autre triangle surfacique (figure de droite), F – S + A reste toujours égale à 1.

En poursuivant à l'infini, cet ajout de triangles dont l'un des côtés devient de plus en plus petit, on finit par obtenir un disque D^2, dont la caractéristique d'Euler-Poincaré vaut 1 :

$\chi(D^2) = 1.$

Mais maintenant plongeons le triangle dans le plan, ou inscrivons-le sur une sphère. Le nombre F de faces est alors égal à 2 : une face peut être qualifiée de face intérieure, l'autre de face extérieure. Dans ces conditions, F – A + S devient égale à 2.

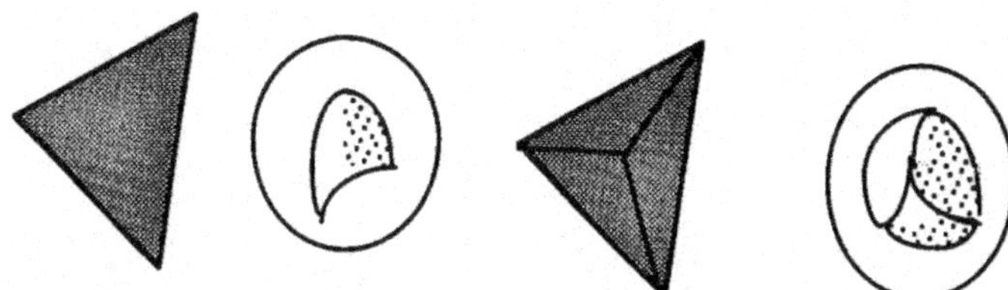

Plus généralement, en partant de la situation simple précédente et en procédant à des subdivisions ou des ajouts, on voit qu'un polyèdre convexe P^2 de l'espace $\mathbf{R}^3$ étant donné, la caractéristique d'Euler-Poincaré du polyèdre, $\chi(P^2)$, vaut :

$\chi(P^2) = F - A + S = 2.$

En subdivisant ce polyèdre à l'infini, on obtient une surface qui tend vers la sphère S^2, dont la caractéristique d'Euler-Poincaré reste égale à 2 :

$\chi(S^2) = 2$.

Calculons à présent la caractéristique d'une anse : elle est homéomorphe à un tube de section rectangulaire pour lequel

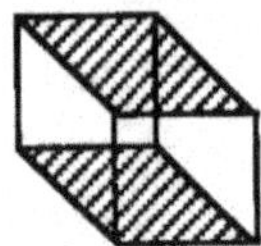

F = 4, A = 12, S = 8. Par conséquent, sa caractéristique est nulle. Prenons maintenant un tore T^2, constitué de deux tubes accolés par leur bord, ou encore d'une anse (figure de gauche) accolée aux bords d'une 2-sphère percée de deux trous (figure centrale) :

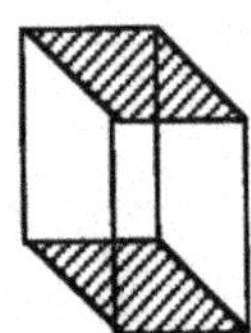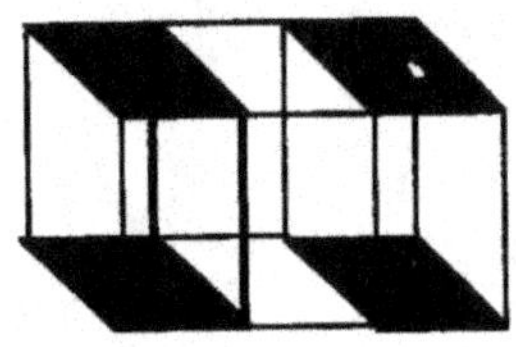

$\chi(T^2) = (4 - 12 + 8) + (4 - 8 + 4) = 0$.

Supposons maintenant qu'on rajoute deux anses à la sphère trouée pour obtenir le bretzel de genre 2. La sphère est trouée en quatre endroits, de sorte qu'on peut la représenter par la figure polygonale ci-dessus à droite ; elle possède 16 sommets, 28 arêtes et 10 faces. L'ajout d'une anse se traduit par une augmentation de F – A + S de 4 – 8 + 4 = 0. De sorte qu'en définitive,

χ(bretzel de genre 2) = 16 – 28 + 10 + 0 + 0 = – 2.

Par récurrence, on obtient plus généralement :

χ(surface orientable de genre 2 g) = 2 – 2 g.

Le cas general

La définition générale de la caractéristique d'Euler-Poincaré relève de la théorie de l'homologie simpliciale, que les lignes suivantes ne feront qu'évoquer.

Étant donné un objet géométrique V de dimension n (une variété différentiable par exemple), on le pave de simplexes de dimension n, chacun comprenant des faces qui sont des simplexes de dimension n – 1. L'ensemble constitué de points (sommets) reliés entre eux par des arêtes forme un *complexe* de dimension n, K(V).

On définit alors des *groupes* dits *d'homologie,* qui sont des groupes de cycles équivalents dont les éléments sont des simplexes de même dimension (deux cycles sont considérés comme équivalents s'ils ont le même bord). La dimension p des simplexes détermine la dimension p du groupe d'homologie correspondant. Le rang du groupe, $ß(p)$, s'appelle le *nombre de Betti* du groupe. Alors la caractéristique d'Euler-Poincaré a pour valeur :

$$\chi(V) = (-1)^n ß(n) + (-1)^{n-1} ß(n-1) + ... + (-1)^1 ß(1) + (-1)^0 ß(0).$$

Voici le résultat majeur concernant cette caractéristique :

Théorème : La caractéristique d'Euler-Poincaré de V est invariante par tout homéomorphisme h opéré sur V : $\chi(V) = \chi(h(V))$.

PRINCIPE DU CALCUL DE LA CARACTERISTIQUE D'EULER-POINCARE PAR LES METHODES RELEVANT DE L'ANALYSE DIFFERENTIELLE

Il existe une autre procédure remarquable pour trouver la valeur de la caractéristique d'Euler-Poincaré. Elle établit le lien entre la forme et ses éléments singuliers. On s'en tiendra aux formes de l'espace ordinaire et d'étendue finie.

On remplit la forme F de matière : l'objet obtenu est posé sur le sol. On prend ensuite une feuille de papier rigoureusement plane, qu'on déplace verticalement mais en la maintenant toujours parallèle au sol. La feuille a une consistance, une épaisseur ; le plan mathématique est transparent, sans épaisseur, immatériel. Lorsqu'il touche l'objet en un point, ce point est dit « critique ».

On rencontre, en dimension 2, trois types de points critiques qui correspondent chacun aux situations suivantes :

0. Au voisinage du point critique c_0, le plan est sous l'objet qui,

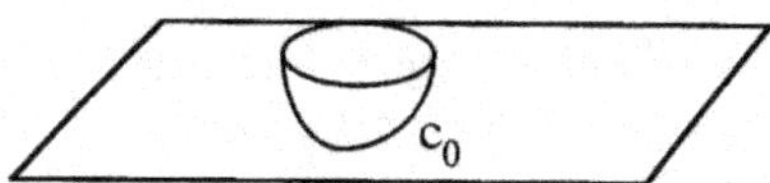

localement, a la forme d'une cuvette sphérique. Ce point critique est dit *d'indice 0.*

1. Au point critique c_1, le plan coupe la surface de l'objet selon deux lignes qui se croisent ; localement, la surface de l'objet a la forme d'un col entre deux vallées, comme le paraboloïde hyperbolique, dont la section par le plan horizontal passant par l'origine, où se place ici le point critique, a été examinée au chapitre VII. Le point critique est dit *d'indice 1.*

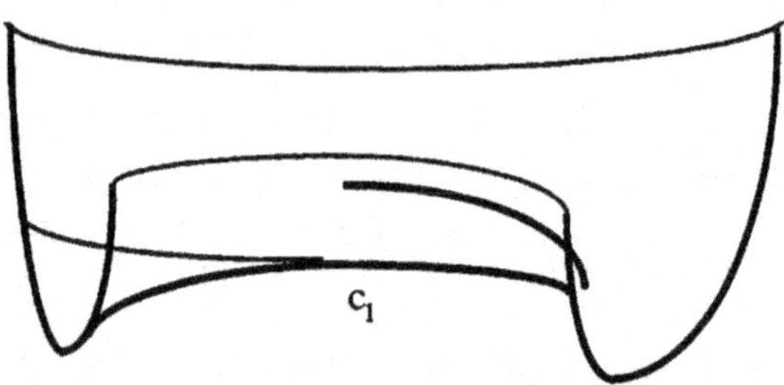

On a dessiné, en perspective, une branche rectiligne de la section du paraboloïde hyperbolique par le plan horizontal passant par le point critique.

2. Au voisinage du point critique c_2, le plan est au-dessus de l'objet qui, localement, a la forme d'un dôme. Le point critique est dit d'*indice 2*.

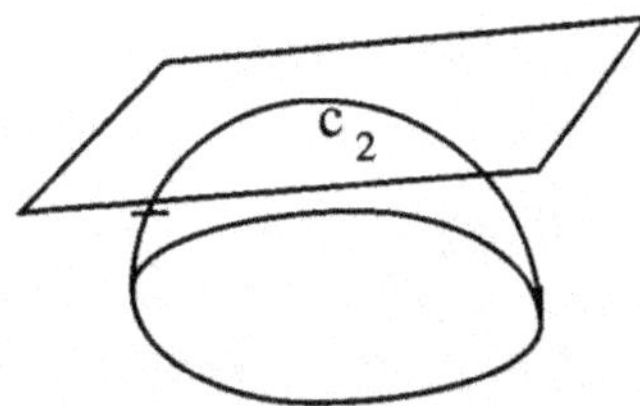

Faisons parcourir au plan mobile dans le sens vertical la hauteur totale de l'objet, ce plan jouant le rôle d'une toise. Désignons par C_0 le nombre de points critiques d'indice 0 qu'on a pu rencontrer, par C_1 et C_2 les nombres respectifs de points d'indice 1 et 2 également rencontrés.

La caractéristique d'Euler-Poincaré de la forme F a pour valeur $\chi(F) = C_2 - C_1 + C_0$.

La hauteur est évaluée par une fonction $f : F \to \mathbf{R}$, dite *fonction de Morse*. Les points critiques de cette fonction sont les points c de F en lesquels $f'(c)$ s'annule. Plus généralement, si f est une application de F dans $\mathbf{R}^p$, les points critiques de f sont les points c en lesquels la jacobienne de f est de rang inférieur à p.

Voici alors la caractéristique d'Euler-Poincaré des formes standard que nous avons rencontrées.

La coupole D^2 représentée sur la figure précédente a la même forme que la pâte d'une tarte bien ronde posée sur la table du pâtissier et que la chaleur aurait petit à petit fait lever. Elle a donc la même forme qu'un disque plat, D^2. Le plan horizontal qui s'abaisse ne rencontre la coupole qu'en un seul point, le sommet de cette coupole. Il n'y a donc qu'un seul point critique, ici d'indice 2, et par conséquent :

$\chi(D^2) = 1$.

La balle de ping-pong S^2 est assimilée à une sphère. Le plan horizontal qui s'abaisse rencontre la sphère en deux points critiques seulement : le point le plus élevé de la sphère, d'indice 2, et le point de contact de la sphère avec le sol, d'indice 0 ; on ne rencontre pas de point d'indice 1. Par suite :

$\chi(S^2) = 2$.

La bouée de sauvetage T^2 a la même forme que celle d'une chambre à air, celle du tore à deux dimensions. En abaissant le plan horizontal, on rencontre successivement un point critique d'ordre 2, un point critique b d'ordre 1, un second point critique d'ordre 1, b', un point critique d'ordre 0, a', de sorte que :

$\chi(T^2) = 1 - 2 + 1 = 0$.

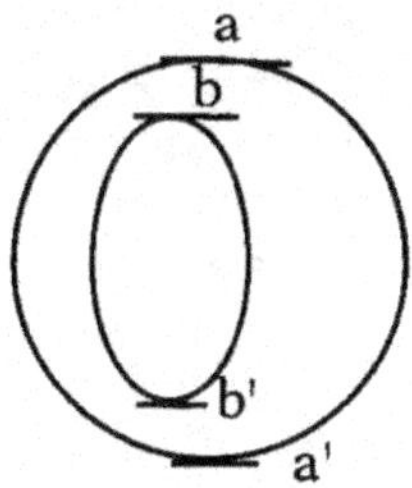

LE LIEN ENTRE LES DEUX APPROCHES

Pourquoi ces deux manières différentes d'étudier une forme conduisent-elles au même résultat final ?

Pour répondre à cette question, on étudiera un cas particulier dont on donnera une explication ; l'homme de l'art pourra la formaliser, puis étendre ce formalisme pour prendre en compte le cas le plus général. Nous allons simplement examiner ici le cas particulier de la coupole et de la balle de ping-pong, en remarquant que la première n'est après tout qu'une demi-sphère.

Comme on le sait, une droite et un point extérieur c à la droite déterminent un plan. La droite est définie par la donnée de deux points a et b. Le triangle abc, défini par les trois sommets a, b, c, les trois arêtes (ab), (bc), (ca) et la seule face (abc), est la plus simple des figures symbolisant le plan et contenant ses propriétés essentielles.

Du fait que le triangle surfacique a autant d'arêtes A que de sommets S, le nombre F − A + S est à F = 1. Si l'on assimile cette face au disque plat et qu'on le bombe, on obtient la coupole : elle s'appuie

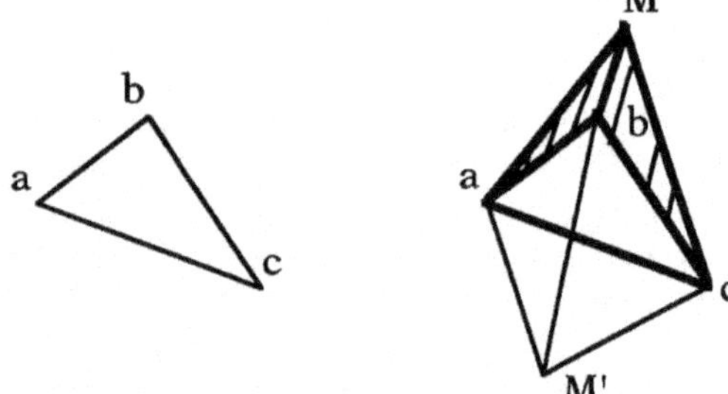

sur le cercle formant le bord du disque plat. Si l'on déforme dans l'espace le triangle surfacique abc, tout en conservant à l'objet déformé une apparence polyédrale, on obtient un morceau de cône creux de sommet M, s'appuyant sur le cycle triangulaire abc : la face abc du triangle précédent a été déformée pour faire apparaître un point singulier ou critique M et trois arêtes (Ma), (Mb), (Mc).

On dit qu'on a procédé à une *triangulation* du simplexe abc. Par cette triangulation, on a d'une part le cycle triangulaire abc possédant trois arêtes et trois sommets (3 − 3 = 0), et d'autre part trois faces et trois arêtes (3 − 3 = 0) autour du sommet unique M : la relation combinatoire d'Euler F − A + S = 1 reste vérifiée.

Si maintenant on introduit, par le truchement du plan horizontal qu'on déplace verticalement, la fonction hauteur au-dessus du sol sur lequel repose le cycle abc, il est clair qu'elle possède un point critique en M, sommet de la coupole ou de sa déformation polyédrique.

Par conséquent, quelle que soit la manière dont on calcule la caractéristique d'Euler-Poincaré des déformations équivalentes du disque, on obtient la même valeur.

La sphère n'est que l'accolement par leur bord de deux disques déformés en coupoles : à la première coupole est associé le point critique M, un maximum, à la seconde, par symétrie, le point critique M', un minimum. Il n'y a ici que deux points critiques d'indice respectif 2 et 0, et la caractéristique d'Euler-Poincaré calculée à partir de la fonction de Morse est égale à 2.

Du point de vue combinatoire, la coupole supérieure correspond au cône Mabc, la coupole inférieure au cône M'abc. La contribution de chacune à la relation d'Euler F − A + S vaut 1, et par conséquent le polyèdre MabcM', équivalent par déformation à la sphère, a aussi pour caractéristique d'Euler-Poincaré le nombre 2.

La caractéristique d'Euler-Poincaré d'une surface est encore liée de manière intime à sa courbure gaussienne. Ce résultat est sans doute l'un des plus pénétrants de la géométrie.

LE THÉORÈME DE GAUSS-BONNET

Découvert par Gauss vers 1816 et publié dans son remarquable mémoire sur les surfaces de 1827, affiné par Bonnet en 1848, la première version du théorème de Gauss-Bonnet relie la forme d'un triangle géodésique à son aire.

Le lien est physiquement évident. Prenons un triangle plan, donc tracé sur une surface de courbure nulle, et considérons un triangle géodésique D de même aire tracé sur une surface de courbure positive de plus en plus élevée : on voit immédiatement la déformation subie par le triangle, dont les angles intérieurs aux sommets A, B, C deviennent de plus en plus grands.

Soit $d\sigma$ un élément infinitésimal de surface de courbure K. Gauss établit que

$$\iint_D K d\sigma = A + B + C - \pi.$$

Notons que l'on retrouve ici, pour un domaine D situé sur une surface de courbure gaussienne K constante, les propriétés angulaires des géométries énoncées au chapitre VI.

Si l'on remplace les angles intérieurs au triangle par les angles extérieurs, notés maintenant q_i ($i = 1, 2, 3$), la formule s'écrit :

$$\iint_D K d\sigma = 2\pi - \theta_1 - \theta_2 - \theta_3.$$

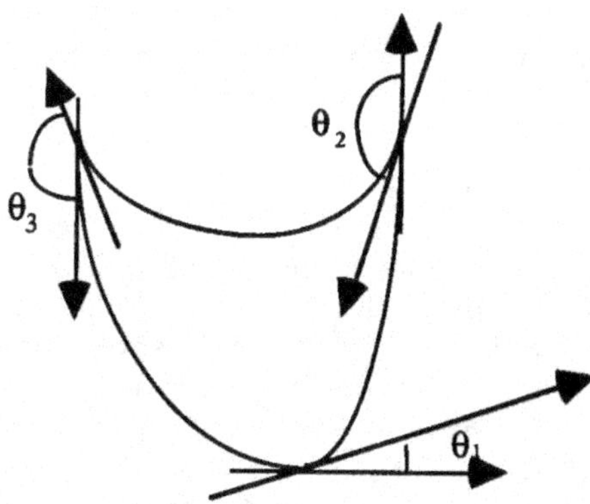

Bonnet améliore ce résultat en remplaçant les arcs du triangle géodésique qui borde le domaine D, orientable, par une suite fermée d'arcs quelconques tracés sur la surface. Il s'introduit alors dans l'expression précédente des termes représentant les intégrales des « courbures géodésiques » le long de ces arcs, ces courbures étant alors nulles lorsque les arcs sont portés par des géodésiques : soit N la normale à la surface S en P, n le vecteur normal unitaire en P à la courbe c tracée sur S, k la courbure de c en P, k_n la valeur de la projection du vecteur kn sur N ; on peut calculer la courbure géodésique k_g de c en P en utilisant la relation

$$k^2 = k_n{}^2 + k_g{}^2.$$

Lorsqu'on est en présence d'un domaine D régulier orientable, on peut procéder à une suite de triangulations de plus en plus fines de ce domaine, calculer les intégrales sur chaque triangle, et faire

Le domaine D est en noir

la somme des résultats partiels. Le terme 2π doit alors être remplacé par :

$$2\pi\,\chi(D).$$

Gauss n'a pas eu besoin de faire apparaître la caractéristique d'Euler-Poincaré, car le domaine qu'il considérait était celui d'un triangle, homéomorphe à celui d'un disque D^2, dont on sait que la caractéristique vaut 1.

Dans le cas particulier où le domaine orientable D, compact, est sans bord, exemple une sphère, la formule devient :

$$\iint_D \frac{K}{2\pi}\, d\sigma = \chi(D).$$

L'expression $K/2\pi\ d\sigma$, notée Ω, s'appelle *une forme différentielle de degré 2*. Cette forme particulière est la *forme d'Euler* du domaine D.

Ce résultat en dimension 2 a été étendu à une dimension quelconque en 1944 par S. S. Chern.

Théorème : Soit D une variété différentiable orientable et compacte, Ω sa forme d'Euler. Alors : $\int_D \Omega = \chi(D)$.

L'étude des invariants de forme relève de la topologie algébrique qui n'est pas abordée dans cet ouvrage. Ces invariants conditionnent nombre de propriétés métriques des variétés, on vient d'en voir un exemple. Ils jouent un rôle essentiel en physique où sont présents deux types de variétés : les variétés V, lieux des phénomènes, et les « variétés fonctionnelles ». Une variété fonctionnelle est un espace d'applications définies sur une variété V, lieu de phénomènes. On peut en concevoir d'innombrables ; un des exemples les plus simples est la variété des fonctions à valeurs réelles définies sur V, définissant des propriétés physiques locales de V, ou celle construite à partir des dérivées directionnelles de ces fonctions en chaque point de V, ou celle construite à partir des dérivées bidirectionnelles, etc. Les

« invariants de forme » de ces espaces fonctionnels ont des significations physiques importantes : liés à certains types de propriétés, comme la masse, le moment, ils caractérisent aussi des classes de systèmes physiques.

NOTES DE LECTURE

Le lecteur trouvera dans le livre de A. Fomenko cité au chapitre précédent une très bonne introduction à la topologie combinatoire et donc à l'homologie simpliciale. Le classique en la matière reste l'ouvrage de S. Lefschetz, *Algebraic Topology*, Princeton, Princeton University Press, 1936.

Les exposés de la théorie de Morse sont aujourd'hui nombreux. Une présentation classique est celle de M. W. Hirsch, *Differential Topology*, New York, Springer, 1976.

Cette théorie et son application à l'étude des surfaces sont très agréablement exposées dans A. Gramain, *Topologie des surfaces*, Paris, PUF, 1971.

La version élémentaire mais assez complète du théorème de Gauss-Bonnet est exposée dans l'ouvrage de Do Carmo cité au chapitre VI.

Le lecteur trouvera une description moins détaillée de ce théorème – mais utilisant des techniques plus avancées – dans le livre de D. Lehmann et C. Sacré, *Géométrie et topologie des surfaces*, Paris, PUF, 1982. Sans être bien sûr exhaustif, le contenu de cet ouvrage est bien choisi, et apporte, en dimension 2, et pour l'étudiant mathématicien, des notions et des outils permettant d'accéder à une étude plus avancée de la géométrie différentielle.

Chapitre X

Calcul extérieur
et formes différentielles :
Une initiation

La notion de forme différentielle, les calculs auxquels on procède, semblent mystérieux à plus d'un. On ne saurait s'en étonner :
dans les traités, la justification, d'ailleurs implicite, du long formalisme des formes extérieures n'apparaît que fort tard. Plutôt que de
s'en tenir aux aspects formels des leçons et traités, il convient de
chercher à comprendre la signification géométrique et physique des
concepts et des opérations qui s'y présentent.

On rencontre dans l'univers mathématique des espaces de
dimensions différentes. Ils existaient sans aucun doute avant que
nous ayons dévoilé leur présence, et nous ignorons comment s'est
faite leur genèse dans la réalité. Nous pouvons par contre observer
la manière progressive dont nous sommes parvenus à les différen-
cier, à les construire, à les connaître.

On a commencé par fabriquer des représentations numériques
par des ensembles discrets de nombres. Un nombre est un élément
de dimension 0. Lorsqu'on est devenu familier avec la diversité des
nombres et avec l'étendue des domaines que leur représentation
ponctuelle permettait de couvrir, on a songé à construire des représentations numériques des lignes, objets de dimension 1, alors qu'on
savait déjà, Platon en fait mention, qu'outre les lignes, existent des
objets de dimension 2, les surfaces, et des objets de dimension 3, les
volumes. Ce n'est que vers la fin du XVIIᵉ siècle, avec Kant et

Lagrange, qu'on a commencé à entrevoir l'existence d'espaces de dimension supérieure à 3.

On observe ainsi un déploiement de la notion d'espace, dont le nombre de dimensions va croissant, et l'on peut dire que, de la notion d'espace de dimension n, dérive, en différents sens d'ailleurs, celle d'espace de dimension n + 1.

La notion primordiale, singulière, est celle de nombre, appelé encore un *scalaire*, qui a la signification d'un potentiel d'énergie. Les nombres possèdent une propriété de composition entre eux fort importante, nommée l'addition. Il est possible d'ajouter deux nombres pour obtenir un troisième. Cette loi de composition est dite *interne* car elle s'effectue à l'intérieur de l'ensemble des nombres donnés, sans qu'on ait besoin de faire appel à un élément extérieur à cet ensemble, sans, non plus, que l'on sorte de ce même ensemble.

Cette propriété d'ajout est commune à tous les espaces. Au nombre de dimension 0, correspond l'intervalle en dimension 1. On peut ajouter des intervalles entre eux pour former d'autres intervalles, c'est-à-dire aussi des parties de courbes.

À son tour, l'intervalle, de dimension 1, se déploie en élément de surface de dimension 2 : on peut ajouter deux éléments de surface pour en former un troisième. L'élément de surface de dimension 2 se déploie lui-même en un élément de volume de dimension 3, dérivant de l'élément de surface précédent. On peut naturellement ajouter ces éléments de 3-volumes entre eux, etc.

Répétons que cette opération d'addition est une opération interne à la famille d'objets, nombres de dimension 0, intervalles de dimension 1, éléments de 2-volumes, etc. Il n'en va plus de même si l'on examine une autre opération, la multiplication.

Ce n'est qu'avec les nombres, éléments de dimension 0, que la multiplication est une opération interne à l'ensemble : le produit de deux nombres de l'ensemble est encore un nombre du même ensemble.

Dès la dimension 1, il n'est plus possible de tenir ce genre de propos. On ne peut plus multiplier entre eux deux intervalles situés sur une même ligne pour obtenir un intervalle situé sur cette ligne.

On peut par contre, sous la forme du produit cartésien, multiplier deux intervalles, deux 1-volumes I et J, appartenant à deux lignes différentes, et obtenir non plus un intervalle, mais un élément U de surface de dimension 2, un 2-volume (la partie hachurée du dessin). Comme ces deux 1-volumes sont *extérieurs* l'un à l'autre, on a effectué leur *multiplication extérieure*. La notation traditionnelle est :

$$U = I \wedge J$$

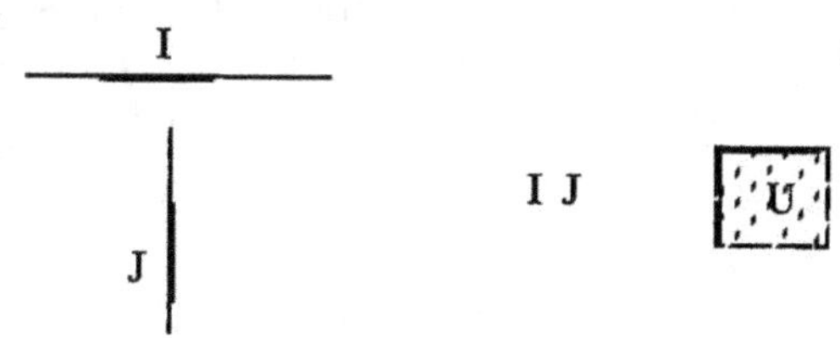

Plus généralement, on peut multiplier extérieurement un p-volume I^p appartenant à un premier espace donné de dimension p par un q-volume J^q appartenant à un second espace donné de dimension q : on obtient un domaine U^{p+q} appartenant à un espace de dimension p+q. On note :

$$U^{p+q} = I^p \wedge J^q.$$

On opère ainsi un transfert d'opération : la multiplication extérieure $\wedge$ se traduit sur le résultat par l'addition des indices supérieurs représentant les dimensions des domaines que l'on compose.

Cette formule qu'on vient de donner est évidemment très générale. Elle est vraie si l'une des dimensions, p par exemple, est nulle : dans ce cas on est en présence d'un nombre. Alors, *dans ce cas seulement*,

$$U^{0+q} = U^q = I^0 \wedge J^q = I^0 \times J^q,$$

la multiplication extérieure se confond avec la multiplication classique.

Peut-on procéder à la multiplication extérieure d'un intervalle avec lui-même ? Oui, mais le résultat est nul. En effet, dans la construction géométrique du produit, l'intervalle et son double sont confondus ; le domaine qu'ils engendrent est l'intervalle lui-même : si sa longueur n'est pas nulle, par contre son aire est nulle. Ainsi, une seconde règle de la multiplication extérieure est :

$$I \wedge I = 0.$$

FORMES DIFFERENTIELLES DE DEGRE 0 ET 1

Bien que ce terme ne soit pas toujours le meilleur auquel on puisse penser, « forme » a été choisi pour désigner l'application d'une partie d'un espace vectoriel sur son corps de nombres.

On peut justifier ainsi l'emploi de ce terme : si f : U -> R désigne une application, par exemple différentiable, d'une partie U d'un espace vectoriel sur le corps des nombres réels, la contre-image de r, c'est-à-dire l'ensemble $f^{-1}(r)$ des éléments u de U envoyés par f sur le nombre réel r, est en général un objet bien défini qui possède une forme spécifique. Les exemples habituels et simples de forme sont ceux de la droite passant par l'origine et du cercle de rayon r, définis par des fonctions f : R^2 -> R, respectivement $f_D(x, y) = ax + by$ pour la droite, et $f_C(x, y) = (x - a)^2 + (y - b)^2$ pour le cercle ; la droite D passant par l'origine est la contre-image de 0, $f_D^{-1}(0)$; le cercle C de rayon r est la contre-image de r, $f_C^{-1}(r)$.

Définition : Puisque la fonction f associe à U un nombre, qui est un élément de dimension 0, on appellera f une 0-*forme différentielle*, que l'on pourra également désigner par le symbole ω^0.

Physiquement, la valeur f(u) = r de f représente une énergie concentrée en u, une énergie électrique par exemple.

Mais cette énergie se déploie sous la forme d'un champ de forces $X_{d(f)}(u)$ qui rayonnent autour de u, dans l'espace source U.

Dans les situations physiques habituelles – électromagnétisme, mécanique – les composantes des forces ont pour valeur les dérivées partielles de f : si $u = (x_1, x_2,..., x_n)$,

$$X_{d(f)}(u) = X_{d\omega^0}(u) = \left(\frac{\partial f}{\partial x_1}(u), \frac{\partial f}{\partial x_2}(u),..., \frac{\partial f}{\partial x_n}(u) \right).$$

$X_{d(f)}(u)$ est appelé le *gradient* (pour la métrique euclidienne) de f(u). On écrit : $X_{d(f)}(u) = \text{grad } f(u)$. De la même façon, nous appellerons $X_{d\omega}0(u)$ le *gradient en u* de la forme ω^0.

Si $du = (dx_1, dx_2,..., dx_n)$ représente un vecteur infinitésimal, nous écrirons le travail élémentaire dW de cette force soit sous la forme du produit scalaire, *par rapport à la métrique euclidienne standard*, $dW = X_{d(f)}(u).dx$, soit, compte tenu de la remarque précédente selon laquelle $U^q = I^0 \wedge J^q = I^0 \times J^q$ ou encore $a J = a \wedge J$ pour tout nombre a, sous la forme :

$$X_{d\omega}0(u) \wedge du = \frac{\partial f}{\partial x_1}(u) \wedge dx_1, \frac{\partial f}{\partial x_2}(u) \wedge dx_2, ..., \frac{\partial f}{\partial x_n}(u) \wedge dx_n.$$

L'expression $X_{d\omega}0(u) \wedge du$ est ici une longueur pondérée : c'est un objet mathématique de dimension 1. Nous l'appellerons « la valeur en u d'une 1-*forme différentielle* ω^1 », et nous la noterons $\omega^1(u)$.

$$df(u) \frac{\partial f}{\partial x_1}(u)\, dx_1 + \frac{\partial f}{\partial x_2}(u)\, dx_2 + ... + \frac{\partial f}{\partial x_n}(u)\, dx_n$$

et

$$\omega^1(u) = \frac{\partial f}{\partial x_1}(u) \wedge dx_1 + \frac{\partial f}{\partial x_2}(u) \wedge dx_2 + ... + \frac{\partial f}{\partial x_n}(u) \wedge dx_n$$

ont la même valeur mais des significations différentes : dans le premier cas $df(u)$ représente un travail, donc un nombre ; dans le second cas (rappelons que $f = \omega^0$) $\omega^1(u) = d\omega^0(u)$ représente un élément de longueur dont $df(u)$ est la mesure – on peut concevoir le symbole ω comme une altération du symbole W, souvent utilisé pour désigner un travail ; mais cette image n'est pas conforme à la réalité historique.

Le passage de f à df est une opération bien connue : df est la différentielle totale de f. Ce passage s'accomplit par le même processus de différenciation, tant physique que mathématique. Explicitons à nouveau le processus physique de différenciation : la valeur $f(u) = \omega^0(u)$, un nombre, représente la valeur d'une énergie, concentrée au point u, un potentiel électrique ou mécanique par exemple. Mais cette énergie se déploie, se différencie et rayonne autour de u en un champ de vecteurs forces $X_{d(f)}(u)$; df en évalue le travail local.

Mathématiquement, le passage de $\omega^0(u)$ à $d\omega^0(u) = \omega^1(u)$ est une opération qui également déploie et différencie, ici le nombre $\omega^0(u)$, élément de dimension 0, en un élément de dimension 1.

Cette différenciation est de nature extérieure puisqu'elle permet de passer d'un domaine de dimension donnée à un domaine possédant une dimension supplémentaire, extérieure à celle du domaine initial.

Définitions : L'application $d : \omega^0 \rightarrow \omega^1$ est l'opération de *différenciation extérieure* de ω^0.

Dans le cas que nous venons d'examiner, les coefficients qui affectent les éléments du_i dans $d\omega^0(u) = \omega^1(u)$ sont les dérivées partielles d'une même fonction $\omega^0 = f$. On dit alors que $\omega^1(u)$ est une *différentielle exacte*.

Il s'agit là d'une situation particulière. Plus généralement, on conviendra d'appeler « 1-*forme différentielle* ω^1 » toute expression dont la valeur en u s'écrit :

$$\omega^1(u) = P_1(u)\, dx_1 + P_2(u)\, dx_2 + \ldots + P_n(u)\, dx_n$$
$$= P_1(u) \wedge dx_1 + P_2(u) \wedge dx_2 + \ldots + P_n(u) \wedge dx_n$$

où les P_i sont des fonctions de U dans l'ensemble des nombres (scalaires), ici R. La 1-forme est dite de *classe* C^p s'il en est de même des fonctions P_i.

Le langage courant appelle également *forme de degré* 0 une 0-forme, et *forme de degré* 1 une 1-forme. Ces dénominations sont imparfaites puisqu'elles masquent la véritable nature dimensionnelle des formes. Mais elles ont été choisies, d'une part, parce qu'on affectait déjà le terme de dimension à l'espace sur lequel était définie la forme, d'autre part, parce que l'ensemble des formes différentielles constitue ce qu'on appelle une « algèbre graduée ». Ainsi une 0-forme définie sur un espace de dimension n devient-elle une « forme de degré 0 et de dimension n ».

FORMES DIFFERENTIELLES DE DEGRE SUPERIEUR

La mutiplication extérieure de la 1-forme dx par la 1-forme dy définit un élément de surface dx $\wedge$ dy. L'ordre dans lequel on présente les éléments dx et dy est important car il permet de définir une orientation de l'élément de surface : dx $\wedge$ dy est orienté de manière opposée à dy $\wedge$ dx, ce qu'on traduit par :

dx $\wedge$ dy = − dy $\wedge$ dx

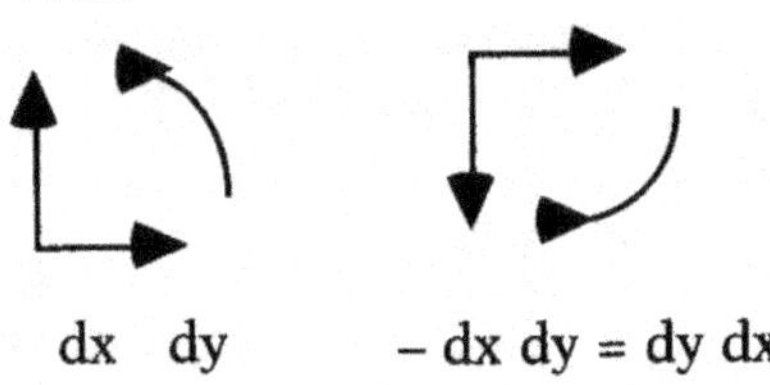

Effectuons maintenant le produit extérieur de l'élément de 2-volume (surface) dx $\wedge$ dy par un élément de 1-volume dz : on obtient un élément de 3-volume, la 3-forme différentielle élémentaire dx $\wedge$ dy $\wedge$ dz.

Notons d'une part que

$$dx \wedge dy \wedge dz = -\ dy \wedge dx \wedge dz = \ dy \wedge dz \wedge dx = -\ dz \wedge dy \wedge dx$$
$$= dz \wedge dx \wedge dy = -\ dx \wedge dz \wedge dy$$

et, d'autre part, qu'à partir des 2-formes élémentaires $dx \wedge dy$, $dy \wedge dz$, $dz \wedge dx$, on peut fabriquer la 2-forme ω^2 qui, en (x, y, z), a pour valeur :

$$\omega^2(x, y, z) = P_1(x, y, z)\ dx \wedge dy + P_2(x, y, z)\ dy \wedge dz + P_3(x, y, z)\ dz \wedge dx.$$

Plus généralement, sur un espace de dimension n, on considère les n 1-formes dx_1, dx_2,..., dx_n à partir desquelles on va fabriquer les 2-formes élémentaires $dx_i \wedge dx_j$. En tenant compte du fait que l'échange des places des 1-formes ne fait que changer leur signe, on ne devra compter que le nombre de 2-formes élémentaires telles que, par exemple, l'indice de la première 1-forme intervenant dans le produit soit inférieur à l'indice de la seconde 1-forme présente dans ce même produit. Il en est autant que de façons de choisir, sans tenir compte de leur ordre, deux éléments distincts dans un ensemble de un élément, c'est-à-dire $\binom{n}{2} = n(n-1)/2$. Ainsi, avec $n = 3$, il existe trois 2-formes élémentaires distinctes, comme le montre l'expression de $\omega^2(x, y, z)$ ci-dessus.

On voit comment, par un processus récurrent, on peut définir des p-*formes différentielles*, ou *formes différentielles de degré* p dont la valeur en un point $u = (x_1, x_2,..., x_n)$ situé dans un espace à n dimensions représente un élément de volume à p dimensions, ou encore un élément de p-volume. Nous écrirons ici en abrégé :

$$\omega^p(x_1, x_2,..., x_n) = \sum_{1 < i_1 < ... < i_p} P_{i_1...i_p}(x_1, x_2,..., x_n)\ dx_{i_1} \wedge ... \wedge dx_{i_p}.$$

Les 2-formes différentielles définies sur des espaces dont les variables représentent des positions et des impulsions jouent un grand rôle en mécanique.

Derivation exterieure des formes differentielles

Considérons d'abord la 1-forme différentielle dx. dx est ici un élément de dimension 1, infinitésimal mais de longueur invariable. On convient donc de poser :

$$d(dx) = 0.$$

Si f est une fonction, une forme de degré 0, on a vu que, par définition, on passait par dérivation à une 1-forme :

$$df(u) \frac{\partial f}{\partial x_1}(u)\, dx_1 + \frac{\partial f}{\partial x_2}(u)\, dx_2 + ... + \frac{\partial f}{\partial x_n}(u)\, dx_n$$

et

$$\omega^1(u) = \frac{\partial f}{\partial x_1}(u) \wedge dx_1 + \frac{\partial f}{\partial x_2}(u) \wedge dx_2 + ... + \frac{\partial f}{\partial x_n}(u) \wedge dx_n.$$

Par analogie, la dérivation extérieure d'un 1-volume, d'une 1-forme doit nous permettre de passer à un 2-volume, une 2-forme, fût-elle nulle comme d(dx). Plus généralement, la dérivation extérieure d'une p-forme sera une (p+1)-forme. Nous ne parlerons pas ici d'une sorte d'opération inverse, la *dérivation intérieure*, qui, au contraire, fait passer d'une (p+1)-forme à une p-forme.

Définition : Soit $\omega^1(u) = X_{\omega^1}(u) \wedge du = X_{\omega^1}(u)du$ une 1-forme différentielle, où $X_{\omega 1}(u)$ désigne un vecteur de composantes $P_i(u) = P_i(x_1,..., x_n)$, i = 1, 2,..., n. On appellera, en une notation condensée que nous allons expliciter, *différentielle extérieure* de $\omega^1(u)$ la 2-forme différentielle :

$$d\omega^1(u) = \omega^2(u) = d(X_{\omega 1}(u)) \wedge du + X_{\omega 1}(u)\, d(du)$$
$$= d(X_{\omega 1}(u)) \wedge du + X_{\omega 1}(u) \wedge d(du).$$

(Rappelons-nous que cette écriture n'est possible que par le fait qu'en dimension 0 le produit vectoriel est une opération interne qui se confond avec le produit standard.)

Puisque d(du) = 0,

$$d\omega^1(u) = \omega^2(u) = d(X_{\omega 1}(u)) \wedge du.$$

Écrivons explicitement cette expression :

$$d\omega^1(u) = \omega^2(u) =$$
$$dP_1(x_1,..., x_n) \wedge dx_1 + dP_2(x_1,..., x_n) \wedge dx_2 + ... + dP_n(x_1,..., x_n) \wedge dx_n$$

où

$$dP_i(x_1,..., x_n) = \frac{\partial P_i}{\partial x_1}(x_1,..., x_n)\, dx_1 + ... + \frac{\partial P_i}{\partial x_n}(x_1, ..., x_n)\, dx_n.$$

Voyons ce qu'elle devient lorsque n = 2, puis 3.

n = 2.

$$\omega^1(u) = P_1(x_1, x_2) \wedge dx_1 + P_2(x_1, x_2) \wedge dx_2.$$

Il est traditionnel d'alléger cette notation, et de la remplacer par la suivante :

$$\omega^1(u) = P(x, y) \wedge dx + Q(x, y) \wedge dy = X_{\omega 1}(u) \wedge du.$$

Avec cette notation,

$$d\omega^1(u) = \omega^2(u) =$$

$$\left(\frac{\partial P}{\partial x}(x,y)\, dx + \frac{\partial P}{\partial y}(x,y)\, dy \right) \wedge dx + \left(\frac{\partial Q}{\partial x}(x,y)\, dx + \frac{\partial Q}{\partial y}(x,y)\, dy \right) \wedge dy$$

soit, compte tenu du fait que $dx \wedge dx = 0$ et $dy \wedge dx = - dx \wedge dy$:

$$d\omega^1(u) = \omega^2(u) = \left(\frac{\partial Q}{\partial x}(x,y) - \frac{\partial P}{\partial y}(x,y) \right) dx \wedge dy = X^1{}_{\omega^1}(u)\, dx \wedge dy.$$

$n = 3$.

$\omega^1(u) = P_1(x_1, x_2, x_3) \wedge dx_1 + P_2(x_1, x_2, x_3) \wedge dx_2 + P_3(x_1, x_2, x_3) \wedge dx_3$

$$= P(x, y, z) \wedge dx + Q(x, y, z) \wedge dy + R(x, y, z) \wedge dz$$
$$= X_{\omega^1}(u) \wedge du.$$

Avec cette dernière notation,

$$d\omega^1(u) = \omega^2(u) = \left(\frac{\partial P}{\partial x}(x, y, z)\, dx + \frac{\partial P}{\partial y}(x, y, z)\, dy + \frac{\partial P}{\partial x}(x, y, z)\, dz \right) \wedge dx +$$

$$\left(\frac{\partial P}{\partial x}(x, y, z)\, dx + \frac{\partial P}{\partial y}(x, y, z)\, dy + \frac{\partial P}{\partial x}(x, y, z)\, dz \right) \wedge dy +$$

$$\left(\frac{\partial P}{\partial x}(x, y, z)\, dx + \frac{\partial P}{\partial y}(x, y, z)\, dy + \frac{\partial P}{\partial x}(x, y, z)\, dz \right) \wedge dz$$

$$= \left(\frac{\partial Q}{\partial x}(u) - \frac{\partial P}{\partial y}(u) \right) dx \wedge dy + \left(\frac{\partial R}{\partial y}(u) - \frac{\partial Q}{\partial z}(u) \right) dy \wedge dz +$$

$$\left(\frac{\partial P}{\partial z}(u) - \frac{\partial R}{\partial x}(u) \right) dz \wedge dx$$

$$= X^1{}_{\omega^2}(u)\, dx \wedge dy + X^2{}_{\omega^2}(u)\, dy \wedge dz + X^3{}_{\omega^2}(u)\, dz \wedge dx.$$

Définition : Le vecteur $X_{\omega^2}(u) = (X^1{}_{\omega^2}(u), X^2{}_{\omega^2}(u), X^3{}_{\omega^2}(u))$, dont la considération première est d'origine physique, est appelé le *rotationnel* du vecteur $X_{\omega^1}(u)$. On écrit $X_{\omega^2}(u) = \mathrm{rot}\, X_{\omega^1}(u)$.

Supposons que $X_{\omega^1}(u)$ est un gradient, c'est-à-dire que

$$X_{\omega^1}(u) = X_{d\omega^0}(u) = \left(\frac{\partial f}{\partial x_1}(u), \frac{\partial f}{\partial x_2}(u), ..., \frac{\partial f}{\partial x_n}(u) \right).$$

Si $n = 3$, par le lemme de Schwartz affirmant que

$$\frac{\partial^2 f}{\partial x_i \partial x_j} = \frac{\partial^2 f}{\partial x_j \partial x_i} \quad \text{ou encore} \quad \frac{\partial^2 f}{\partial x_i \partial x_j} - \frac{\partial^2 f}{\partial x_j \partial x_i} = 0,$$

les composantes du rotationnel $X_{\omega^2}(u)$ sont nulles :

$X_{\omega^2}(u) = \mathrm{rot}\,(X_{d\omega^0}(u)) = \mathrm{rot}\,(\mathrm{grad}) = 0$.

Si maintenant on a une forme différentielle de degré quelconque,

$$\omega^p(x_1, x_2, ..., x_n) = \sum_{1 < i_1 < ... < i_p} P_{i_1...i_p}(x_1, x_2, ..., x_n)\, dx_{i_1} \wedge ... \wedge dx_{i_p},$$

on calculera sa différentielle extérieure en remplaçant dans l'expression de ω^p chaque coefficient fonctionnel $P_{i_1...i_p}(x_1, x_2, ..., x_n)$ par sa différentielle.

Par exemple, si
$$\omega^2(x, y, z) = P_1(x, y, z)\, dx \wedge dy + P_2(x, y, z)\, dy \wedge dz + P_3(x, y, z)\, dz \wedge dx$$
$$d\omega^2(x, y, z) = dP_1(x, y, z)\, dx \wedge dy + dP_2(x, y, z)\, dy \wedge dz + dP_3(x, y, z)\, dz \wedge dx,$$
comme

$$dP_1(x, y, z) = \frac{\partial P_1}{\partial x}(x, y, z)\, dx + \frac{\partial P_1}{\partial y}(x, y, z)\, dy + \frac{\partial P_1}{\partial z}(x, y, z)\, dz,$$

et que tout produit extérieur qui contient deux facteurs égaux est nul,

$$d\omega^2(x\ y, z) = \left(\frac{\partial P}{\partial x}(x, y, z)\, dx + \frac{\partial Q}{\partial y}(x, y, z)\, dy + \frac{\partial R}{\partial z}(x, y, z)\, dz\right) dx \wedge dy \wedge dz$$

$$= X^1{}_{\omega^3}(u)\, dx \wedge dy \wedge dz = \omega^3(x, y, z).$$

La notion suivante vient encore de la physique :

Définition : $X^1{}_{\omega^3}(u) = \dfrac{\partial P}{\partial x}(x, y, z) + \dfrac{\partial Q}{\partial y}(x, y, z) + \dfrac{\partial R}{\partial z}(x, y, z)$

est appelé la *divergence* du vecteur
$$X_{\omega^2}(u) = (P(x, y, z), Q(x, y, z), R(x, y, z)).$$
On note :
$$X^1{}_{\omega^3}(u) = \mathrm{div}(X_{\omega^2}(u)) = \mathrm{div}(P(x, y, z), Q(x, y, z), Q(x, y, z)).$$

On remarquera, par un calcul facile, que si $X_{\omega^2}(u)$ est un rotationnel, $X_{\omega^2}(u) = \mathrm{rot}\, X_{\omega^1}(u)$, alors la divergence de ce vecteur rotationnel est nulle : en effet, le rotationnel a pour composantes

$$= \left(\frac{\partial R}{\partial y} - \frac{\partial Q}{\partial z}, \frac{\partial P}{\partial z} - \frac{\partial R}{\partial x'}, \frac{\partial Q}{\partial x} - \frac{\partial P}{\partial y}\right) = (A, B, C).$$

Compte tenu du lemme de Schwarz,

$$\mathrm{div}(X_{\omega^2}(u)) = \mathrm{div}(\mathrm{rot}\, X_{\omega^1}(u)) = \mathrm{div}(\mathrm{rot}) = \frac{\partial A}{\partial x} + \frac{\partial B}{\partial y} + \frac{\partial C}{\partial y} = 0.$$

LES RESULTATS PRINCIPAUX

Le premier résultat est une réponse à la question : à quelle condition une 1-forme

$$\omega^1(u) = P_1(u)\, dx_1 + P_2(u)\, dx_2 + \dots + P_n(u)\, dx_n$$

est-elle exacte, c'est-à-dire est-elle la différentielle d'une 0-forme, d'une fonction f ?

On a rencontré une condition nécessaire : si les P_i sont les dérivées partielles d'une fonction f, elles sont les composantes d'un vecteur dont le rotationnel est nul puisque $\dfrac{\partial^2 f}{\partial x_i \partial x_j} = \dfrac{\partial^2 f}{\partial x_j \partial x_i}$; autrement dit,

$$\omega^2(u) = d\omega^1(u) = d(d\omega^0(u)) = 0 = d^2\omega^0(u).$$

Réciproquement, supposons que les P_i vérifient la condition :

$$\frac{\partial P_i}{\partial x_j} = \frac{\partial P_j}{\partial x_i}$$

pour tous les couples d'indices i, j, autrement dit $d\omega^1 = 0$. Alors, si ces fonctions P_i sont définies sur le même ouvert étoilé (voir ci-dessous), il existe une fonction $f = \omega^0$ telle que $df = d\omega^0 = \omega^1$.

Définition : On dit qu'un ouvert U de R^n est *étoilé* s'il existe un point P de l'ouvert qui joint tout autre point de l'ouvert par un chemin *rectiligne* : un tel ouvert est donc d'un seul tenant, connexe, et convexe.

On a le résultat général suivant, qui généralise la dernière assertion correspondant au cas où p = 1 :

Théorème (dit de Poincaré) : *Étant donné une p-forme différentielle* ω^p *définie sur un ouvert étoilé, et telle que* $d\omega^p = 0$, *il existe une (p-1)-forme* ω^{p-1} *telle que* $d\omega^{p-1} = \omega^p$.

Définition : Une p-forme ω^p telle que $d\omega^p = 0$ est appelée une *forme fermée.*

Ainsi les formes gradients ω^1 où $\omega^1 = df = d\omega^0$ sont-elles des formes fermées. Plus généralement, par simple calcul, on vérifie que, de manière générale :

Théorème : *Quelle que soit la forme différentielle* ω^p,

$$d^2(\omega^p) = d(d\omega^p) = 0.$$

L'énoncé suivant combine ces notions et résultats :

Théorème : *Une p-forme définie sur un ouvert étoilé est exacte si et seulement si elle est fermée.*

Nous conclurons cet exposé introductif à la théorie des formes différentielles par l'énoncé du théorème de conservation de Stokes. Il affirme simplement que la variation instantanée de la quantité matière à l'intérieur d'un domaine D orientable est égale à la quantité de matière qui traverse instantanément le bord ∂D orienté du domaine (D est un domaine compact dans un espace de dimension p). L'intuition du physicien se confond ici avec celle du mathématicien.

Théorème (dit de Stokes) : *Soit* ω^p *une* p-*forme différentiable définie sur un tel domaine* D :

$\int_{\partial D} \omega^p = \int_D d\omega^p.$

Illustrons cet énoncé sur des cas particuliers.

Dans le plan, on a la formule dite de *Green-Riemann* :

$$\int_{\partial D} P(x, y)\, dx + Q(x, y)\, dy = \iint_D \left(\frac{\partial Q}{\partial x}(x,y) - \frac{\partial P}{\partial y}(x,y) \right) dx \wedge dy.$$

Elle permet de ramener le calcul d'une intégrale double à une intégrale curviligne simple, ou de faire l'inverse si l'expression de l'intégrale double est plus facile à calculer que celle de l'intégrale simple.

Dans l'espace à trois dimensions, on a les deux formules suivantes, selon que D, compact orienté ainsi que son bord, est un élément de surface ou un élément de 3-volume.

D est un élément de surface, la formule n'est alors qu'une extension de la précédente ; c'est la formule originale de *Stokes* :

$$\int_{\partial D} P dx + Q dy + R dz =$$
$$\iint_D \left(\frac{\partial Q}{\partial x} - \frac{\partial P}{\partial y} \right) dx \wedge dy + \left(\frac{\partial R}{\partial y} - \frac{\partial Q}{\partial z} \right) dy \wedge dz + \left(\frac{\partial P}{\partial z} - \frac{\partial R}{\partial x}(x,y) \right) dz \wedge dx.$$

Cette égalité traduit le fait que le travail de la force X de composantes (P, Q, R) se déplaçant le long de la courbe ∂D est égal au flux du rotationnel de X à travers la surface D.

D est un élément de 3-volume, son bord est une surface. On a la formule dite d'*Ostrogradski* :

$$\iint_{\partial D} P dy \wedge dz + Q dz \wedge dx + R dx \wedge dy = \iiint_D \left(\frac{\partial P}{\partial x} + \frac{\partial Q}{\partial y} + \frac{\partial R}{\partial z} \right) dx \wedge dy \wedge dz.$$

Cette égalité exprime le fait que l'intégrale de la divergence à l'intérieur du domaine est égale au flux du vecteur X = (P, Q, R) à travers son bord.

La notion de forme différentielle est une des notions essentielles de la physique mathématique. L'étude historique de la théorie est exemplaire : on y voit l'importance des notions physiques dans la genèse et le développement d'une théorie mathématique ; mais une théorie se développe aussi sous l'impulsion de facteurs endogènes qui lui sont propres, aboutissant à l'établissement de concepts et de faits originaux. Leur pertinence est d'abord due à celle des concepts de base ; elle vient aussi de la causalité sous-jacente à toute la construction. Il n'est pas étonnant alors de constater la très grande influence de cette théorie sur nos capacités à représenter et à comprendre l'univers physique.

NOTES DE LECTURE

On peut faire remonter au XVIIIe siècle, avec Clairault (1713-1763), la naissance de la notion de forme différentielle. La théorie moderne des formes différentielles a été établie par É. Goursat et particulièrement par É. Cartan au début de ce siècle.

Un exposé classique est celui de H. Cartan, *Formes différentielles*, Paris, Hermann, 1967. Cet ouvrage contient l'application de la notion de forme différentielle à l'étude géométrique des courbes et surfaces.

Les ouvrages de C. Godbillon, *Géométrie différentielle et mécanique analytique*, Paris, Hermann, 1969, et J.-M. Souriau, *Structure des systèmes dynamiques*, Paris, Dunod, 1970, sont consacrés aux applications à la mécanique et plus généralement à la physique de la notion de forme différentielle symplectique.

La plupart des ouvrages de second cycle traitent des formes différentielles et de leur intégration. C'est le cas de la majorité des ouvrages de géométrie différentielle précédemment cités, comme de ceux de M. Berger-B. Gostiaux (Armand Colin), D. Leborgne (PUF), P. Malliavin (Hermann). La théorie de l'homologie simpliciale, vue sous l'angle infinitésimal, conduit de manière naturelle à la théorie cohomologique des formes différentielles due à de Rham, exposée par exemple dans les ouvrages déjà cités de Postnikov, Lehmann-Sacré ou Berger-Gostiaux.

Les théories de ce type – cf. par exemple A. V. Philips et D. A. Stone, « A topological Chern-Weil theory », *Memoirs of the American Mathematical Society*, CV, 1993, p. 504 – servent de cadre à la définition de la courbure et à l'établissement de théorèmes du type Gauss-Bonnet pour des variétés de nature très générale.

Chapitre XI

Questions et réponses

QUESTIONS

CHAPITRE I

Rappel : le théorème de Thalès

Un propriétaire veut connaître la hauteur h, par rapport au sol horizontal, du faîte de son toit. Comment peut-il s'y prendre ? À midi, le 4 juillet, la ligne O des points d'ombre et au sol les plus éloignés de la maison est à 15 m de la droite F projection verticale du faîte sur le sol. Le propriétaire utilise une barre en bois de 2 m de haut ; il constate qu'en plaçant verticalement cette barre à 12 m de la droite F, le soleil rase le point le plus élevé de la barre. Évaluer la hauteur h.

1. Quatre démonstrations du théorème de Pythagore

1.1. (2e démonstration d'Euclide). On suppose connu que la somme des angles intérieurs d'un triangle plan vaut π. Soit alors ABC un triangle rectangle en C, d'hypoténuse AB, et CH la hauteur issue de C relative à AB. Montrer que sont semblables au triangle ACB les triangles AHC et CHB. En déduire le théorème de Pythagore.

1.2. (démonstration chinoise donnée dans le *Livre du roi Chou-Pei-Suan*). On construit le carré ABA'B' de côté AB ; on l'inscrit dans un carré de côté CC'C"C''', où CC' et CC", de longueur a + b, contiennent respectivement A et B. Déduire le théorème de l'évaluation de l'aire de chaque carré et des triangles restants.

1.3. (démonstration de Garfield, président de la Chambre américaine des Représentants, 1876). On construit, rectangle en C et D, un trapèze

ACDE tel que B, point de CD, vérifie BD = CA = b, BC = DE = a. Montrer que le triangle ABE est rectangle en B et isocèle. Démontrer le théorème en comparant l'aire du trapèze à la somme des aires des trois triangles ABC, BDE, ABE.

1.4. (première démonstration d'Euclide). On construit sur le triangle ACB, rectangle en C, les carrés extérieurs BCGI, ACKJ, ABED (D n'est pas le point de l'exercice 1.3, noté par la même lettre). On note par H le pied de la perpendiculaire issue de C et relative à BA, H' son intersection avec DE. Montrer que le double de l'aire du triangle JAB (resp. IAB) est égale à celle du carré ACKJ (resp. BCGI). Comparer JAB à CAD. Montrer que le double de l'aire de ce dernier triangle est égale à l'aire du rectangle AHH'D. Terminer la démonstration du théorème.

2. Invariant circulaire d'un triangle

2.1. On considère deux triangles semblables ABC et A'B'C', rectangles respectivement en B et B'. On note par a la longueur du côté BC opposé au sommet A, etc. Vérifier que c/b = c'/b', a/b = a/b'. Le rapport c/b des longueurs des côtés qui enserrent l'angle <BAC, où le dénominateur b est la longueur de l'hypoténuse, s'appelle le *cosinus* de cet angle ; on le note cos A. Vérifier que $\cos^2 A + \cos^2 C = 1$.

On pose aussi pour le triangle rectangle cos C = sin A, et donc cos A = sin C. Vérifier, pour le triangle rectangle, que a/sin A = c/sin C = b = b/1, relation qui suggère que sin B = sin $\pi/2$ = 1.

On fait tendre C, situé sur la perpendiculaire en B à AB, vers l'infini : l'angle BAC tend vers un angle droit. En déduire que sin $\pi/2$ = 1, cos $\pi/2$ = 0.

2.2. Dans le triangle rectangle ABC, on mène par le milieu O de AC la parallèle à BC qui coupe AB en M. Déduire de cette construction que O est le centre d'un cercle circonscrit au triangle ABC. On pose b = 2R. On appellera le diamètre 2R de ce cercle l'*invariant circulaire du triangle ABC*.

2.3. On se donne un triangle quelconque ABC. En se servant du résultat de 2.1, et donc en procédant à une petite construction, montrer que a/sin A = b/sin B = c/sin C = 2R, où comme en 2.2, 2R est le diamètre du cercle circonscrit au triangle ABC.

2.4. Montrer que deux triangles de même invariant circulaire sont semblables si et seulement s'ils sont égaux.

3. Invariant combinatoire d'un réseau de droites

Soit n $\geq$ 3 un entier, et n+1 droites du plan se coupant deux à deux, respectivement notées (1), (2),..., (n+1). On désigne par A_1 l'intersection de la droite (n) avec la droite (1), A_2 l'intersection de la droite (1) avec la droite (2), etc., A_n l'intersection de la droite (n–1) avec la droite (n), puis par M_1 l'intersection de la droite (A_nA_1) avec la droite (n+1), par M_2 l'intersection de la droite (A_1A_2) avec la droite (n+1), etc., par M_n l'intersection de la droite $(A_{n-1}A_n)$ avec la droite (n+1).

3.1. Démontrer une version générale du *théorème de Ménélaus* :

$(A_1M_1/ A_2M_1).(A_2M_2/ A_3M_2)... (A_nM_n/ AM_n) = 1$.

(Commencer par n = 3 : on obtient dans ce cas la version originale du théorème de Ménélaus d'Alexandrie (vers 100 après J.-C.) ; on abaissera des points A_i les perpendiculaires à la droite (4) pour fabriquer des triangles semblables.)

3.2. Dans le cas où n = 3, montrer que, si la relation précédente est satisfaite, les points M_i sont alignés.

3.3. Dans le cas où n = 3, en déduire le théorème de Thalès en faisant tendre l'un des points M_i vers l'infini (ainsi les théorèmes de Thalès et de Ménélaus sont en quelque sorte équivalents).

3.4. Dans le cas où n = 3, démontrer le *théorème de Ceva* (1678), version duale du théorème de Ménélaus (aux points (droites) correspondent des droites (points), aux points alignés correspondent des droites concourantes) : soient X, Y, Z trois points respectivement situés sur les côtés AC, CA, AB d'un triangle, de sorte que les droites AX, BY, CZ soient concourantes, alors (BX/XC).(CY/YA).(AZ/ZB) = 1. Montrer la réciproque (si cette relation est satisfaite, les droites sont concourantes).

4. Un grand théorème de géométrie projective : le théorème de Desargues

Soient D, D', D" trois droites concourantes en O, et sur chacune des droites deux points distincts respectivement A et B, A' et B', A" et B", tous distincts de O. Montrer que les trois points d'intersection I des droites AA' et BB', J des droites A'A" et B'B", K des droites A"A et B"B sont alignés. Inversement, si I, J, K sont alignés, D, D', D" sont concourantes (Desargues, 1639).

4.1. (première démonstration élémentaire). Montrer le théorème en se servant du théorème de Ménélaus (cf. 3.1 et 3.2) appliqué aux triangles OAA', OA'A", OAA" respectivement coupés par les droites passant par les points IBB', JB'B", KBB".

4.2. (deuxième démonstration élémentaire). Préliminaires : on considère deux plans P et P' dans l'espace, non parallèles entre eux, et S un observateur représenté par un point n'appartenant ni à P ni à P'. Une droite *l* tracée sur P détermine avec S un plan, dont l'intersection *l'* avec P' est une droite appelée la *projection de l par une projection centrale de centre* S. S est aussi appelé le *centre de perspective*. L'intersection avec P du plan mené par S parallèlement à P' s'appelle la *ligne d'horizon* h de l'observateur. Si deux droites de P se coupent sur h, leurs images par la projection centrale de centre S sur P' sont deux droites parallèles.

D, D' et D" étant dans P, utiliser cette projection centrale en supposant que h est la droite IJ. Pour montrer la réciproque, la droite IJK sera pareillement la ligne d'horizon.

5. Coniques ou trajectoires d'objets célestes

5.1. Soient un cercle ϕ de centre F et de rayon k, et un point P du plan distinct de F. Le point P' situé sur la droite passant par F et P, tel que FP.FP' = k^2, est appelé *l'inverse* de P *par rapport au cercle* ϕ. On considère la perpendiculaire en P à FP. Montrer que le lieu des inverses des points de cette droite est un cercle de diamètre FP'. Quel est l'inverse des points autres que F d'un cercle passant par F ?

5.2. On appelle *(droite) polaire de P* par rapport à ϕ la droite p perpendiculaire en P', inverse de P, à FP' ; P est alors appelé le *pôle* de p. Soit Q un point quelconque de p. Montrer que sa polaire par rapport à ϕ, q, passe par P.

5.3. P et Q sont dits deux *points conjugués* (par rapport au cercle ϕ) si P (ou Q) est sur la polaire q de Q (p de P) ; les droites p et q sont dites deux *droites conjuguées*. Quel est le lieu des points conjugués de P ? Vérifier que, si A et B sont deux points situés sur ϕ, le pôle S de la droite s passant par A et B est l'intersection des tangentes a et b à ϕ respectivement en A et B, que la polaire de tout point P distinct de F est la droite joignant les pôles de deux sécantes du cercle passant par P.

5.4. Soit ∂ une courbe du plan admettant en chaque point T une tangente unique p. Soit T un point de cette courbe, et t la polaire de T. L'enveloppe des polaires t quand T décrit ∂ s'appelle la *transformée par polaire réciproque de ∂ par rapport à* ϕ. Lorsque ∂ est un cercle de centre D, de rayon r, cette enveloppe s'appelle une *conique*. Les points de la conique sont les pôles P des tangentes p. F est appelé le *foyer* de la conique. La polaire d de D par rapport à ϕ est la *directrice* de la conique associée au foyer F. Le rapport ε = FD/r s'appelle l'*excentricité* de la conique : la conique est une *hyperbole*, une *parabole* ou une *ellipse* selon que l'excentricité est, par rapport à 1, au-delà, égale ou en deçà (cf. l'étymologie). (Les planètes décrivent autour du soleil des ellipses dont un foyer est le soleil ; un projectile décrit une ellipse qui est pratiquement une parabole dont le foyer est situé au centre de la terre.)

5.4.1. Montrer que les pieds des perpendiculaires aux tangentes issues du foyer décrivent une droite.

5.4.2. Soit T un point de la conique, pôle d'une tangente à δ en P, K le pied de la perpendiculaire à d issue de T. Montrer le théorème de Pappus : TF = ε TK (la longueur TF est appelée la *distance focale* du point T). (On évaluera TK/TF à partir des inverses de T, de sa projection ainsi que celle de K sur la droite FD.) Énoncer une réciproque.

5.4.3. Déduire de la question précédente l'équation cartésienne de la conique, le foyer étant pris comme origine du plan. Donner également l'équation de la conique en coordonnées polaires, ainsi que celle de la courbe obtenue par une inversion de la conique de puissance 1 et de centre F.

5.4.4. On appelle *conique à centre* une conique possédant un centre C de symétrie ; on notera F' et K' les symétriques respectifs de F et de K. Si les foyers sont situés entre le centre et la directrice, la conique est une ellipse, une hyperbole dans le cas contraire. En se servant de la question précédente, montrer que : si la conique est une ellipse, PF + PF' = ε KK' ; si la conique est une hyperbole, |PF − PF'| = ε KK'.

CHAPITRE II

1. Somme de vecteurs. Produit scalaire

1.1. Noël approche : deux rennes, les sabots au sol, et situés sur une même ligne droite qu'un grand colis multicolore représenté par un point de la droite, exercent chacun sur ce colis une force. Le premier renne exerce la force représentée par le vecteur de composante (4), le second une force de composante (−2). Représenter graphiquement la situation. Quelle est la force exercée sur le colis ?

1.2. Même question que précédemment, les deux rennes n'étant pas alignés mais conservant les sabots au sol, représenté par $\mathbf{R}^2$, et tirant le même colis avec les forces respectives (1,3) et (−2,5).

1.3. Même question que précédemment : cette fois, le centre de gravité du colis, situé dans l'espace $\mathbf{R}^3$, se situe au point (1,2,3) ; les rennes exercent des forces représentées par les vecteurs (4,2,1) et (2,0,−2). Ayant également, sans erreur, fait le calcul, le Père Noël, insatisfait, décide d'ajouter un renne exerçant la force (1,2,3) : refaire l'exercice.

1.4. Dans la situation 1, évaluer le travail des rennes sachant qu'ils déplacent le colis le long d'un vecteur situé dans l'alignement précédent et représenté par le vecteur 5. Dans la situation 2, évaluer le travail des rennes quand ils déplacent le colis depuis l'origine (0,0) jusqu'au point (1,2), depuis ce dernier point jusqu'au point (3,4). Dans la situation 3, évaluer le travail accompli par les trois rennes pour amener le colis jusqu'au point (6,7,8).

1.5. Soient deux vecteurs V et V' de $\mathbf{R}^2$, de longueur respective v et v', faisant entre eux l'angle θ. Montrer de façon simple (par un choix judicieux du repère) que le produit scalaire standard V.V' vérifie V.V' = vv'cosθ.

2. Exemples élémentaires et engendrement d'espaces vectoriels

2.1. On considère une bobine idéale de fil : le fil est de longueur infinie, et, déroulé, représenté par $\mathbf{R}$. Le cylindre formant la bobine sur laquelle est enroulé le fil est supposé sans hauteur ; il a pour rayon r : au bout d'une longueur de 2πr, le fil reprend donc la même position. À partir d'une position initiale notée 0, le fil déroulé a une longueur égale à n (2πr) + m où la longueur m est comprise entre 0 et 2πr. L'*angle total* dont a tourné la bobine depuis le début du déroulement est égal à n (2π) + μ = θ où n est un entier, positif, nul ou négatif, où μ = m/r est compris entre −2π et 2π. On appellera μ l'*angle réduit*. Vérifier que deux angles totaux qui ne diffèrent que d'un multiple de 2π ont même angle réduit (faire des dessins est toujours très utile).

Vérifier que l'ensemble des angles totaux forment un espace vectoriel T. Sur l'ensemble M des rotations d'angle réduit μ, on introduit une addition notée $\ddagger$: si la somme ordinaire $\mu+\mu' = \mu''$ est, en valeur absolue, inférieure à 2π, on pose $\mu \ddagger \mu' = \mu''$; si la somme ordinaire est, en valeur absolue, supérieure à 2π, on pose $\mu'' = \mu+\mu' - 2\pi$, si $\mu+\mu'$ est positif, $\mu'' = \mu+\mu' + 2\pi$ si $\mu+\mu'$ est négatif. Vérifier que M a d'abord, pour cette loi d'addition $\ddagger$, la structure d'un groupe commutatif. On fait agir extérieurement sur ce groupe le corps **Q** des nombres rationnels (fractions) : vérifier que (Q,M) a bien la structure d'un espace vectoriel. Un même point du cercle est défini soit par la donnée d'une valeur positive μ de l'angle réduit, soit par la donnée d'une valeur négative $ß$ de l'angle réduit de sorte que $\mu + |ß| = 2\pi$. Établir alors sur l'ensemble M^+ des angles réduits positifs ou nuls une structure de groupe commutatif.

2.2. Soit **Z** l'ensemble des entiers, p**Z** l'ensemble formé des entiers multiples de l'entier p. On notera également cet ensemble par $\underline{p}$. On notera par **Z**/p l'ensemble $\{\underline{0}, \underline{1},..., \underline{p-1}\}$. On introduit sur **Z**/p une opération d'addition $\ddagger$: $\underline{a} \ddagger \underline{b}$ = reste de la division par p de a + b. Dans le cas où p = 3, et de manière générale pour p quelconque, vérifier que **Z**/p est un groupe commutatif. Si p est premier, p est un corps : la multiplication de $\underline{a}$ par $\underline{b}$ s'obtient en prenant le reste de la division par p du produit ordinaire ab. Pour p = 3, donner et visualiser tous les vecteurs des espaces vectoriels (**Z**/p, **Z**/p), (**Z**/p, (**Z**/p)^2), (**Z**/p, (**Z**/p)^3). Vérifier que, quel que soit le nombre n de **Z**/p, ($\underline{n}$, (**Z**/p)^2) est un espace vectoriel contenu dans le précédent : si $\underline{n} = \underline{0}$, cet espace vectoriel est appelé un *sous-espace vectoriel* ; si $\underline{n} \neq \underline{0}$, cet espace vectoriel est appelé un *sous-espace (vectoriel) affine*.

2.3. On considère, dans **R**^{2}, le vecteur N de composantes (2,1), et l'ensemble des vecteurs V de composantes (x,y) tels que le produit scalaire standard N.V soit nul (on dit N et V sont *orthogonaux* pour ce produit scalaire) : N.V = (2,1).(x,y) = 2x + 1y = 2x + y = 0. Montrer que l'ensemble D de ces vecteurs V est un espace vectoriel, appelé un *sous-espace vectoriel de* **R**^{2}, que la connaissance d'un seul vecteur de cet espace permet de connaître tous les autres du même espace : on dit que ce vecteur constitue une *base* de cet espace, alors de *dimension* 1, et on l'appelle aussi une *droite vectorielle*. Dessiner ce sous-espace D dans **R**^{2}. On considère maintenant l'ensemble S des vecteurs W tels que N.W = 1. Trouver un vecteur $\underline{W}$ tel que N.$\underline{W}$ = 1. Soit W' un autre vecteur tel que N.W' = 1 : que peut-on dire du vecteur W' $- \underline{W}$? Dessiner alors dans **R**^{2} l'ensemble S, et donner une expression liant globalement $\underline{W}$, D et S : S est appelé un *sous-espace vectoriel affine de* **R**^{2}, *parallèle* au sous-espace vectoriel D, déduit de D par une *translation* de vecteur $\underline{W}$. Remarquer que S est le lieu des points solutions de l'équation 2x + y = 1. N est appelé le *vecteur normal* de D.

2.4. On refait le même type d'exercice que le précédent 2.3, mais dans **R**^{3}. On considère, dans **R**^{3}, le vecteur N de composantes (2,1,3), et l'ensemble des vecteurs V de composantes (x,y,z) tels que le produit scalaire standard N.V soit nul (on dit N et V sont *orthogonaux* pour ce produit scalaire) : N.V = (2,1,3).(x,y,z) = 2x + y + 3z = 0. Montrer que l'ensemble P de ces vecteurs V est un espace vectoriel, appelé un *sous-espace vectoriel de* **R**^{3}. Vérifier que $\underline{V}$ = (1,1, −1) appartient à P, et que l'ensemble D des vecteurs de la forme $r\underline{V}$ où r est un réel est une droite vectorielle de $\mathbf{R}^3$ contenue dans P, *engendrée* par $\underline{V}$: on dit que les vecteurs de D sont *linéairement dépendants* de $\underline{V}$. Vérifier que $\underline{V}' = (1, -2, 0)$ appartient à P, n'appartient pas à D : les vecteurs $\underline{V}$ et $\underline{V}'$ sont dits *linéairement indépendants*. On note par D' la droite vectorielle engendrée par $\underline{V}'$. Dessiner approximativement dans $\mathbf{R}^3$ P, D et D'. Montrer que tout vecteur V de P peut se mettre sous la forme $V = r\underline{V} + r'\underline{V}'$ où r et r' sont deux réels : on dit que V est une *combinaison linéaire* des vecteurs $\underline{V}$ et $\underline{V}'$, que P est *engendré* par ces deux vecteurs, qui constituent une *base* de P ; le nombre d'éléments de la base, ici 2, est aussi la *dimension* de P : dim (P) = 2. dim ($\mathbf{R}^3$) – dim (P) est la *codimension* de P : codim (P) = 3 – 1 = 2. On considère maintenant l'ensemble S des vecteurs W tels que N.W = 1. Trouver un vecteur $\underline{W}$ tel que $N.\underline{W} = 1$. Soit W' un autre vecteur tel que N.W' = 1 : que peut-on dire du vecteur W' – $\underline{W}$? Dessiner alors dans $\mathbf{R}^3$ l'ensemble S, et donner une expression liant globalement $\underline{W}$, D et S : S est appelé un *sous-espace vectoriel affine de* $\mathbf{R}^3$, *parallèle* au sous-espace vectoriel P, déduit de P par une *translation* de vecteur $\underline{W}$. Remarquer que S est le lieu des points solutions de l'équation 2x + y + 3z = 1.

2.5. On se donne (cf. 2.4) les sous-espaces vectoriels P et P' de $\mathbf{R}^3$ définis par les équations 2x + y + 3z = 0 (P) et x + y + z = 0 (P'). Trouver un vecteur particulier non nul $\underline{V}$ appartenant à la fois à P et à P'. Montrer que la totalité du sous-espace vectoriel D engendré par $\underline{V}$ appartient à l'intersection de P et de P'. Quelle est la dimension de D, sa codimension dans P, dans P', dans $\mathbf{R}^3$? Montrer que P et P' sont distincts. Soient $\underline{V}$ et $\underline{W}$ deux vecteurs engendrant P, $\underline{V}$ et $\underline{W}'$ deux vecteurs engendrant P' : montrer que $\underline{W}$ et $\underline{W}'$ sont distincts ; qu'engendrent les trois vecteurs $\underline{V}$, $\underline{W}$, et $\underline{W}'$? On note par $P \cup P'$ l'espace vectoriel engendré par l'ensemble des vecteurs de P et de P', par $P \cap P'$ l'ensemble des vecteurs appartenant à P et à P' : vérifier que dim (P) + dim (P') = dim ($P \cap P'$) + dim ($P \cup P'$).

CHAPITRE III

1. Calculs d'aires (2-volumes) et de volumes (3-volumes)

1.1. Calculer dans $\mathbf{R}^2$ l'aire des parallélogrammes (les dessiner) engendrés par les couples de vecteurs de composantes suivantes : (0,a) et (a,0), (1,2) et (2,1), (1,2) et (2,4), (a,b) et (a',b'). Calculer l'aire du triangle dont les sommets sont les points A (0,1), B (2,0), C (1,2).

1.2. Calculer le volume dans $\mathbf{R}^3$ des parallélépipèdes (les dessiner) engendrés par les vecteurs : (0,a,0), (a,0,0), (0,0,1) ; (1,2,0), (2,1,0), (0,0,1) ; (a,b,0) et (a',b',0), (0,0,1). Calculer le volume du tétraèdre de sommets (1,0,1), (1,1,0), (0,1,1),(1,1,1).

1.3. On note, dans $\mathbf{R}^3$, par I le vecteur (1,0,0), par J le vecteur (0,1,0), par K le vecteur (0,0,1). Soient par ailleurs U, de composantes (u,u',u''), V, de composantes (v,v',v'''), et W, de composantes (w,w,',w''), trois vecteurs de $\mathbf{R}^3$ et notons par P le parallélépipède qu'ils engendrent. Supposons d'abord U et V dans le plan engendré par I et J, W sur la droite vectorielle engendrée par K de sorte que seul w" n'est pas nul. Vérifier alors que le volume V de P est égal au produit de l'aire a dans le plan (I,J) de la « base » définie par les vecteurs U et V, multipliée par la « hauteur » correspondante de P égale à w". U et V restent dans le plan (I,J), mais W est quelconque : vérifier que le volume V de P reste égal au produit de l'aire a de la même base que précédemment, multipliée par la hauteur de P toujours égale à w". Vérifier que le produit scalaire K.W = w", et par suite que V = (aK).W. On note aussi aK par U ∧ V, de sorte que V = det (U,V,W) = (U ∧ V).W ; on appelle le vecteur aK = U ∧ V le *produit vectoriel* de U et de V. U, V et W sont maintenant quelconques : montrer que par une rotation du repère on peut se ramener à la situation précédente ; de la sorte, U ∧ V reste un vecteur normal au plan défini par les vecteurs U et V, de longueur égale à l'aire du parallélogramme engendré par U et V. Vérifier alors que la relation V = det (U,V,W) = (U ∧ V). W entraîne que :

$$U \wedge V = \begin{vmatrix} u' & u'' \\ v' & v'' \end{vmatrix} I + \begin{vmatrix} u'' & u \\ v'' & v \end{vmatrix} J + \begin{vmatrix} u & u' \\ v & v' \end{vmatrix} K \,.$$

2. Résolution d'une équation linéaire, rang d'une matrice

2.1. On a rencontré, au cours des exercices du chapitre 2 supposés acquis, le mode de résolution géométrique d'une équation linéaire de la forme ax + by = s, ou ax + by + cz = s. Toujours par la voie géométrique, on se propose maintenant de résoudre par exemple le système d'équations linéaires simultanées (1) et (2) : 2x + y = 1 (1), x – y = 2 (2). À l'équation (1) (de la forme ax + by = s) est associée une droite affine D(1) dont on donnera le vecteur normal N(1). À l'équation (2) (de la forme a'x + b'y = s') est associée la droite affine D (2) de vecteur normal N(2), et donc d'équation N(2).(x,y) = s'. Vérifier, dans le cas présent, que ces deux droites se coupent. Quelles sont leurs positions respectives possibles dans le cas général, et donner alors le nombre de solutions du système. Dans les différents cas, relier au nombre de solutions la dimension de l'espace vectoriel engendré par les vecteurs N(1) et N(2), et la valeur de l'aire du parallélogramme engendré par ces mêmes vecteurs.

2.2. On refait l'exercice précédent, mais en dimension 3. On suppose d'abord qu'on ait deux équations linéaires à résoudre simultanément : (1) N(1).(x,y,z) = s (plan affine P(1)) ; (2) N(2).(x,y,z) = s' (plan affine P(2)). Quelles sont les positions respectives possibles de ces deux plans dans le cas général ? Les relier au nombre de solutions du système, à la dimension de l'espace vectoriel engendré par les vecteurs normaux N(1) et N(2) et donc à l'aire du parallélogramme engendré par ces deux vecteurs. En utilisant leur produit vectoriel (cf. l'exercice 1.3 ci-dessus), montrer que ces deux vecteurs sont linéairement indépendants si et seulement si n'est pas nul l'un au moins des déterminants des sous-matrices carrées de format 2 x 2 de la matrice

$$N = \begin{pmatrix} N(1) \\ N(2) \end{pmatrix} = \begin{pmatrix} a & b & c \\ a' & b' & c' \end{pmatrix}.$$

Dans ce cas, la matrice est dite de *rang* 2 ; si N n'est pas de rang 2, et si l'un au moins des sous-matrices carrées de format 1x1 (coefficients de la matrice) n'est pas nul, la matrice N est dite de rang 1 : quelle est alors la dimension de l'espace vectoriel engendré par les vecteurs N(1) et N(2) ?

2.3 On suppose qu'on doive résoudre simultanément les équations : (1) N(1).(x,y,z) = s (plan affine P(1)) ; (2) N(2).(x,y,z) = s' (plan affine P(2)) ; (3) N(3).(x,y,z) = s" (plan affine P(3)). Quelles sont les positions respectives possibles de ces trois plans dans le cas général ? Les relier au nombre de solutions du système, à la dimension de l'espace vectoriel engendré par les vecteurs normaux N(1), N(2) et N(3), et donc au volume du parallélépipède engendré par ces trois vecteurs. On appelle *rang* d'une matrice le format le plus grand possible d'une sous-matrice carrée de déterminant non nul que l'on peut extraire d'une matrice donnée. Discuter du nombre de solutions possibles et de la dimension de l'espace qu'elles forment en fonction du rang de la matrice N dont les lignes sont formées respectivement des vecteurs N(1), N(2), N(3).

2.4. On note par $N^t(1)$, $N^t(2)$, $N^t(3)$ les vecteurs colonnes de la matrice N, et par S le vecteur du « second membre » de composantes (s, s', s"). Vérifier que le système s'écrit alors sous la forme d'une seule équation :

x $N^t(1)$ + y $N^t(2)$ + z $N^t(3)$ = S.

On considère, lié au rang de N, l'espace vectoriel engendré par ces vecteurs colonnes : discuter du nombre possible de solutions en fonction de la position de S par rapport à cet espace. On suppose N de rang 3 : en remplaçant S par son expression en fonction de $N^t(1)$, $N^t(2)$, $N^t(3)$, en déduire la valeur de x à partir du déterminant de la matrice formée des vecteurs colonnes S, $N^t(2)$, $N^t(3)$. Calculer de la même façon y et z.

CHAPITRE IV

1. Noyau d'une application linéaire

1.1. Soit E et F deux espaces vectoriels : E est isomorphe à $\mathbf{R}^2$ rapporté à la base des vecteurs e = (1,0) et e' = (0,1) (la base qu'ils forment est appelée la *base canonique* de $\mathbf{R}^2$), F est isomorphe à $\mathbf{R}^2$ rapporté à la base des vecteurs f = (1,1) et f' = (–1,1). Donner une représentation graphique de E et de F en indiquant les vecteurs générateurs. Soit H : E -> F une première application linéaire qui au vecteur V(v,v') de E fait correspondre le vecteur W (w = h(v,v'), w' = h'(v,v')) de F, de sorte que w = h(v,v') = 2v + v', w' = h'(v,v') = v – v'. Dessiner l'image dans F des vecteurs de E de composantes : (1,1), (1, –2), (1,2), et donner le noyau de H. Même question en remplaçant H par G de sorte que w = g(v,v') = 2v + v', w' = g'(v,v') = 6v + 3v'. Dessiner le noyau de G dans E. Vérifier dans les deux cas que la dimension de E vérifie la relation : dim(E) = dim(noyau) + dim(image).

1.2. Soit E, isomorphe à $\mathbf{R}^3$, et F isomorphe à $\mathbf{R}^2$, deux espaces vectoriels sur $\mathbf{R}$, rapportés à leur base canonique, et H : E -> F l'application linéaire qui, au vecteur (u,v,w) de E, fait correspondre le vecteur (x,y) de F, de sorte que x = h(u,v,w) = 2u + v + w, y = g(u,v,w) = u − v + w. Déterminer l'image de E par H, le noyau de H, N(H), et représenter celui-ci graphiquement. Vérifier à nouveau la relation : dim(E) = dim(noyau de H) + dim(image de E par H). Soit N(u) = (u, −u/2, − 3u/2) un vecteur du noyau (prendre par exemple u = 1) ; deux vecteurs V(u,v,w) et V' (u',v',w') sont considérés comme équivalents s'ils ont même image ; vérifier qu'alors V − V' = rN(u) où r est un réel : dessiner l'ensemble des vecteurs équivalents à V (1, 1, 1), encore appelé la *classe d'équivalence* de ce vecteur V. Soit C (1,1,1) le point de cette classe situé sur le plan horizontal engendré par (1,0,0) et (0,1,0) ; ce point est choisi comme représentant de la classe. Vérifier que l'ensemble $\mathbf{R}^3/N(H)$ des représentants ainsi défini des différentes classes est le plan horizontal, qu'il possède la même structure d'espace vectoriel que l'image de E par H, et que dimE = dim(N(H)) + dim($\mathbf{R}^3/N(H)$).

*2. Dilatations, rotations, transvections et composition
d'applications linéaires*

2.1. Dessiner les images successives du vecteur (1,1) en effectuant, disons quatre fois chacune, les applications linéaires de $\mathbf{R}^2$ dans $\mathbf{R}^2$ rapportés à leur base canonique, respectivement définies par les matrices :

$$\begin{pmatrix} 2 & 0 \\ 0 & 3 \end{pmatrix}, \begin{pmatrix} 2 & 1 \\ 1 & 3 \end{pmatrix}, \begin{pmatrix} 0 & 0 \\ 1 & 0 \end{pmatrix}, \begin{pmatrix} 2 & 0 \\ 1 & 3 \end{pmatrix}, \begin{pmatrix} 2 & 0 \\ 1 & 2 \end{pmatrix}, \begin{pmatrix} 2 & 0 \\ 2 & 2 \end{pmatrix}, \begin{pmatrix} 1 & 0 \\ 0 & -1 \end{pmatrix}, \begin{pmatrix} 1/2 & \sqrt{3}/2 \\ -\sqrt{3}/2 & 1/2 \end{pmatrix}.$$

2.2. Soit V = x e + y e' un vecteur de $\mathbf{R}^2$ où e et e' désignent les vecteurs de la base canonique. L'application linéaire H : $\mathbf{R}^2$ -> $\mathbf{R}^2$ transforme e en un vecteur H(e) = a e + b e', e' en un vecteur H(e') = a'e + b'e', et V en un vecteur V' = H(V) = x'e + y'e'. Exprimer sous forme matricielle les composantes de V' en fonction des composantes de e, e' et V. Après avoir effectué la transformation H, on procède maintenant à une nouvelle transformation linéaire G : $\mathbf{R}^2$ -> $\mathbf{R}^2$ caractérisée par G(e) = c e + d e', G(e') = c'e + d'e'. Vérifier que l'application composée H suivie de G, notée GoH est une application linéaire, dont on donnera la matrice en fonction des coefficients a, a', b, b', c, c', d et d'.

2.3. On se donne les matrices $S = \begin{pmatrix} 1 & 0 \\ 0 & 2 \end{pmatrix}$ et $\begin{pmatrix} 0 & 0 \\ 2 & 0 \end{pmatrix} = N$, respectivement associées aux applications H et G. Décrire géométriquement l'effet de ces applications. Vérifier, tant par la géométrie que par le calcul, que HoG (de matrice SN) = GoH (de matrice NS).

2.4. On se donne les matrices $S = \begin{pmatrix} \cos\pi/3 & -\sin\pi/3 & 0 \\ \sin\pi/3 & \cos\pi/3 & 0 \\ 0 & 0 & 0 \end{pmatrix}$ et $\begin{pmatrix} 0 & 0 & 0 \\ 1 & 0 & 0 \\ 0 & 1 & 0 \end{pmatrix} = N$.

Vérifier que N est une matrice nilpotente dont on donnera l'ordre. Décrire géométriquement l'effet de ces applications, vérifier que NS = SN.

2.5. Dessiner, quand t varie entre 0 et π, l'ensemble des vecteurs images V(t), de composantes (x(t), y(t)), du vecteur (1,0) par les applications H(t) : E = $\mathbf{R}^2$ -> F = $\mathbf{R}^2$ de matrice (par rapport aux bases canoniques e = (1,0) et e' = (0,1) de E et de F) :

$$\begin{pmatrix} \cos t & -\sin t \\ \sin t & \cos t \end{pmatrix}$$

On transforme les vecteurs V(t) de sorte que la composante dans la direction du vecteur (1,0) est dilatée d'un coefficient 2, la composante dans la direction du vecteur (0,1) est dilatée d'un coefficient 4 : les vecteurs V(t) deviennent des vecteurs W(t). Comment appelle-t-on encore ces coefficients ? Dessiner la figure formée par les vecteurs W(t).

2.6. On rapporte l'espace vectoriel précédent à une nouvelle base formée des vecteurs f = (1,-1) = e – e' et f' = (1,1) = e + e'. Comparer la longueur des vecteurs f et f' à celle des vecteurs e et e'. Calculer e et e' en fonction de f et de f'. Dessiner les nouveaux vecteurs de base. Par rapport à la base canonique, le vecteur V s'écrit V = x e + y e' ; par rapport à la base des vecteurs f et f', le même vecteur V s'écrit V = x' f + y' f'. Donner les valeurs de x' et de y' en fonction de x et de y. Écrire sous forme matricielle le passage des composantes (x,y) aux composantes (x',y'), et la comparer à la matrice des coefficients des vecteurs de l'ancienne base dans la nouvelle. Géométriquement, l'une des bases s'obtient ici à partir de l'autre par une rotation suivie d'une homothétie. Retrouver ces deux transformations sur les valeurs numériques de la matrice précédente. Écrire la matrice de passage de V à V' dans le cas général où e = a f + b f, e' = a' f + b' f'. Écrire les matrices associées aux deux transformations précédentes dans le cas où f et f' sont orthogonaux et de même longueur.

2.7. Dans les hypothèses de l'exercice précédent, soit M la matrice d'une application linéaire G qui transforme un vecteur V(x,y) en un vecteur V'(x',y') de sorte que :

$$\begin{pmatrix} x' \\ y' \end{pmatrix} = M \begin{pmatrix} x \\ y \end{pmatrix} = \begin{pmatrix} 2 & 1 \\ 1 & 3 \end{pmatrix} \begin{pmatrix} x \\ y \end{pmatrix}..$$

Trouver un premier vecteur f de composantes f_1 et f_2 dont l'image par G soit un vecteur de même direction que f, donc colinéaire à f, ou encore dont les composantes sont proportionnelles à celles de f. Comment s'appelle un tel vecteur, quels noms peut-on donner au coefficient de proportionnalité ? Trouver un second vecteur f' distinct de f, dont la direction est également invariante par G. On prend ces vecteurs f et f' comme base de $\mathbf{R}^2$. Donner alors la nouvelle matrice de l'application G.

2.8. Vérifier que, si λ est une valeur propre de la matrice M associée à l'application linéaire H d'un espace vectoriel E dans lui-même, la relation H(V) = V' = λ V implique la nullité du déterminant de la matrice M – λ I où I est la matrice de l'application identique (matrice unité).

2.9. On reprend les données de l'exercice précédent 2.8. On suppose que l'équation det(M – λ I) = 0 possède une solution complexe a + ib (b $\neq$ 0). En cherchant un vecteur propre complexe V + iW, montrer que V et W sont tels que H(V) = aV – bW, H(W) = aW + bV. En déduire l'invariance du sous-espace vectoriel engendré par V et W.

2.10. Soit l'application linéaire représentée par la matrice $M = \begin{pmatrix} 1 & 1 \\ -1 & 3 \end{pmatrix}$.

Vérifier qu'elle admet deux valeurs propres confondues. Quel est le noyau de l'application linéaire représentée par la matrice N = M – λ I (I matrice identité) (λ = 2) ? Posant S = λI, vérifier que SN = NS, et montrer, par calcul ou par raisonnement, que N est nilpotente d'ordre 2.

2.11. Classifier, par leurs matrices associées, les applications linéaires de $\mathbf{R}^3$ dans lui-même.

CHAPITRE V

1. Matrice associée à une forme quadratique, vecteurs isotropes

1.1. On considère le vecteur V (x,y) de $\mathbf{R}^2$ et le carré de sa longueur défini par la forme quadratique $q(V) = \|V\|^2 = q(x,y) = x^2 + 2xy + 3y^2$. Calculer, pour cette définition de la longueur, celle du vecteur de composantes (1,2). Donner la matrice M associée à q, écrire q sous forme matricielle.

1.2. On considère $\mathbf{R}^2$ muni de la métrique définie par la forme quadratique $q(x,y) = x^2/4 + y^2/9$ (resp. $q'(x,y) = x^2/4 – y^2/9$) ; on considère l'ensemble S (resp. S') des vecteurs de ce plan de longueur 1, et l'ensemble C (resp. C') des vecteurs isotropes de ce plan. Représenter, dans le plan muni de la métrique pythagoricienne habituelle, l'ensemble des extrémités des vecteurs de S (resp. S') et de C (resp. C').

1.3. Refaire l'exercice précédent en remplaçant $\mathbf{R}^2$ par $\mathbf{R}^3$, q(x,y) par $q(x,y,z) = x^2/4 + y^2/9 + z^2$, q'(x,y) par $q'(x,y,z) = x^2/4 – y^2/9 + z^2$.

2. Propriétés des longueurs : théorème de Pythagore

2.1 Le produit scalaire ou forme bilinéaire b : $\mathbf{R}^2$ x $\mathbf{R}^2$ -> $\mathbf{R}$ d'où est issue q est appelée quelquefois la *forme polaire* de q. En utilisant la définition de q(V) comme égal à b (V,V) et la bilinéarité de b, vérifier, de manière générale, que b(V,V') satisfait à la relation :
b(V,V') = 1/2 [q(V+V') -q(V) – q(V')].
Donner la forme polaire de la forme quadratique donnée dans l'exercice 1.1, et écrire dans ce cas b(V,V') sous forme matricielle.

2.2. Soit un produit scalaire b(V,V'). On dit que V et V' sont *orthogonaux par rapport à b* si b(V,V') = 0. b étant le produit scalaire standard (égal à la somme des produits des composantes de même indice), dessiner dans le plan $\mathbf{R}^2$ l'ensemble des vecteurs orthogonaux au vecteur (1,2). Montrer que cet ensemble est un sous-espace vectoriel de codimension 1.

2.3. b étant un produit scalaire quelconque, démontrer le *théorème de Pythagore* : *si V et V' sont orthogonaux, q(V) + q(V') = q(V + V')*. De la même façon, montrer la « règle du parallélogramme » (la vérifier d'abord, à l'aide d'un double décimètre, dans le cas particulier du plan muni du produit scalaire standard pour V(1,2) et V'(3,2)) :

$$1/2[q(V + V') + q(V- V')] = q(V) + q(V').$$

Vérifier cette relation avec les données de l'exercice 1.1.

3. Propriétés des longueurs : composantes d'un vecteur
pour un produit scalaire, inégalité de Schwarz, inégalité triangulaire

3.1. Soient les vecteurs V(1,2) et V'(3,2) du plan muni du produit scalaire standard. On appelle *projection* de V' sur V le vecteur W colinéaire à V, orthogonal à V'-W. En posant W = c V, calculer c et dessiner W. c est appelée la *composante de V' sur V pour le produit scalaire standard*. Ces définitions de la projection et de la composante ne changent pas dans le cas général où l'espace vectoriel est muni du produit scalaire défini par la forme bilinéaire b. Vérifier alors que c = b(V,V') /b(V,V). Calculer cette composante pour les vecteurs V et V' précédents mais lorsque la forme bilinéaire est celle définie par la forme quadratique q de l'exercice 1.1.

3.2. Vérifier dans les deux cas numériques précédents que la valeur de c, en valeur absolue, est inférieure au produit des longueurs de V et de V'. On se place dans le cas général ; en écrivant que V' = (V' – cV) + (cV) et en utilisant le théorème de Pythagore et le résultat précédent, montrer l'*inégalité de Schwarz* : $|b(V,V')| \leq \|V\| \, \|V'\|$.

3.3. Après avoir fait le dessin, vérifier dans le cas particulier du plan muni du produit scalaire standard, pour V (1,2) et V'(3,2), l'inégalité suivante dite *inégalité triangulaire* : $[q(V+V')]^{1/2} \leq [q(V)]^{1/2} + [q(V')]^{1/2}$. Montrer cette inégalité dans le cas général, en se servant de la définition de q à partir de b et de l'inégalité de Schwarz, et en posant $q(V) = \|V\|^2$.

4. Bases orthogonales associées à un produit scalaire

4.1. Soient **R**^{2} muni du produit scalaire ordinaire, et les vecteurs V(1,2) et V'(3,2). Soit W la projection de V sur V' (cf. exercice 3.1). Montrer que V et U = V'-W définissent, associées au produit scalaire standard, une *base orthogonale* du plan (les vecteurs de la base sont orthogonaux par rapport à la forme bilinéaire définissant le produit scalaire). À partir de ces vecteurs, définir une *base orthonormale* (base orthogonale de vecteurs de longueur unité).

4.2. Soient **R**^{2} rapporté à sa base canonique, et les vecteurs V(x,y) et V'(x',y'). On munit cet espace de la métrique définie par la matrice $\begin{pmatrix} 1 & 0 \\ 0 & -1 \end{pmatrix}$.

Calculer le produit scalaire b(V,V'). Trouver : trois vecteurs orthogonaux distincts, une base orthonormale.

4.3. Soient **R**^{4} rapporté à sa base canonique, et les vecteurs V(1,2,1,1),

V'(2,1,1,1), V"(1,1,2,2). On munit $\mathbf{R}^4$ de la métrique définie par la matrice

$$\begin{pmatrix} 1 & 0 & 0 & 0 \\ 0 & 1 & 0 & 0 \\ 0 & 0 & 1 & 0 \\ 0 & 0 & 0 & -1 \end{pmatrix}.$$ Soit W la projection (pour le produit scalaire défini par la

matrice) de V' sur V. Calculer U = V' – W. On projette V" sur V et sur U, et on retire ces projections de V" pour obtenir un vecteur T qu'on calculera. Montrer que V, U, T forment une base orthogonale d'un sous-espace vectoriel de $\mathbf{R}^4$, à partir de laquelle on fabriquera une base orthonormale.

4.4. Généraliser le procédé précédent (dit de *Gram-Schmidt*) pour montrer qu'on peut toujours construire une base orthogonale d'un espace vectoriel muni d'un produit scalaire b.

4.5. On illustrera cet exercice avec les données de l'exercice 1.1. Soit b : $\mathbf{R}^2 \times \mathbf{R}^2 \to \mathbf{R}$ une forme bilinéaire symétrique ; on construit, par le procédé précédent, une base orthogonale de $\mathbf{R}^2$; soient f et f' les vecteurs de cette base : b(f,f') = 0. Soit M la matrice de la forme quadratique q associée à b. On pose q(f) = λ, q(f') = λ' : vérifier que f et f' sont des vecteurs propres de M, dont λ et λ' sont les valeurs propres associées. Donner alors l'écriture de q(V) lorsque V est rapporté à base (f,f') : V = v f + v' f'.

CHAPITRE VI

1. Courbes et courbures des courbes planes

1.1. Rappelons qu'une *courbe* C est, dans $\mathbf{R}^n$, l'image du « fil » $\mathbf{R}$ par une application de transport c. Dans ce qui suit, $\mathbf{R}^n$, $\mathbf{R}$ sont munis de la métrique euclidienne standard. Tracer les courbes γ_1, γ_2, c_o, $c_\lambda : \mathbf{R} \to \mathbf{R}^2$ définies par : $\gamma_1(t) = (t, t^2)$, $\gamma_2(t) = (t, |t|)$, $c_0(t) = (t^2, t^3)$ (parabole semi-cubique), $c_\lambda(t) = ((t^2-\lambda), t(t^2-\lambda))$ où est un réel positif ou nul (on dessinera en perspective la famille de ces courbes quand λ varie, famille qu'on pourra abusivement appeler la *colonne vertébrale*). Calculer pour chacune des courbes précédentes le vecteur vitesse et le vecteur accélération, et déterminer les valeurs du *paramètre* t pour lesquelles ces vecteurs sont nuls, ou même parfois ne sont pas définis.

1.2. Soit T(s) = c'(s) = (x'(s), y'(s)) le vecteur vitesse tangent à une courbe c : $\mathbf{R} \to \mathbf{R}^2$ (c'(s) désigne donc ici la dérivée première de c(s) = (x(s), y(s)) par rapport au paramètre s). On suppose que, quel que soit s, ce vecteur est de longueur 1 (son extrémité décrit un cercle) ; par suite x'(s) = cosθ(s), y'(s) = sinθ(s). Calculer le vecteur dérivé T'(s) = c"(s) du vecteur T(s), ainsi que sa longueur. Vérifier que T'(s) est orthogonal au vecteur T(s). (Le montrer également par dérivation du produit scalaire (ici standard) $T^2(s)$ = <T(s),T(s)>.) En déduire la relation entre T'(s) et N(s), où N(s) (-y'(s), x'(s)) est le vecteur normal unitaire à la courbe orienté de manière que l'angle entre T et N soit égal à + $\pi/2$.

1.3. Soit c'(t) = ((x'(t), y'(t)) le vecteur vitesse de la courbe c : $\mathbf{R} \to \mathbf{R}^2$.

Évaluer ds, élément infinitésimal de longueur de courbe, en fonction de dt et de la longueur du vecteur vitesse. Évaluer la tangente de l'angle $\theta(t)$ qu'il fait avec l'axe horizontal (des x) en fonction des composantes de c'(t). Après une dérivation, montrer que la courbure a pour valeur :

$$k(t) = \frac{x'(t)y''(t) - y'(t)x''(t)}{[(x'(t)^2 + y'(t)^2)]^{3/2}} .$$

Calculer la courbure des courbes de l'exercice 1.1.

1.4. Soit la chaînette, courbe du plan définie par c(t) = (t, cht) (cht = $(e^t + e^{-t})/2$). La tracer. Par M(t) = c(t) on mène la tangente à la courbe : donner les coordonnées de son intersection Q(t) avec l'axe horizontal. Calculer la longueur s(t) de la courbe entre le point I(0,1) et le point M(t). Soit P(t) l'extrémité du vecteur OM(t) – s(t) T(t) où T(t) est le vecteur tangent unitaire à c en M(t). P(t) décrit la tractrice. Vérifier que la normale à la tractrice est la tangente à la chaînette. Évaluer la distance P(t)Q(t). Vérifier que la longueur de l'élément de tractrice de I à P(t) vaut τ = log cht.

2. Surfaces et courbure des surfaces

2.1. Rappelons qu'une *surface* S est, dans $\mathbf{R}^n$, l'image du « tapis » sans épaisseur, $\mathbf{R}^2$, par une application de transport s supposée assez différentiable. Dans ce qui suit, $\mathbf{R}^n$, $\mathbf{R}^2$ sont munis de la métrique euclidienne standard. Tracer par exemple les surfaces, *paramétrées* par u et v, s_1, s_2 : $\mathbf{R}^2 \to \mathbf{R}^3$

définies par : $s_1(u,v) = (x = u, y = v, z = \sqrt{1-(u^2+v^2)}$) (hémisphère nord) ;

$s_2(u,v) = ((4 + 3\cos u)\cos v, (4 + 3\cos u)\sin v, 3\sin v)$ $(0<u<2\pi, 0<v<2\pi)$ (tore de révolution). Donner la matrice jacobienne $Jds_1(P)$ de l'application linéaire ds_1 qui envoie l'espace vectoriel, isomorphe à $\mathbf{R}^2$, des vecteurs tangents à la surface $\mathbf{R}^2$ au point P(u,v), dans l'espace vectoriel des vecteurs tangents à l'hémisphère en $s_1(P)$. Donner les images des vecteurs e(1,0) et e'(0,1) de la base canonique de $\mathbf{R}^2$ et les équations paramétrique et cartésienne du plan tangent en $s_1(P)$ à l'hémisphère, en particulier lorsque P est le point (2/3, 2/3). En déduire le vecteur normal de longueur unité, N(P), à la surface en ce point ; en déduire à nouveau l'équation cartésienne du plan tangent. Plus généralement, donner la matrice jacobienne Jds(P) de l'application linéaire ds qui envoie l'espace vectoriel, isomorphe à $\mathbf{R}^2$, des vecteurs tangents à la surface $\mathbf{R}^2$ au point P(u,v), dans l'espace vectoriel des vecteurs tangents à la surface S en s(P), avec s(u,v) = (x = u, y = v, z = f(u,v)). Donner les images des vecteurs e(1,0) et e'(0,1) de la base canonique de $\mathbf{R}^2$, les équations paramétrique et cartésienne du plan tangent en s(P), et N(P), vecteur normal unité à la surface en ce point. Donner le cosinus de l'angle que font N(P) et l'axe des z représenté par le vecteur (0,0,1).

2.2. On dessinera les surfaces du second degré d'équation $z = x^2 - y^2 = k(x + y)(x - y)/k$ (*paraboloïde hyperbolique*), $1 - (z/c)^2 = (x/a)^2 - (y/b)^2$ (*hyperboloïde à une nappe*). Que devient ce dernier si a tend vers l'infini ? Montrer que toutes ces surfaces peuvent être engendrées par deux réseaux de droites (on dit que ces *surfaces* sont *réglées*).

2.3. On reprend les données de l'exercice 1.4. On fait tourner la tractrice autour de l'axe horizontal : on obtient la pseudo-trompette. Par la rotation, le point P(t) décrit un cercle tracé sur la surface. Par suite, la tractrice et le cercle sont deux courbes orthogonales tracées sur la surface. Quels en sont les rayons de courbure respectifs ? En déduire que la courbure gaussienne de la surface vaut -1. On note par x l'angle de rotation. Vérifier que l'élément de longueur ds d'une courbe tracée sur la surface vérifie $ds^2 = e^{-2\tau} dx^2 + d\tau^2$. On pose $y = e^{\tau}$; en déduire que la pseudo-trompette est localement isométrique au plan $\mathbf{R}^2$ muni de la métrique définie par $ds^2 = (dx^2 + dy^2)/y^2$.

2.4. On peut fabriquer très simplement une famille de surfaces définies par l'équation $z = f(x,y)$ tangentes en l'origine au plan horizontal. Vérifier en effet que satisfait à cette propriété la surface $z = a\,x\,h(x,y) + b\,y\,g(x,y)$ où a et b sont des constantes, h et g sont des fonctions au moins deux fois différentiables qui s'annulent à l'origine. Calculer la courbure gaussienne à l'origine d'une telle surface où, par exemple : $h(x,y) = x$, $g(x,y) = y$ (*paraboloïde*) ; $h(x,y) = \sin x$, $g(x,y) = \cos y - 1$; $a\,h(x,y) = x^2$, $b\,g(x,y) = -3xy$ (*selle de singe*). On dessinera approximativement la forme cette dernière surface au voisinage de l'origine. On indiquera les valeurs de a et de b pour lesquelles l'origine et la géométrie autour de ce point sont elliptiques, paraboliques ou planaires.

3. *Représentation analytique plane (par stéréographie) de la sphère*

3.1. Soit N le pôle nord d'une sphère de rayon r et d'équation $x^2 + y^2 + z^2 = r^2$. Soit P'(u,v) l'intersection avec le plan équatorial $z = 0$ de la droite NP joignant le pôle nord au point P(x,y,z) de la sphère, dont la projection sur le plan équatorial est p(x,y,0). Par comparaison des triangles P'Pp et PNO, exprimer u, v en fonction de x, y, z, et x, y, z en fonction de u et v. On considère un élément infinitésimal de courbe tracée sur la sphère, de longueur ds ; en calculant les éléments dx, dy, dz en fonction de u, v du, dv, vérifier que $dx^2 + dy^2 + dz^2 = 4\,r^4\,(du^2 + dv^2)/(r^2 + u^2 + v^2)^2$. Que peut-on dire de la transformation $P \rightarrow P'$?

3.2. Soit $ax + by + cz + d = 0$ l'équation d'un plan coupant la sphère en un cercle C : quelle est l'équation, dans le plan (u,v) de l'image C' de C par la projection stéréographique de pôle N, et donner la nature de C' selon la valeur de $c + d$.

N.B.1. On peut refaire les mêmes exercices en remplaçant la sphère par l'hyperboloïde équilatère à deux nappes.

N.B.2. Le chapitre contient une démonstration géométrique du fait que l'exercice 3.2 demande d'établir. Il existe une autre démonstration géométrique de ce fait. Les démonstrations géométriques sont plus longues que la démonstration analytique, mais sont très riches d'enseignements.

4. Transformations homographiques élémentaires

4.1. Décrire géométriquement les transformations homographiques h : $\mathbf{C} \to \mathbf{C}$ définies par z' = h(z) où : z' = a z + b (discuter selon les valeurs de a et de b) ; z' = 1/z. Vérifier que $h(z) = \dfrac{az+b}{cz+d} = \dfrac{bc-ad}{c^2(z+d/c)} + \dfrac{a}{c}$ et décrire géométriquement les transformations subies par z, en supposant ad – bc = 1.

4.2. Soit l'application h : $\mathbf{C} \to \mathbf{C}$ ($\mathbf{C}$ désigne le corps topologique des nombres complexes) définie par $z' = h(z) = \dfrac{az+b}{cz+d}$ avec ad – bc = 1. On munit $\mathbf{C}$ de la métrique définie par $ds^2 = dz\, d\underline{z}$ où dz = du + idv, d$\underline{z}$, sa valeur conjuguée, vaut du – idv : on obtient $\mathbf{C}$. Calculer ds^2 en fonction de du^2 et de dv^2 et comparer cette métrique à celle du plan $\mathbf{R}^2$ qui permet de représenter $\mathbf{C}$. Calculer dz'd$\underline{z}'$ et en déduire une des propriétés essentielles de la transformation homographique.

4.3. Soit a, b, c trois nombres distincts de $\mathbf{P}(\mathbf{C})$ ($\mathbf{C}$ auquel on rajoute un point à l'infini, ce qui permet, par stéréographie, d'obtenir une représentation plane de la totalité de la sphère). On note par ß la transformation homographique définie par $z' = ß(z) = \dfrac{z-a}{z-b} \Big/ \dfrac{c-a}{c-b}$. Cette expression est le rapport de deux rapports et s'appelle un *birapport*. Vérifier que les images de a, b, c sont respectivement 0, ∞, 1. Soit ß' une autre transformation homographique qui envoie a sur 0, b sur ∞, c sur 1. Montrer en étudiant ß'o ß$^{-1}$ que ß' = ß. Montrer une seconde propriété essentielle de l'homographie : si h est une homographie quelconque, $ß(h(z)) = \dfrac{h(z)-h(a)}{h(z)-h(b)} \Big/ \dfrac{h(c)-h(a)}{h(c)-h(b)}$ = ß(z) (on dit que l'homographie conserve les birapports).

5. Isométries

5.1. On suppose $\mathbf{R}^2$ muni de la métrique définie par la matrice G = I identité I (métrique euclidienne standard) de sorte qu'il devient $\mathbf{R}^2$. Vérifier que les matrices :

$$A = \begin{pmatrix} \cos\theta & -\sin\theta \\ \sin\theta & \cos\theta \end{pmatrix}, B = \begin{pmatrix} 1 & 0 \\ 0 & -1 \end{pmatrix}\begin{pmatrix} \cos\theta & -\sin\theta \\ \sin\theta & \cos\theta \end{pmatrix}$$

sont associées à des transformations linéaires conservant la longueur pythagoricienne du vecteur V(x,y). Examiner les cas où θ = 0, π/2, π. Décrire géométriquement l'effet de ces transformations. A étant la matrice orthogonale quelconque, appartenant à **O** (2,0), de coefficients a, b, c, d, vérifier que la résolution de l'équation $A^t IA = A^t A = I$ conduit à écrire A sous l'une des deux formes précédentes.

5.2. On suppose **R**^{2} muni de la métrique définie par la matrice G = $\begin{pmatrix} 1 & 0 \\ 0 & -1 \end{pmatrix}$ (espace pseudo-euclidien **R**$^2_1$). Écrire le carré de la longueur d'un vecteur. Vérifier que les matrices $\mathbf{A} = \pm\begin{pmatrix} \dfrac{1}{\sqrt{1-\beta^2}} & \pm\dfrac{\beta}{\sqrt{1-\beta^2}} \\ \dfrac{\beta}{\sqrt{1-\beta^2}} & \pm\dfrac{1}{\sqrt{1-\beta^2}} \end{pmatrix}$ conservent cette longueur. Examiner, dans la représentation euclidienne de cet espace pseudo-euclidien, leur effet sur les vecteurs (0,1) et (1,0) lorsque ß = 0. Quelle relation lie A^t, G et A ? À partir de cette relation, retrouver les expressions précédentes de A, élément de **O** (1,1), en supposant que la matrice admet *a priori* pour coefficients a, b, c, d. Reécrire les coefficients de A en posant ß = th μ.

5.3. Un mobile M(t) se meut dans l'espace euclidien standard **R**$^3.$ Son vecteur vitesse V(v_1, v_2, v_3) est supposé de direction et de longueur v constantes. Par hypothèse également, sa vitesse v ne saurait excéder celle, c, de la lumière : $c^2 - v^2 = c^2 - v_1^2 - v_2^2 - v_3^2 \geq 0$. On repère ce mobile dans l'espace-temps **R**^{4} ; compte tenu de la contrainte précédente sur les vitesses, on munit par suite l'espace tangent des vecteurs vitesses en un point de **R**^{4} de la métrique définie par la matrice $\mathbf{G} = \begin{pmatrix} 1 & 0 & 0 & 0 \\ 0 & -1 & 0 & 0 \\ 0 & 0 & -1 & 0 \\ 0 & 0 & 0 & -1 \end{pmatrix}$. La position du mobile

M(t) à l'instant t est donc repérée dans **R**^{3} par X(t) = (($x_1(t) = v_1 t$, $x_2(t) = v_2 t$, $x_3(t) = v_3 t$)), et dans (**R**^{4}, G) = **R**$^4_1$ par ($x_0(t) = ct$, X(t)). Puisque la vitesse V dans **R**^{3} est constante, on peut bouger le repère de sorte que $v_2 = v_3 = 0$. Évaluer alors l'élément ds de longueur de la trajectoire de M dans **R**$^4_1$, et, en fonction de c, v et $x_0(t)$ la longueur parcourue entre les instants 0 et t. Donner également, dans ce cadre, les isométries (cf. 1.2). Quelles sont celles, dites *orthochrones*, qui conservent le sens de l'écoulement du temps ? On se donne une barre de longueur l, qui, dans **R**^{3}, à l'instant t, a pour extrémités les points (($x_1(t)$, 0, 0) et (($x_1(t) + l = y(t)$, 0, 0). On effectue un déplacement du référentiel et donc un déplacement de la barre, déplace-ment représenté par une matrice de la forme $\begin{pmatrix} \dfrac{1}{\sqrt{1-\beta^2}} & \dfrac{\beta}{\sqrt{1-\beta^2}} \\ \dfrac{\beta}{\sqrt{1-\beta^2}} & \dfrac{1}{\sqrt{1-\beta^2}} \end{pmatrix}$. Donner l'image M' $(x'_0(t) = ct', x'_1(t))$ de M $(x_0(t) = ct, x_1(t))$. Évaluer ß en fonction de v et de c, en considérant le point $(x_0(t), 0)$ et son image $(\underline{x}_0(t) = c\underline{t}, \underline{x}_1(t))$ par le déplacement, et en tenant compte du fait que le déplacement dans $\mathbf{R}^3$ s'effectue à vitesse constante : la transformation qui permet de passer de M à M' s'appelle alors la *transformation de Lorentz*. Calculer la longueur l' = y'(t) – $x'_1(t)$.

5.4. On suppose $\boldsymbol{R}^3$ muni de la métrique définie par la matrice G = I identité I (métrique euclidienne standard) de sorte qu'il devient $\mathbf{R}^3$. Vérifier qu'est une isométrie toute application linéaire de $\mathbf{R}^3$ dans $\mathbf{R}^3$ de matrice sui-

vante : $\begin{pmatrix} \cos\theta & -\sin\theta & 0 \\ \sin\theta & \cos\theta & 0 \\ 0 & 0 & \lambda \end{pmatrix}$ où $\lambda = +1, -1$. Calculer la valeur du déterminant de

la matrice. Dans les cas où $\theta = 0, \pi/2, \pi$, donner la signification géométrique de la transformation.

5.5. On considère, sur $\mathbf{C}$ (l'espace topologique $\mathbf{C}$ des nombres complexes muni de la topologie définie sur sa représentation plane par la matrice G =

I), la transformation homographique $z' = h(z) = \dfrac{az+b}{cz+d}$ avec ad – bc = 1. On

pose $z = z_1/z_2$, $z' = z'_1/z'_2$, ce qui permet de considérer z et z' comme des vec-

teurs et d'associer à h la « matrice M de l'homographie » $\begin{pmatrix} a & b \\ c & d \end{pmatrix}$. Vérifier

que les coefficients de l'homographie obtenue par composition des homographies h et h', de matrice respective M et M', sont les coefficients de la matrice produit M'M. On sait que, si z (u,v) est un vecteur de $\mathbf{C}$, le carré de sa longueur est défini par $\underline{z}\, z = u^2 + v^2$. Par suite, h est une isométrie si, y désignant le vecteur Mz, $\underline{y}\, y = \underline{z}\, z$, c'est-à-dire $\underline{z}\, \underline{M}^t\, Mz = \underline{z}\, z$, ou encore $\underline{M}^t\, M = I$. En déduire des relations auxquelles satisfont les coefficients de l'homographie lorsqu'elle est une isométrie. Que deviennent ces relations si $\mathbf{C}$ est muni de la métrique définie sur sa représentation plane par la matrice

$I = \begin{pmatrix} 1 & 0 \\ 0 & -1 \end{pmatrix}$? Donner les expressions de M en fonction de a, b, $\underline{a}$, $\underline{b}$.

6. Géométrie sphérique

6.1. Comment définiriez-vous les hauteurs d'un triangle sphérique géodésique ? Sont-elles concourantes ?

6.2. Les bissectrices d'un triangle sphérique géodésique sont-elles concourantes ?

6.3. Étant donné quatre droites concourantes en un point O a, b, c,d et une droite transversale qui coupe les précédentes en A, B, C, D, on définit le birapport de ces quatre droites ß(a,b,c,d) par ß(a,b,c,d) = (CA/CB)/(DA/DB). En considérant une autre transversale t' qui coupe les droites données en A', B', C', D', on montre, en calculant de deux façons l'aire des triangles AOC,

A'OC', puis AOB, A'OB', etc., que cette valeur de ß est indépendante du choix de la transversale. Montrer également que ce birapport est égal au birapport des distances des points C et D aux droites a et b. En déduire qu'il est égal au birapport des sinus des angles des droites ca, cb, da, db. On prend maintenant quatre cercles distincts tracés sur la sphère et situés dans des plans concourants en une même droite (définie une fois pour toute, par exemple dans un plan méridien), définir le birapport de ces quatre plans, puis celui des quatre cercles et, éventuellement, celui de quatre cercles quelconques tracés sur la sphère. Par quelle transformation est-il invariant ? À partir de ces observations, reprendre les questions pour quatre cercles du plan.

6.4. En coordonnées sphériques, la sphère de rayon r est représentée par l'équation paramétrique s : $\mathbf{R}^2 \to \mathbf{R}^3$ qui à ($0 \le \theta < \pi$, $0 \le \varphi < \pi$) fait correspondre $x = r \cos\varphi \ \sin\theta$, $y = r \sin\varphi \ \sin\theta$, $z = r \cos\theta$. On supposera $r = 1$. On va évaluer directement l'aire da d'un élément de la surface sphérique : on prend, séparés d'un angle dφ, deux méridiens qu'on projette sur le plan horizontal. Soit un parallèle faisant l'angle θ avec la verticale. Montrer que les intersections de ce parallèle avec les méridiens précédents sont les extrémités d'un arc sphérique ayant pour longueur approchée $\sin\theta \, d\varphi$, et que, par suite, l'élément de surface compris entre les deux méridiens précédents et les deux parallèles d'angle respectif θ et $\theta + d\theta$ est assimilable à un rectangle d'aire da = $\sin\theta \, d\varphi \, d\theta$. En déduire que l'aire de la *lune* d'angle φ (surface de la sphère comprise entre les méridiens séparés de l'angle φ) vaut 2φ, que celle de la sphère unité vaut 4π. On considère un triangle sphérique de sommets A, B, C, dont les côtés sont des arcs de grands cercles (triangle géodésique). Les côtés adjacents au sommet A par exemple, situés sur une lune l(A), font entre eux l'angle α. Calculer, en utilisant la découpe de la sphère en ces trois lunes, l'aire du triangle géodésique (théorème de Girard) et en déduire que $\alpha + \beta + \gamma > \pi$. On suppose que la sphère est pavée de triangles géodésiques de même taille (pavage dit *régulier*) : en posant $\alpha = \pi/p$, $\beta = \pi/q$, $\gamma = \pi/r$, vérifier que $1/p + 1/q + 1/r > 1$.

CHAPITRE VII

1. Soit dans le plan la droite D d'équation $y - 2x - 1 = 0 = F(x,y)$ que l'on dessinera. On interprétera F comme une fonction de $\mathbf{R}^2$ dans $\mathbf{R}$. Rappeler la définition et la signification géométrique des dérivées partielles de F par rapport à x, F'_x, et par rapport à y, F'_y ; les calculer. Quel est le rang de JF(P*) où P*(x*,y*) est un point de D (par exemple (1,3)) ? Donner l'équation dans le plan de $T_D(P^*)$, espace vectoriel affine des vecteurs tangents à D en ce point. Soit ß la projection de D sur l'axe X des x, parallèlement à l'axe Y des y ; on pose ß(P*) = p*. Donner l'équation dans le plan de $T_X(p^*)$, espace vectoriel affine des vecteurs tangents à X en p*. L'application linéaire dß(P*), dont on donnera la matrice, envoie $T_D(P^*)$, espace vectoriel des vecteurs tangents à D en P*, sur $T_X(p^*)$, espace vectoriel des vecteurs tangents en p* à X. Montrer que l'application linéaire dß(P*) est un isomorphisme et retrouver à partir de cette application l'équation de $T_X(p^*)$ en coordonnées

cartésiennes. Déduire de l'emploi trivial d'un théorème qu'il existe un difféomorphisme entre un voisinage A de p^* sur X et un voisinage C de P sur D. Soit maintenant π la projection de $\mathbf{R}^2$ sur Y, et $B = \pi(C)$. Montrer qu'à tout point p^* de A correspond un point unique $y^* = g(x^*)$ de B, de sorte que $F(x^*, g(x^*)) = 0$, et donner l'expression de la fonction g.

2. Refaire tant que cela est possible l'exercice précédent avec, pour droite D, la verticale $F(x,y) = x - 1 = 0$.

3. Soit la fonction différentiable $f : \mathbf{R}^2 \to \mathbf{R}$ définie par $f(x,y) = x^2 + y^3$, et soit (a,b) un point de $\mathbf{R} \times \mathbf{R}$ tel que $f(a,b) = c \geq 0$. Énoncer le théorème des fonctions implicites. Donner la condition sur y pour qu'on puisse ici l'employer. Donner alors de manière explicite la fonction g telle que $f(x,g(x) = c$. La fonction f admet-elle un point critique P ? Si oui, donner le développement taylorien de f limité au second ordre au voisinage de ce point. Donner l'équation de la tangente à $f^{-1}(2)$ au point $(1,1)$. À partir de f, trouver une application $h : \mathbf{R} \to \mathbf{R}^2$ dont l'origine soit un point singulier.

4. Soit la fonction différentiable $f : \mathbf{R}^3 \to \mathbf{R}^2$ définie par $f(x,y,z) = (xy, xz)$. Donner la matrice de df. Vérifier que l'ensemble des points critiques de f est un plan. Si (a,y,z) n'est pas critique, vérifier que pour $c = (c_1,c_2)$ tel que $f(a,y,z) = c$ il existe un voisinage de a dans $\mathbf{R}$ et une application $g : A \to \mathbf{R}^2$ telle $f(x,g(x)) = c$ pour tout élément x de A. Calculer g.

5. On considère la portion S de surface définie paramétriquement dans $\mathbf{R}^3$ par l'équation :

$h(u,v) = (u, (3 - u)(u)^{1/2} \cos(v/3), (3 - u)(u)^{1/2} \sin(v/3))$, $0 \leq u \leq 3$.

Quels sont les points réguliers de S ? Donner l'équation du plan tangent à S en un point régulier. Donner l'équation d'un plan tangent au point singulier. Donner l'équation cartésienne de S, les points critiques de S.

6. Soit un objet dans $\mathbf{R}^3$, *disons un os* ; la partie visible de l'objet est sa surface S, définie par $F^{-1}(0)$ où 0 est une valeur régulière d'une fonction $F : \mathbf{R}^3 \to \mathbf{R}$. Éclairé par des rayons lumineux parallèles à l'axe des z, l'objet possède une ombre sur le plan horizontal, dont le bord est appelé le *contour apparent* de l'objet dans la direction de l'axe des z. Ce contour est donc défini comme l'enveloppe des droites d'intersection du plan horizontal avec les plans tangents à la surface qui sont verticaux. Montrer que le contour s'obtient en éliminant la variable c entre les équations $F(x,y,c) = 0$, $F'_z(x,y,c) = 0$. Posant $F(x,y,c) = F_c(x,y)$, $F^{-1}_c(0)$ est en général une courbe du plan qui, porté à la cote c, donne la ligne de niveau de S de cote c. La surface S est alors définie par la famille des courbes $F_c : \mathbf{R}^2 \to \mathbf{R}$, soit encore par l'application $F : \mathbf{R} \times \mathbf{R}^2 \to \mathbf{R}$. On appellera *enveloppe* de la famille de courbes F^{-1}_c le contour apparent de F. Déterminer l'enveloppe de la famille de cercles $F_c(x,y) = (x - c)^2 + y^2 - 1 = 0$, celle de la famille des normales à la parabole $y = x^2$.

CHAPITRE VIII

1. Donner et dessiner des surfaces homéomorphes, mais portant des noms différents, codées par aba^{-1}.

2. On prend un tronc de cône (cf. 1). Donner le codage de la surface obtenue en identifiant le bord du tronc de cône à celui d'un ruban de Möbius.

3. Vérifier qu'un tore auquel on a enlevé un disque, ou *anse à collier*, est un disque percé de deux trous le long desquels on a collé une anse. Dessiner un ruban de Möbius percé de deux trous le long desquels on a collé une anse ordinaire ; obtenir ce résultat S en se servant d'une anse à collier. Vérifier qu'une bouteille de Klein à laquelle on a ôté un disque est une anse torsadée à collier. La coller convenablement sur un ruban de Möbius percé de deux trous pour obtenir la surface S'. Vérifier qu'en déplaçant une des anses de S le long du ruban, on peut passer de S à S'.

4. Prendre un bretzel (sphère munie de deux anses) : dessiner plusieurs objets de ce type qui diffèrent par la manière dont les anses sont enlacées ou non, forment ou non des nœuds.

5. Construire avec du papier, des ciseaux, de la colle ou une agrafeuse un ruban de Möbius. Le couper en deux dans le sens de la longueur, et expliquer le résultat. Montrer : que la section longitudinale d'un ruban ayant un nombre impair de torsades, conduit à créer un seul ruban ayant un nombre pair de torsades ; que, si le ruban possède un nombre pair $2p$ de torsades, la section génère deux rubans similaires, disjoints l'un de l'autre, mais enlacés si $p > 1$.

6. Une surface est *triangulée* si elle peut être recouverte de triangles vérifiant les propriétés suivantes : deux triangles ont au plus une arête en commun, et toute arête appartient à deux triangles au plus ; si deux triangles ont deux sommets en commun, l'arête qui les joint doit être commune à deux triangles ; l'union des triangles ayant un sommet commun est homéomorphe à un disque. On considère ici des surfaces connexes par arc : deux sommets quelconques peuvent être joints par un chemin d'un seul tenant constitué d'arêtes. Une surface triangulée est orientable si tous les triangles ont la même orientation. Construire, avec sept triangles, une triangulation de la 1-sphère polygonale d'ordre 4 à partir de laquelle on définit le tube ou le ruban de Möbius. Vérifier que le tube est orientable au contraire du ruban de Möbius.

CHAPITRE IX

1. En utilisant le fait que la caractéristique d'Euler-Poincaré est invariante par homéomorphisme, donner celle d'un ellipsoïde, celle de la surface définie par l'équation $x^2 + y^4 + z^6 = 1$.

2. Évaluer l'aire de la sphère de rayon 1.

3. Montrer que $\iint_{T^2} K d\sigma = 0$ où T^2 est le tore habituel.

4. On considère un polyèdre régulier inscrit dans un sphère : les faces polygonales du polyèdre, des polygones réguliers, ont toutes les mêmes propriétés métriques. Le polyèdre possède A arêtes, F faces, S sommets, et chaque face m arêtes et n sommets. Quelle est la valeur minimale de m et de n ? Établir une relation entre 2A, m et F d'une part, n et S d'autre part.

De la formule d'Euler déduire la relation : $1/m + 1/n = 1/2 + 1/A$. Montrer que l'un au moins des nombres m et n est égal à 3. En déduire qu'il n'existe que cinq polyèdres réguliers : le *tétraèdre* ($m = n = 3$), le *cube* ($m = 4$, $n = 3$), l'*octaèdre* ($m = 3$, $n = 4$) conjugué du cube, le *dodécaèdre* ($m = 5$, $n = 3$), l'*iso-caèdre* ($m = 3$, $n = 5$) conjugué du précédent (les centres des faces de l'un sont les sommets de l'autre). Pour chacun des polyèdres, évaluer les nombres A, F, S.

5. Soit $\Sigma(k)$ une surface qu'on peut trianguler (cf. l'exercice 7 du chapitre précédent). Soit $P(k)$ la 1-sphère polygonale triangulée par k triangles et qui code $\Sigma(k)$: on désigne par $s(k)$ le nombre de sommets distincts, par $a(k)$ le nombre d'arêtes distinctes. Si $P(1)$ est un triangle, il est codé soit abc, soit aba^{-1} : vérifier alors que $\chi(\Sigma(1)) = s(1) - a(1) + 1$. On suppose que la relation qu'on vient d'écrire est vraie pour tout $P(k{-}1)$ triangulé avec $k - 1$ triangles ; on s'interroge : est-elle encore vraie si $P(k)$ est triangulé à l'aide k triangles ? On vérifiera que la réponse est positive sur chacune des manières de passer de $P(k{-}1)$ à $P(k)$.

CHAPITRE X

1. Repère de Frenet

1.1. On considère une courbe $M : \mathbf{R} \to \mathbf{R}^2$ parcourue par un mobile $M(t)$: par exemple, dans le plan rapporté à sa base canonique (f_1, f_2), le point $M(t)$ ($x(t) = \mathrm{ch}\,t$, $y(t) = \mathrm{sh}\,t$) décrit une hyperbole équilatère. On considère en $M(t)$ une base locale (affine) du plan, $(e_1(t), e_2(t))$. Quelles seraient, par rapport à la base canonique du plan, les composantes des vecteurs de cette base si elle était constituée : I) de deux vecteurs équipollents aux vecteurs f_1 et f_2 ? II) du vecteur unitaire tangent $T(t)$ à la courbe en $M(t)$ et de son orthogonal unitaire $N(t)$ orienté de sorte que l'angle entre les vecteurs tangent et normal soit $+\pi/$?

1.2. On considère l'élément infinitésimal d'arc de courbe à partir de $M(t)$, $dM(t)$, qu'on repère par rapport à la base locale en $M(t)$: on pose $dM(t) = \omega_1(t)\, e_1(t) + \omega_2(t)\, e_2(t)$. De quel degré sont les formes $\omega_i(t)$? Dans les situations I et II, évaluer les composantes $\omega_1(t)$ et $\omega_2(t)$ de la forme différentielle de degré 1, $dM(t)$. Sans faire de calcul, à quoi est égal $d(dM(t))$? Donner également sa valeur littérale en fonction des $\omega_i(t)$, $e_i(t)$, $d\omega_i(t)$ et $de_i(t)$.

1.3. Le vecteur $e_i(t)$ peut également être considéré comme l'image d'une application $e_i : \mathbf{R} \to \mathbf{R}^2$. On peut repérer par rapport au repère des $e_i(t)$ les 1-formes différentielles $de_1(t)$ et $de_2(t)$: on pose $de_i(t) = \omega_{i1}(t)\, e_1(t) + \omega_{i2}(t)\, e_2(t)$. Donner dans le cas de l'hyperbole précédente les fonctions $\omega_{ij}(t)$. En utilisant les expressions littérales, montrer que $d\omega_j(t) = \omega_1(t) \wedge \omega_{1j}(t) + \omega_2(t) \wedge \omega_{2j}(t)$ ($j = 1, 2$). Vérifier ces relations sur les exemples numériques.

1.4. En tenant compte de la valeur de $d(de_i(t))$, montrer que $d\omega_{ij} = \omega_{i1}$

$\wedge\, \omega_{1j} + \omega_{i2}\, \wedge\, \omega_{2j}$ (i , j = 1, 2). Donner des généralisations des formules trouvées en 1.3 et en 1.4 quand M est une courbe dans $\mathbf{R}^n$.

1.5. On remarquera que dans les exemples numériques I et II les repères locaux sont orthonormés. On se place désormais dans cette hypothèse. De la relation d'orthogonalité entre les deux vecteurs du repère, déduire que ω_{ij} + ω_{ji} = **0**, ω_{ii} = **0**. Vérifier que ces égalités ont bien été obtenues sur les exemples numériques.

1.6. Lorsqu'on est dans la situation II, c'est-à-dire lorsque le repère local est orthonormé direct et tangent à la courbe, on dit que ce repère est un *repère de Frenet*. Vérifier que $\omega_1(t)$ est la vitesse du mobile M(t). À quoi est égal $\omega_{12}(t)$?

2. La forme fondamentale d'un système mécanique

Soit un système mécanique de « particules », parfois assez grosses pour être des planètes... La position de la particule M dans $\mathbf{R}^3$ est représentée par le vecteur q, sa vitesse par le vecteur q', de sorte que M est représentée par un vecteur (q,q') de $\mathbf{R}^6$. S'il y a n particules, l'espace total de configuration est $\mathbf{R}^{6n}$. L'évolution du système dépend de son énergie, décrite par une fonction L(q,q'), appelée le *lagrangien* du système, supposé ici indépendant du temps, L = T + U où U est la *fonction de forces*, T l'*énergie cinétique*. On considère le travail élémentaire représenté par la forme différentielle

$$d_v T = \sum_{j=1}^{n} \frac{\partial T}{\partial q'_j}\, dq_j \cdot$$ La forme différentielle de degré 2, $\omega = d(d_v T)$, est appe-

lée la *forme fondamentale* du système mécanique. La calculer dans le cas où n = 2. Vérifier que ω^n est une « forme volume », i.e. qu'elle s'écrit comme produit extérieur de 2n formes de degré 1 linéairement indépendantes (ici n = 2) (une forme de degré 2 telle que ω^n est une forme volume est dite *symplectique*). Donner les formules dans le cas général, et dans le cas particulier où l'énergie cinétique est indépendante des positions, et dépend quadratiquement des vitesses sous la forme $T = \sum a_{ij} q'_i q'_j$, la matrice des a_{ij} étant symétrique.

3. Propriétés conservatives élémentaires des systèmes physiques classiques

3.1 Cas ponctuel. On suppose que $\mathbf{R}^3$ subit l'influence d'une « masse » m (gravitationnelle ou électrique) placée à l'origine. Au point M de position q(x,y,z), situé à la distance q de l'origine appelée quelquefois foyer, la force F(M) est le gradient de la fonction de forces U = –km/q. Calculer les composantes de F(M). Vérifier que sa divergence et son rotationnel sont nuls. Soit S la surface d'une sphère de $\mathbf{R}^3$ centrée à l'origine : en remarquant que le flux d'un vecteur G à travers une surface est l'intégrale sur la surface de la projection de G(M) sur la normale unitaire N(M) à S, calculer directement le flux de F à travers la sphère. Montrer, en utilisant la formule d'Ostrogradski, que ce flux est constant, quelle que soit la surface S, bord d'un domaine D qui contient l'origine en son intérieur : pour cela, on décomposera D en l'union D' et D" de deux domaines complémentaires, D" étant une petite boule centrée à l'origine et contenue dans D. On considère maintenant deux points P et P' de l'espace et deux chemins quelconques joignant P à P' ; montrer que le travail accompli par la force F pour aller de P à P' est indépendant du chemin suivi.

3.2. Cas non ponctuel, statique. On suppose que le domaine D est rempli de « masses » dont la densité volumique en M, constante avec le temps, est ρ(M). La « masse » totale, encore notée km, est donc l'intégrale triple sur D de ρ(M). Donner l'expression du potentiel total U(P) en un point P de $\mathbf{R}^3$ n'appartenant pas à D et situé à la distance q(M,P) du point M de D. La force dérivée de ce potentiel est F(P) = grad(U(P)). Que dire de rot(F) ? En considérant un domaine compact Δ contenant D et en utilisant un calcul effectué en 3.1, montrer que divF = kρ et en déduire une relation entre le potentiel U et ρ.

3.3. Cas non ponctuel, évolutif. La densité volumique ρ(M,t) est maintenant dépendante du temps. On introduit le vecteur vitesse d'écoulement u(P) en P. À partir du fait que la variation de masse de D est égale au flux traversant D, écrit de deux façons différentes, donner l'*équation de continuité* du mouvement du fluide à travers D.

RÉPONSES

CHAPITRE I

Rappel

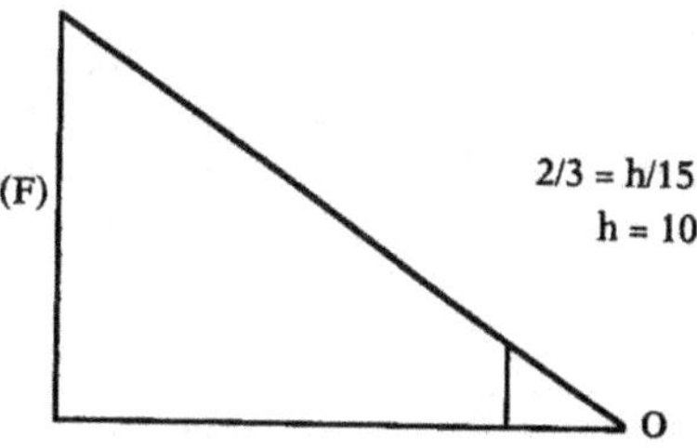

1.1. Les triangles AHC et ACB ont l'angle en A commun, un angle droit : puisque la somme des angles du triangle vaut π, l'angle en C du premier triangle est égal à l'angle en B du second. Par la définition de la similitude, ces triangles sont semblables, ainsi que, par le même argument, les triangles ACB et CHB. Du théorème de Thalès, on déduit : d'une part, AH/AC =

AC/AB, et par suite AH.AB = AC^2 (1) ; d'autre part AB/CB = CB/HB, et par suite HB.AB = CB^2 (2). Des relations (1) et (2), on déduit par addition : (AH + HB).AB = AB^2 = CA^2 + CB^2.

1.2. (a + b)^2 = a^2 + 2ab + b^2 est l'aire du rectangle CC'C"C''' – avec CC' = CA + AC' = a + b, CC" = CB + BC" = b + a – égale aussi à la somme de l'aire du carré ABA'B', soit AB^2, augmentée de l'aire des quatre triangles tels que le triangle ACB, soit au total 4 (CA.CB/2) = 2 CA.CB. En définitive : AB^2 + 2 CA.CB = CA^2 + 2 CA.CB + CB^2.

1.3. On remarque que les côtés de l'angle droit des triangles rectangles ACB et BDE sont égaux : ces triangles sont égaux. Le triangle ABE est donc isocèle (BE = BA = c). La somme des angles en B des trois triangles ABC, ABE, EBD vaut π, les angles en B des triangles ABC et DBE sont complémentaires à $\pi/2$: l'angle en B du triangle ABE est droit. Le calcul d'aire donne alors 1/2 ab + 1/2 c^2 + 1/2 ab = 1/2 (a + b)^2, soit c^2 = a^2 + b^2.

1.4. On prolonge JA : la hauteur du triangle JAB, issue de B et relative à JA, est égale à CA. D'où l'égalité d'aire demandée. Une rotation du triangle CAD autour de A l'amène sur le triangle JAB. La hauteur du triangle CAD, issue de C, relative à AD, est égale à AH. Par suite, l'aire du carré ABED est égale à la somme des aires des carrés s'appuyant sur CA et CB.

2.1. La première égalité à vérifier résulte du théorème de Thalès, la seconde du théorème de Pythagore. Puisque sin A = cos C = a/b, a/sin A = b, au fur et à mesure qu'on éloigne C, les longueurs CA = b et CB = a se rapprochent ; à la limite, sin $\pi/2$ = 1.

2.2. Par le théorème de Thalès, M est le milieu de AB, et OM est médiatrice de AB : OA = OB = OC = R.

2.3. Traçons le cercle circonscrit au triangle : la perpendiculaire en B à AB le coupe en A' diamétralement opposé à A. L'angle en A' du triangle ABA' est égal à l'angle en C de ABC (théorème de l'arc capable) ; par suite, sin C = sin A' = c/2R.

2.4. Deux triangles égaux sont semblables. Deux triangles de même invariant circulaire sont inscriptibles dans un même cercle. Supposons-les semblables. Plaçons dans le cercle BC et B'C' de manière qu'ils soient parallèles. S'ils ne sont pas confondus, les angles en A et en A' sont distincts (théorème de l'arc capable), ce qui contredit l'hypothèse de similitude (égalité des angles) : ou bien A' est confondu avec A ou bien lui est symétrique par rapport à la médiatrice de BC. Les triangles sont égaux.

3.1. Cas n = 3. On note ici A, A', A" au lieu de A_1, A_2, A_3, etc. Soit H, H', H" les pieds des perpendiculaires issues de A, A', A" relatives à MM'M". Les triangles A"H"M et AHM sont semblables : A"H"/AH = A"M/AM. Pareillement AH/A'H' = AM'/A'M, A'H'/A"H" = A'M'/A"M'. La multiplication des égalités entre elles donne le résultat. La généralisation est immédiate.

3.2. Supposons que MM' coupe A'A" en N ≠ M'. De la proposition directe appliquée aux trois points M, M', N et de l'hypothèse résulte que A'N/A"N = A'M"/A"M", d'où N = M".

3.3. Si M" tend vers l'infini, le rapport A'M"/A"M" tend vers 1, alors que les droites A'A" et M M' deviennent parallèles. La relation de Ménélaus devient celle de Thalès.

3.4. On va noter par (ABC) l'aire du triangle ABC. Soit M le point de concours des trois droites. En menant de A et de M les hauteurs relatives à BC, on voit que BX/XC = (ABX)/(AXC) = (MBX)/(MXC) = [(ABX) − MBX)]/[(AXC) − (MXC)] = (ABM)/(CAM). D'où le résultat après avoir établi deux autres relations analogues, et multiplié les trois relations entre elles. La réciproque s'établit comme en 3.2.

4.1. Par Ménélaus (3.1) : (AI/A'I)(A'B'/OB')(OB/AB) = 1, (A'J/A"J) (A"B"/OB") (OB'/A'B') = 1, (A"K/AK) (AB/OB) (OB"/A"B") = 1. En multipliant ces trois relations entre elles, on déduit une relation montrant (cf. 3.2) que les points I, J, K situés sur les côtés du triangle AA'A" sont alignés. Pour la réciproque, on applique le théorème direct à la donnée des trois droites concourantes KAA" KIJ, KBB", et des points A,A", I, J, B,B' : les points O, A' et B' sont alignés.

4.2. Par la projection centrale, les droites AA' et BB', qui se coupent en I, deviennent, dans le plan P', des droites parallèles aa' et bb'. De même, les droites A'A" et B'B", qui se coupent en J, deviennent les parallèles a'a" et b'b". o étant l'image de O, par application du théorème de Thalès, il vient que aa" et bb" sont également parallèles ; par conséquent, les droites AA" et BB" se rencontrent sur la ligne d'horizon IJ.

Réciproquement, puisque IJK est la ligne d'horizon, les côtés des triangles aa'a" et bb'b" sont parallèles deux à deux. Par suite, par application du théorème de Thalès, les droites ab, a'b', a"b" sont concourantes, ainsi, par conséquent, que les droites correspondantes dans le plan P.

5.1. Soit Q un point de la perpendiculaire en P, p', à la droite FP, Q' l'intersection de FQ avec le cercle de diamètre FP'. Les triangles FPQ et FQ'P' sont semblables, d'où il résulte que FP.FP' = FQ.FQ' : Q' est l'inverse de Q. Un cercle passant par F admet pour inverse une droite perpendiculaire au diamètre du cercle passant par F.

5.2. Cela résulte immédiatement de la question précédente : la polaire de Q est la perpendiculaire à FQ en Q', inverse de Q. Elle passe donc par le point P diamétralement opposé au point F du cercle inverse de la droite.

5.3. La polaire p de P est le lieu de s conjugués de P. P désignant l'intersection des tangentes, P' celle de AB avec FP, les triangles FAP et FP'A étant semblables, P' est l'inverse de P, pôle de la droite AB.

Soient AB et A'B' les intersections du cercle avec deux sécantes passant par P. Soit C (C') le pôle de PAB (PA'B'), situé, comme on vient de le voir, à l'intersection des tangentes au cercle en A (A') et B (B'). Puisque P est sur la polaire de C (C'), la polaire p de P passe par C (C') : CC' est donc cette polaire.

5.4.1. Soit P un point du cercle δ (figure de gauche). Sa polaire p par rapport à φ est perpendiculaire à FP, c'est une tangente à la parabole par définition. p passe par l'inverse de P, un point situé sur l'inverse du cercle δ, lequel passe par le centre d'inversion F. Cette inverse est donc une droite, appelée *axe radical* des deux cercles. Cette droite joint les points de rencontre des cercles δ et φ puisque les points de ce dernier cercle sont invariants par l'inversion. Donc la projection du foyer F sur les tangentes décrit l'axe radical.

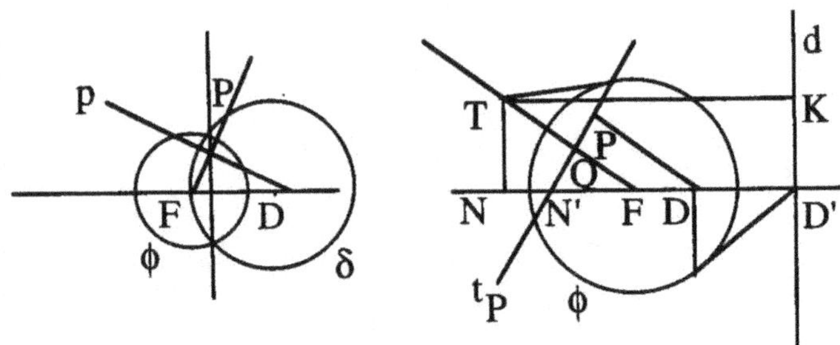

5.4.2. Soit P un point du cercle δ. La tangente à ce cercle P, t_P, est perpendiculaire au rayon DP, et rencontre la droite FD en N'. Le pôle T de t_P par rapport à φ est un point de la conique. T est sur la perpendiculaire en Q à t_P, passant par le foyer F : FQ.FT = f^2 (f rayon de φ). N' est sur la polaire de T : la polaire de N' passe donc par T, et elle est perpendiculaire à FN' ; c'est donc la droite TN : N est l'inverse de N', FN.FN' = f^2. d étant la polaire de D, FD.FD' = f^2. Comme TK/TF = ND'/ TF = (NF + FD')/TF = (NF/f + FD'/f)/(f/TF), il vient TK/TF = (f/N'F + f/FD)/(f/QF) = QF/(1/N'F + 1/FD) = (1 + N'F/FD) QF/N'F = (N'D/FD)(QF/N'F). Les triangles N'FQ et N'DP étant semblables, FQ/N'F = DP/N'D. Par suite, TK/TF = DP/DF = 1/ε.

Réciproquement, le lieu des points T qui vérifient la relation donnée est une conique de foyer F de directrice d.

5.4.3. En coordonnées cartésiennes, la relation $TF^2 = ε^2\ TK^2$ s'écrit $x^2 + y^2 = ε^2(x - c)^2$ en notant c l'abscisse de D' (FD' = c). On développera les calculs et on vérifiera que si ε = 1, on obtient l'équation de la parabole, $y^2 = -2cx + ε^2\ c^2$. Si ε ≠ 1, on obtient l'équation d'une conique à centre de la forme $(x/a)^2 ± (y/b)^2 = 1$.

En coordonnées polaires (r, θ), la relation TF = ε TK s'écrit : –r = ε (TR + RK) où R est la projection de F sur TK, soit encore –r = ε (-r cos θ + c), soit 1/r = cosθ/c – 1/εc. Par inversion de pôle F et de puissance 1, on obtient la courbe d'équation polaire r = cosθ/c – 1/εc appelée limaçon de Pascal.

5.4.4. Par rapport au premier couple (foyer F-directrice d) TF/TK = ε, par rapport au second couple (F'-d'), on a également TF'/TK' = ε. Or TK + TK' s'il s'agit d'une ellipse, |TK – TK'| s'il s'agit d'une hyperbole représentent la distance constante qui sépare les deux directrices. D'où le résultat.

CHAPITRE II

1.1. Le premier renne l'emportera : force 2.

1.2. Le vecteur force qui s'exerce sur le colis a pour composantes (1 – 2 = – 1, 3 + 5 = 8).

1.3. En l'occurrence le lieu où le colis est placé ne joue aucun rôle. La résultante des forces exercées par les deux premiers rennes est la force représentée par le vecteur (4 + 2 = 6, 2 + 0 = 2, 1 – 2 = – 1) ; la résultante des forces exercées par les trois rennes a pour composantes (7, 4, 2).

1.4. Travail = force x déplacement : 10 ; (– 1, 8) x (1,2) = 15 ; (7,4,2) x [(6,7,8) – (1,2,3)] = (7,4,2) x (5,5,5) = 65.

1.5. Soient e et e' les vecteurs de la base canonique du plan. On place V parallèlement à e : ses composantes sont alors $(v, 0)$. V', de longueur v', a pour composantes selon e et e' respectivement $(v' \cos \theta, v' \sin\theta)$. Par suite V.V' = $(v, 0) \cdot (v' \cos \theta, v' \sin\theta) = v\, v' \cos \theta$.

2.1. Soient θ et θ' deux angles totaux qui ne diffèrent que d'un multiple de 2π, soit $2k\pi$:

$\theta\ (= 2n\pi + \mu) = \theta' + 2k\pi$. Par suite, $\theta' = 2(n - k)\pi + \mu = 2n'\pi + \mu$, a même angle réduit que θ. On remarque que chaque angle total est mesuré par un nombre réel : par suite T peut être identifié à **R**, qui possède la structure d'espace vectoriel. Sur M, l'addition est définie par les hypothèses données. Pour que M soit un groupe, il faut s'assurer que sont vérifiées les trois conditions : a) associativité : $(\mu \ddagger \mu') \ddagger \mu'' = \mu \ddagger (\mu' \ddagger \mu'')$; n) existence d'un élément neutre 0 ; s) tout élément μ possède un symétrique μ' tel que $\mu \ddagger \mu' = 0$. Ces conditions sont satisfaites car les éléments de M sont des nombres réels compris entre -2π et 2π. M est également commutatif, propriété qui résulte également de celle des réels. **Q** est un corps qui opère sur un groupe commutatif de sorte que $(q + q')(\mu \ddagger \mu') = q\mu \ddagger q'\mu'$, où q et q' sont deux éléments quelconques de **Q** : cela résulte de ce que $(q + q')(\mu \ddagger \mu')$ est l'angle réduit de $(q+q')(\mu+\mu')$, parfaitement défini comme produit de deux réels. Les éléments de M et de M+ ont les mêmes propriétés d'associativité et d'élément neutre ; le symétrique de μ est l'élément μ' tel que $\mu + \mu' = 2\pi$.

2.2. $\underline{p} = \{..., - kp,..., - 3p, - 2p, - p, 0, p, 2p, 3p,..., kp,...\}$. **Z**/3 a trois éléments, $\underline{0}, \underline{1}, \underline{2}$. $\underline{0} \ddagger \underline{a}$ est par définition le reste de la division de a par p ; comme p est supérieur à a, ce reste est a : $\underline{0} \ddagger \underline{a} = \underline{a} = \underline{a} \ddagger \underline{0}$; $\underline{0}$ est élément neutre. $(\underline{a} \ddagger \underline{b}) \ddagger \underline{c}$ s'obtient ainsi : on prend le reste r de la division par p de $(a + b)$, on lui ajoute c ; le reste s de la division par p de $r + c$ est le nombre cherché. On a donc $a + b = pq + r$, $c + r = lp + s = c + a + b - pq$; par suite $s = a + b + c - (l+q)p$: s est donc le reste de la division de $a + b + c$ par p, indépendant du choix de l'ordre dans lequel sont donnés a, b, c : l'addition $\ddagger$ est associative. Le symétrique de $\underline{a}$ est évidemment $\underline{p–a}$. La commutativité provient du fait que $a + b$ et $b + a$ ont même reste lorsqu'on les divise par p.

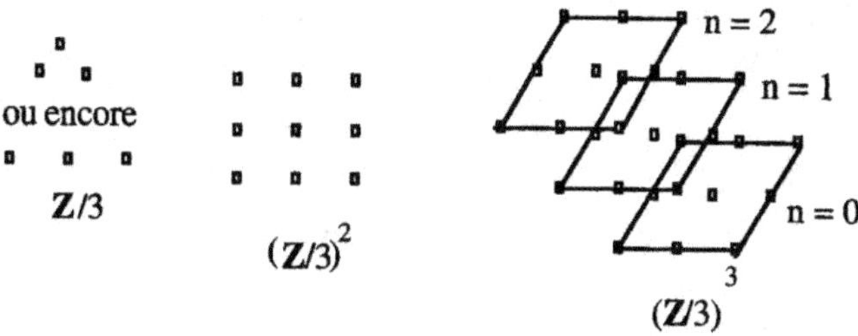

Les neufs éléments de $(\mathbf{Z}/3)^2$ sont $(0,0), (0,1), (0,2), (1,0), (1,1), (1,2), (2,0), (2,1), (2,2)$. $(\mathbf{Z}/3)^2$ est un espace vectoriel sur le corps **Z**/3. L'injection $(\mathbf{Z}/3)^2 \to (n,(\mathbf{Z}/3)^2)$ conserve trivialement la structure d'espace vectoriel.

2.3. Soit V (x,y), par exemple $\underline{V}$ = (– 1,2), tel que N.V = 0. Alors, quel que soit le réel r, V'= rV (rx, ry) vérifie aussi V'.N = (rV).N = r (V.N) = 0 : V engendre un groupe commutatif de vecteurs qu'on peut mettre en bijection avec **R** et dont il possède la structure. Si V" est un vecteur tel que V". N = 0, alors rV" = (x",y") satisfait aussi cette relation. r étant *a priori* quelconque, on peut supposer x" = – 1, alors y" = 2. Par suite la famille des vecteurs V tels que V.N = 0 est engendrée par un vecteur unique comme $\underline{V}$. $\underline{W}$ = (1,–1) vérifie 2x + y = 1. N.(W – $\underline{W}$) = 0, donc W – $\underline{W}$ est de la forme rV, et W = $\underline{W}$ + rV = (par exemple) (1 – r, – 1 + 2r) est l'équation paramétrique de S.

2.4. Si V.N = V'.N = 0, il en est de même de rV + r'V' où r et r' sont deux réels : les vecteurs forment pour l'addition un groupe commutatif sur lequel opère le corps des réels. Comme en 2.3, D et D' sont deux droites vectorielles respectivement engendrées par r$\underline{V}$ et r'$\underline{V}$'. Supposons que $\underline{V}$ = a $\underline{V}$' : alors (1, 1, – 1) = a(1, – 2, 0) ce qui est impossible. $\underline{V}$ et $\underline{V}$' sont linéairement indépendants. Tout vecteur de la forme r$\underline{V}$ + r'$\underline{V}$' appartient à P puisqu'il vérifie (r$\underline{V}$ + r'$\underline{V}$').N = r$\underline{V}$.N + r'$\underline{V}$'.N = 0. Réciproquement, soit V un vecteur de P. On peut *a priori* le mettre sous la forme V = r$\underline{V}$ + r'$\underline{V}$' + U où U (u, u',u") n'est ni de la forme r$\underline{V}$ ni de la forme r'$\underline{V}$'. Comme V vérifie V.N = 0, U.N = 0. Comme alors rU. N = 0, on peut toujours supposer u = 1. Par suite, U.N = 2 + u' + 3u″ = 0. En 2.3, nous avons étudié une telle équation en u' et u". Elle est vérifiée dans le cas particulier où $\underline{u}$' = 1, $\underline{u}$" = – 1. L'équation u' + 3u" = 0 est vérifiée pour tout u' = – 3r, u" = r. Par suite, toute solution de U.N = 0 est de la forme (1 – 3r, – 1 + r). Si r = 0 ou 1, nous retrouvons $\underline{V}$ ou $\underline{V}$', en contradiction avec l'hypothèse que nous avons faite sur U. Par suite, V = r$\underline{V}$ + r'$\underline{V}$'. L'équation N.W = 1 est vérifiée pour $\underline{W}$ = (0,1,0). Le vecteur V = W – $\underline{W}$ vérifie N.V = 0. Par suite, W = V + $\underline{W}$ = r$\underline{V}$ + r'$\underline{V}$' + $\underline{W}$. En notant par w, w',w" les composantes de W, on peut mettre cette équation sous forme paramétrique (w = r + r', w' = r – 2 r' + 1, w" = – r), ou, globalement, sous la forme S = D + $\underline{W}$.

2.5. Les composantes d'un vecteur V(x, y ,z) de (P) et de (P') satisfont simultanément les équations 2 x + y + 3 z = 0, x + y + z = 0, soit, en retranchant terme à terme, x + 2 z = 0 : en donnant par exemple à x la valeur – 2, à z la valeur 1, on en déduit que y = 1 : (– 2,1,1) est donc un vecteur $\underline{V}$. r étant un réel, les composantes de V = r$\underline{V}$ satisfont également aux deux équations. La droite vectorielle D (dimension 1, codimension 1 dans (P) et dans (P'), codimension 2 dans **R**^{3}),engendrée par $\underline{V}$, est donc située à l'intersection des deux plans. Pour vérifier qu'ils sont distincts, il suffit de trouver un vecteur de l'un qui n'appartient pas à l'autre : le vecteur (0, – 3, 1) appartient à (P), mais non à (P') puisque 0 – 3 + 1 n'est pas nul. Si $\underline{V}$ et $\underline{W}$ engendrent (P), tout vecteur V de (P) s'écrit V = a$\underline{V}$ + b$\underline{W}$. Si $\underline{W}$ =$\underline{W}$', V s'écrit aussi V = a$\underline{V}$ + b$\underline{W}$' et appartient à (P') : par suite, (P) et (P') sont confondus, ce qui est contradictoire avec la remarque précédente. $\underline{V}$, $\underline{W}$, $\underline{W}$' sont linéairement indépendants : ils engendrent un espace vectoriel de dimension 3, donc l'espace donné. Comme tout vecteur de P∪P' est de la forme r(a$\underline{V}$ + b$\underline{W}$) + r'(a$\underline{V}$ + b$\underline{W}$') = p$\underline{V}$ + q$\underline{W}$ + q$\underline{W}$', dim(P∪P') = 3 = 2 + 2 – 1.

CHAPITRE III

1.1. a^2, – 3, 0, $ab' - a'b$. Les vecteur AB et AC ont respectivement pour composantes $(2, -1)$ et $(1,1)$: l'aire du triangle vaut donc $1/2\,(2 + 1) = 3/2$.

1.2. a^2, – 3, $ab' - a'b$. Appelons O, A, B, C les vecteurs donnés ; les vecteurs OA, OB, OC ont pour composantes respectives $(0, 1, -1)$, $(-1, 1, 0)$, $(0, 1, 0)$. Le parallélépipède qui s'appuie sur ces vecteurs a pour volume algébrique – 1, le tétraèdre pour volume algébrique $-1/3\,! = -1/6$.

1.3. Le volume du parallélépipède est égal au produit de l'aire a d'une base, $a = (uv'-u'v)$, par la longueur de la hauteur qui lui est relative, w''. On retrouve cette propriété à travers le calcul des déterminants suivants :

$$\det\begin{vmatrix} u & v & 0 \\ u' & v' & 0 \\ 0 & 0 & w'' \end{vmatrix} = (uv'-u'v)w'' = \det\begin{vmatrix} u & v & w \\ u' & v' & w' \\ 0 & 0 & w'' \end{vmatrix} . \ (0,0,1).(w,w',w'') \ = \ K.W \ = \ w'' ;$$

par suite, $V = aw'' = a\,(K.W) = (a\,K).W$. On retrouve évidemment la situation précédente par une rotation du repère qui amène les vecteurs U et V dans le plan horizontal. Utilisons l'expression générale du développement du déterminant pour faire apparaître la forme $V = \det(U,V,W) = (U \wedge V).W$. Pour cela, groupons les termes qui contiennent w, puis ceux qui contiennent w', puis ceux qui contiennent w'' : $\det(U,V,W) = (u'v'' - v'u'')w + (u''v - v''u)w' + (uv' - vu')w'' = (U \wedge V).W$ avec :

$$U \wedge V = \begin{vmatrix} u' & u'' \\ v' & v'' \end{vmatrix}I + \begin{vmatrix} u'' & u \\ v'' & v \end{vmatrix}J + \begin{vmatrix} u & u' \\ v & v' \end{vmatrix}K .$$

2.1. D(1) est parallèle à la droite vectorielle d'équation $2x + y = 0$, dont les vecteurs $V(x,y)$ sont perpendiculaires à $N(1) = (2,1)$. De même D(2) admet $N(2) = (1, -1)$ comme vecteur normal. Ces deux vecteurs n'étant pas colinéaires, D(1) et D(2) ne sont pas parallèles, elles se coupent – au point $(1,-1)$, solution du système d'équations linéaires (1)(2). De manière générale, si N(1) et N(2) ne sont pas parallèles : il existe une solution unique ; ces vecteurs engendrent le plan, espace de dimension 2, l'aire du parallélogramme qu'ils définissent n'est pas nulle. Si N(1) et N(2) sont parallèles, ils engendrent le même sous-espace vectoriel de dimension 1, l'aire du parallélogramme qu'ils définissent est nulle ; ou bien D(1) et D(2) sont confondues, il existe alors une infinité de solutions, ou bien ces droites sont distinctes, il n'y a pas de solution.

2.2. Si N(1) et N(2) ne sont pas parallèles, ils engendrent un sous-espace vectoriel de dimension 2, un parallélogramme d'aire non nulle mais de volume nul, les plans donnés se rencontrent selon une droite : les composantes des points de cette droite sont les solutions du système des deux équations linéaires ; leur nombre est infini. Si N(1) et N(2) sont colinéaires, ils engendrent un sous-espace vectoriel de dimension 1, un segment de longueur non nulle, mais d'aire et de volume nuls, les plans donnés sont parallèles ; ou ils sont confondus, et il existe une infinité de solutions correspondant chacune à un point du plan, ou bien ils ne sont pas confondus, et il n'y a pas de solution. L'aire du parallélogramme engendré par les vecteurs est mesurée par $|U \wedge V|$: elle n'est pas nulle si l'une au moins des composantes de ce vecteur donné en 1.3 n'est pas nulle. Si toutes ces composantes sont nulles, les deux vecteurs sont parallèles et engendrent un sous-espace de dimension 1, à moins qu'ils ne soient eux-mêmes nuls.

2.3. Les plans définis par les trois équations peuvent : 1) se rencontrer en un seul point, 2) former un faisceau ou drapeau de plans concourants en une droite, 3) deux d'entre eux peuvent être parallèles sans être confondus et coupés par le troisième, 4) deux d'entre eux peuvent être confondus et coupés par le troisième, 5) les trois plans peuvent être parallèles mais distincts, 6) ils peuvent être parallèles, deux d'entre eux seulement étant confondus, 7) ils peuvent enfin être confondus en un seul. Dans le cas 1, la solution est unique, les normales engendrent tout l'espace de dimension 3, le rang de la matrice est 3. Dans le cas 2, les solutions sont en nombre infini, portées par la droite de concours des plans ; les normales se trouvent dans un plan perpendiculaire à cette droite ; elles engendrent donc un sous-espace vectoriel de dimension 2, le rang de la matrice est 2. Dans le cas 3, il n'y a pas de solution, bien que deux des vecteurs soient linéairement indépendants, et la matrice de rang 2. Le cas 4 nous renvoie à une situation rencontrée en 2.2 ; il y a une infinité de solutions portées par la droite d'intersection des plans ; deux des vecteurs sont linéairement indépendants, la matrice est de rang 2. Dans les cas 5 et 6, il n'y a pas de solution, l'espace engendré par les vecteurs est de dimension 1, le rang de la matrice est 1. Dans le dernier cas, il y a une infinité de solutions portées par le plan, bien que la matrice soit de rang 1.

2.4. $N(1)$ est le vecteur (a, b, c) correspondant à l'équation $ax + by + cz = s$. $N^t(1)$ est le vecteur (a, a', a''), $N^t(2)$ le vecteur (b, b', b''), $N^t(3)$ le vecteur (c, c', c''). Si les vecteurs $N^t(1)$, $N^t(2)$, $N^t(3)$ engendrent tout l'espace de dimension 3, leur déterminant n'est pas nul : puisque S appartient à cet espace, il existe une combinaison linéaire unique de ces vecteurs, de poids x, y, z égale à S. Si ces vecteurs engendrent un sous-espace de dimension 2, leur déterminant est nul mais la matrice est de rang 2, ou bien S n'appartient pas à ce sous-espace et il n'y a pas de solution, ou bien S lui appartient ; le nombre de solutions est alors infini (cf. les cas précédents 2 et 4). Si ces vecteurs engendrent un sous-espace vectoriel de dimension 1 (matrice de rang 1), ou bien S ne lui appartient pas et il n'y a pas de solution, ou bien S lui appartient et il y a une infinité de solutions (cf. le cas 7). D'après les propriétés du déterminant, $\det(S, N^t(2), N^t(3)) = \det(x\, N^t(1) + y\, N^t(2) + z\, N^t(3), N^t(2), N^t(3)) = x \det(N^t(1), N^t(2), N^t(3)) + y \det(N^t(2), N^t(2), N^t(3)) + z \det(N^t(3), N^t(2), N^t(3))$. Ces deux derniers déterminants sont nuls puisqu'ils représentent le volume engendré par deux vecteurs seulement. Par suite, $x = \det(S, N^t(2), N^t(3))/\det(N^t(1), N^t(2), N^t(3))$. De la même façon, $y = \det(N^t(1), S, N^t(3))/\det(N^t(1), N^t(2), N^t(3))$, $z = \det(N^t(1), N^t(2), S)/\det(N^t(1), N^t(2), N^t(3))$. L'intérêt de ces formules est surtout théorique.

CHAPITRE IV

1.1. Le noyau de H se compose des vecteurs V tels que H(V) = O : 2v + v' = 0 ; v − v' = 0. Le noyau de H se réduit ici au vecteur nul, un espace de dimension 0. Le noyau de G est composé des vecteurs V pour lesquels 2v + v' = 0, 6v + 3v' = 0 : on est donc en présence en fait d'une seule équation, 2v + v' = 0. Le noyau, qui appartient à l'espace source, est donc la droite vectorielle, de dimension 1, définie par cette équation : elle contient bien sûr l'origine et, par exemple, le vecteur $V(1, -2)$. L'image de H est la totalité du plan puisque les images de e et de e' sont deux vecteurs qui engendrent F ; dans ce cas : dim(E) = 2, dim(N) = 0, dim(Image) = 2. Prenons le cas de G. Les vecteurs e et V, linéairement indépendants, forment une base de E ; un vecteur quelconque de E, V, s'écrit V= a e + bV ; son image par G est V' = G(V) = aG(e) + bG(V) = a G(e). Ainsi, la totalité de E est projetée sur a G(e) de dimension 1. Ici dim(E) = 1 + 1.

1.2. Les équations 2u + v + w = u − v + w = 0 admettent pour solution les V(u,v,w) qui satisfont également 3u + 2w = 0, u + 2v = 0, i.e. la droite vectorielle d'équation paramétrique x = u, y = − u/2, z = − 3/2u : elle passe donc par l'origine et par exemple par le point N(u)(1, − 1/2, − 3/2). Les équations x' = 2u + v + w, y' = u − v + w admettent toujours des solutions : l'espace image est de dimension 2. On a bien 3 = 1 + 2.

Si V = V'+ rN(u), par la linéarité de H, H(V) = H(V') + rH(N(u)) = H(V'). Réciproquement, si H(V) = H(V'), ou encore si H(V) − H(V') = 0, par la linéarité de H, H(V − V') = O, donc V − V' appartient au noyau, et est donc de la forme rN(u). La classe d'équivalence de V(1,1,1) est la droite affine passant par l'extrémité du vecteur V, parallèle au vecteur N(u). L'équation paramétrique de cette droite est x = 1 + r, y = 1 − r/2, z = 1 − 3r/2. Son intersection avec le plan horizontal z = 0 est le point C(1,1,1) de composantes (c = 5/3, c' = 2/3, c" = 0). Le vecteur N(u) n'étant pas parallèle au plan horizontal, la classe d'équivalence de tout vecteur V de $\mathbf{R}^3$ rencontre le plan horizontal qui forme ainsi un système de représentants complet de $\mathbf{R}^3/N(H)$. On a toujours l'égalité 3 = 1 + 2.

2.2. Par la linéarité, V' = H(V) = H(x e + y e') = x H(e) + y H(e') = x (a e + b e') + y (a' e + b' e') = (x a + y a') e + (x b + y b') e' = x' e + y' e'. D'où x' = a x + a' y, y' = b x + b' y', ce qu'on écrit sous forme matricielle :

$$\begin{pmatrix} x' \\ y' \end{pmatrix} = \begin{pmatrix} a & a' \\ b & b' \end{pmatrix} \begin{pmatrix} x \\ y \end{pmatrix}$$ De la même façon, G(V') = V" a pour composantes :

$$\begin{pmatrix} x" \\ y" \end{pmatrix} = \begin{pmatrix} c & c' \\ d & d' \end{pmatrix} \begin{pmatrix} x' \\ y' \end{pmatrix}$$ Par ailleurs, G(V') = x"G(e) + y"G(e') = (ax + a'y)(ce + de')

+ (xb + yb')(c'e + d'e') = (ca + c'b)xe + (ca'+ c'b')ye + (da + d'b)xe' + (da' + d'b')ye'. En introduisant la multiplication matricielle qui fabrique le coefficient g_{ij}, situé au carrefour de la ligne i et de la colonne j, en multipliant terme à terme les éléments de la ligne i de la matrice située à gauche par ceux de la colonne k de la matrice située à droite, on obtient :

$$\begin{pmatrix} x'' \\ y'' \end{pmatrix} = \begin{pmatrix} c & c' \\ d & d' \end{pmatrix}\begin{pmatrix} a & a' \\ b & b' \end{pmatrix}\begin{pmatrix} x \\ y \end{pmatrix} = \begin{pmatrix} ca+c'b & ca'+c'b' \\ da+d'b & da'+d'b' \end{pmatrix}\begin{pmatrix} x \\ y \end{pmatrix}.$$

2.3. H est une application bijective qui dilate dans un rapport constant, respectivement 1 et 2, les composantes x et y d'un vecteur. Cette application répétée n fois, H^n, dilate les composantes du vecteur initial d'un rapport respectif 1^n, 2^n. L'application G projette l'espace vectoriel sur l'axe des y, tout en tuant les composantes en y ; de sorte qu'une répétition de cette application envoie cet axe sur O : l'application est nilpotente d'ordre 2. Par suite l'application H suivie de G envoie le plan sur l'axe des y, en dilatant cet espace du coefficient 2 x 2 ; l'application G suivie de H a le même effet.

D'ailleurs $\quad \mathbf{SN = NS} = \begin{pmatrix} 0 & 0 \\ 4 & 0 \end{pmatrix}.$

2.4 L'application H associée à S est une rotation de $\pi/3$ dans le plan horizontal associée à une symétrie de la composante verticale par rapport au plan horizontal. L'application G associé à N envoie l'espace sur le plan (y,z) tout en tuant les composantes en z, de sorte qu'en renouvelant cette application on projette ce plan sur l'axe des z ; puisqu'à chaque fois on tue les z, une troisème application envoie l'axe des z sur l'origine : G est nilpotent d'ordre 3, ce que le calcul vérifie.

2.5. L'extrémité des vecteurs V(t) décrit le demi-cercle supérieur unité. 2 et 4 sont les valeurs propres d'une matrice diagonale. Si W(resp. V) a pour composantes (u,v) (resp. (x,y)) u = 2x, v = 4 y, et $(u/2)^2 + (v/4)^2 = 1$. L'extrémité de W décrit une demi-ellipse.

2.6. On remarque que f et f' sont des vecteurs de même longueur, et orthogonaux (f.f' = 0). On obtient le premier repère par rotation du nouveau d'un angle de $\pi/4$ et une homothétie de rapport $1/\sqrt{2}$. Puisque f + f' = 2e, f' – f= 2e', x(f + f')/2 + y(f' – f)/2 = x'f + y'f'. D'où x' = x/2 – y/2, y' = x/2 + y/2. D'où :

$$\begin{pmatrix} x' \\ y' \end{pmatrix} = \begin{pmatrix} 1/2 & -1/2 \\ 1/2 & 1/2 \end{pmatrix}\begin{pmatrix} x \\ y \end{pmatrix} = \begin{pmatrix} 1/\sqrt{2} & 0 \\ 0 & 1/\sqrt{2} \end{pmatrix}\begin{pmatrix} \cos(\pi/4) & -\sin(\pi/4) \\ \sin(\pi/4) & \cos(\pi/4) \end{pmatrix}\begin{pmatrix} x \\ y \end{pmatrix}.$$ Dans le cas

général, $\begin{pmatrix} x' \\ y' \end{pmatrix} = \begin{pmatrix} a & a' \\ b & b' \end{pmatrix}\begin{pmatrix} x \\ y \end{pmatrix}$ et si f et f' sont orthogonaux et de même longueur,

$\| f \| = \| f' \|$, la matrice précédente s'écrit comme le produit :

$\begin{pmatrix} 1/\|f\| & 0 \\ 0 & 1/\|f\| \end{pmatrix}\begin{pmatrix} af^2 \|f\| & a'f^2/\|f\| \\ bf'^2\|f\| & b'f'^2/\|f'\| \end{pmatrix}.$ (Des relations e.e = e'.e' = 1, e.e' = 0,

on déduira : b = – a', a = b'.)

2.7. Cherchons à déterminer les composantes d'un vecteur propre f dans la base canonique du plan : il est tel que Mf = λf, soit $2f_1 + f_2 = \lambda f_1$, $f_1 + 3f_2 = \lambda f_2$, soit encore $(2f_1 + f_2) f_2 = \lambda f_1 f_2$ $(f_1 + 3f_2) f_1 = \lambda f_2 f_1$, d'où l'on déduit par soustraction l'équation : $f_2{}^2 - f_1 f_2 - f_1{}^2 = 0$. En donnant à f_1 la valeur 1, on obtient $f_2 = (1 \pm \sqrt{5})/2$. En choisissant le signe +, on obtiendra par exemple f, et en choisissant le signe – on obtiendra f'. Comme dans l'exercice précédent, V= x e + y e' = x' f + y'f', avec $f = e + (1 + \sqrt{5})/2$ e', f' = e $(1 - \sqrt{5})/2$ e'. On en déduit e et e' en fonction de f et f', et les coefficients a,b,a',b' de la matrice.

2.8. Si f est un vecteur propre associé à la valeur propre λ, $Mf = \lambda f = \lambda If$, où I est la matrice identité. Par suite, $(M - \lambda I)f = 0$. Soient A_1, A_2, A_3,... etc., les vecteurs colonnes de la matrice $A = (M - \lambda I)$. La relation $(M - \lambda I)f = 0$ s'écrit aussi $f_1 A_1 + f_2 A_2 + f_3 A_3 + ... = 0$, où f_i désigne la i-ème composante du vecteur f : les vecteurs A_1, A_2, A_3, etc., sont donc linéairement dépendants, et le n-volume qu'ils définissent est nul : $\det (M - \lambda I) = 0$.

2.9. $M(V + iW) = (a + ib)(V + iW) = aV - bW + i(aW + bV) = MV + i MW$. Par suite, $H(V) = MV = aV - bW$, $H(W) = MW = aW + bV$. Tout vecteur $v = x V + y W$ est transformé en un vecteur $H(v) = x H(V) + y H(W) = (ax + by) V + (ay - bx) W = v'$ qui appartient bien au sous-espace engendré par V et W.

2.10. D'après 2.8, $\det (M - \lambda I) = 0$, soit $(\lambda - 2)^2 = 0$. N a pour noyau la première bissectrice. N envoie un point quelconque sur la première bissectrice, qui est aussi le noyau de N, donc $N^2 = 0$.

2.11 $\begin{pmatrix} a\ 0\ 0 \\ 0\ b\ 0 \\ 0\ 0\ c \end{pmatrix}, \begin{pmatrix} a\ 0\ 0 \\ 0\ b\ -c \\ 0\ c\ b \end{pmatrix}, \begin{pmatrix} a\ 0\ 0 \\ 0\ b\ 0 \\ 0\ 0\ b \end{pmatrix}, \begin{pmatrix} a\ 0\ 0 \\ 0\ a\ 0 \\ 0\ 1\ a \end{pmatrix}, \begin{pmatrix} a\ 0\ 0 \\ 1\ a\ 0 \\ 0\ 1\ a \end{pmatrix}.$

CHAPITRE V

1.1. $\| V \| = \sqrt{17}$. $M = \begin{pmatrix} 1\ 1 \\ 1\ 3 \end{pmatrix}$, $\| V \|^2 = (x\ y)\begin{pmatrix} 1\ 1 \\ 1\ 3 \end{pmatrix}\begin{pmatrix} x \\ y \end{pmatrix} = q(V)$.

1.2. S est représenté par une ellipse de centre l'origine, S' par une hyperbole de centre l'origine dont les asymptotes sont les droites $y = \pm 3/2$ x. C ne contient qu'un seul vecteur isotrope, l'origine. Les vecteurs isotropes de C' sont portés par les asymptotes de l'hyperbole S'.

1.3. S est un ellipsoïde (les sections par les plans x = 0, y = 0, z = 0 sont des ellipses), C reste l'origine. S' est un hyperboloïde à une nappe (cf. l'exercice 2.2, chapitre VI) (les sections par les plans y = 0, x = 0, z = 0 sont respectivement une ellipse et des hyperboles). C' est le cône asymptote à l'hyperboloïde formé de toutes les asymptotes aux sections planes de l'hyperboloïde et qui sont des hyperboles.

2.1. $q(V + V') = b(V + V', V + V') = b(V,V) + 2b(V,V') + b(V',V') = q(V) + q(V') + 2b(V,V')$, d'où la formule $b(V,V') = 1/2[q(x + x', y + y') - q(x,y) - $

$$q(x',y')] = xx' + xy' + yx' + 3yy' = (x\,y)\begin{pmatrix}1&1\\1&3\end{pmatrix}\begin{pmatrix}x'\\y'\end{pmatrix}.$$

2.2. Cet ensemble est la droite vectorielle formée des vecteurs (x,y) tels que $x + 2y = 0$. On vérifie aisément que tout vecteur porté par cette droite est de la forme $r(-2, 1)$: un seul vecteur permet d'engendrer la droite, espace vectoriel de dimension 1, de codimension $2 - 1 = 1$.

2.3. La relation de Pythagore résulte immédiatement de la formule démontrée en 2.1 et du fait que $b(V,V') = 0$. On remplace dans cette formule V' par $- V'$, et on additionne $b(V,V') + b(V, - V') = b(V,V') - b(V,V')$ (par la linéarité de b par rapport à chaque variable).

3.1. Écrivons que $W = c\,V$ est orthogonal à $V' - W$: $cV.(V' - cV) = 0$, ou encore $c = V.V'/V.V = V.V'/ \|V\|^2 = (3 + 4)/5 = 7/5$. Plus généralement, $b(cV, V' - cV) = 0 = cb(V,V' - cV) = 0$, soit $b(V,V') - cb(V,V) = 0$, d'où la valeur de c. Dans le cadre de 1.1, c

$= (1.3 + 1.2 + 2.3 + 2.2)/ 5 = 3$.

3.2. Dans le premier cas, $7/5 = 1{,}4 < 7 < (5.13)^{1/2}$, dans le second $3 < (17.33)^{1/2}$. $V' = V - cV + cV$; cV étant orthogonal à $V - cV$, $q(V - cV) + q(cV) = q(V')$: $q(cV) < q(V') = \|V'\|^2$. Or $q(cV) = c^2 q(V)$; par suite, $c^2 < q(V')/q(V)$ avec $c = b(V,V')/q(V)$ (cf. 3.1). En définitive, $b^2(V,V') < q(V)q(V')$.

3.3. $(\|V + V'\|^2 = q(V + V') = b(V + V',V + V') = q(V) + 2b(V,V') + q(V') \le q(V) + 2q(V)q(V') + q(V') = (\|V\| + \|V'\|)^2$.

4.1. Les vecteurs V et U sont orthogonaux par construction. Si V et U étaient linéairement dépendants, on aurait $U = kV = V' - cV$, et $V' = (k + c) V$ serait linéairement dépendant de V, ce qui n'est pas vrai : U et V engendrent le plan. $U/\|U\|$, et $V/\|V\|$ forment une base orthonormale.

4.2. $b(V,V') = xx' - yy'$: (x,x) est orthogonal à lui-même (vecteur isotrope), (x,y) est orthogonal à (y,x), et en particulier $(0,1)$ et $(1,0)$ (qui forment une base orthonormale).

4.3. $b(V,V') = 2 + 2 +1 - 1 = 4$. $b(V,V) = 1 + 4 +1 - 1= 5$. $U = V' - W = V' - cV = (6/5, - 3/5,1/5,1/5)$. $c'(V,V) = b(V'',V)/b(V,V) = 3/5$. $c''(V'',U) = b(V'',U)/b(U,U) = (3/5)/(9/5) = 1/3$. $T = (0, 0, 4/3, 4/3)$. On vérifie que V, U, T sont orthogonaux et sont linéairement indépendants. $V/\|V\|$ est un vecteur unitaire, comme $U/\|U\|$, $T\|T\|$.

4.4. Il faut supposer donnés n vecteurs linéairement indépendants V_1, $V_2,..., V_n$ dans $\mathbf{R}^n$, à partir desquels on pourra construire la base cherchée. On en choisit un, par exemple V_1 : il sera un premier vecteur de base, on le note U_1. On prend un deuxième vecteur V_2, à partir duquel, comme en 4.1, on construit $U_2 = V_2 - c(V_2, U_1)U_1$. Supposons construits $U_1, U_2,...,U_k$. Pour construire U_{k+1}, on choisit un vecteur V non encore utilisé, par exemple V_{k+1} : on le projette sur chacun des U_i précédents $(i \le k)$. En retirant à V_{k+1}, comme en 4.1, sa projection $c(V_{k+1}, U_i)U_i$ sur U_i, on fabrique un vecteur orthogonal à U_i. Par suite, $U_{k+1} = V_{k+1} - c(V_{k+1}, U_1)U_1 - c(V_{k+1}, U_2)U_2 - ... -$

$c(V_{k+1}, U_k)U_k$ est orthogonal aux U_i ($i \leq k$). On a vu en 4.1 que U_1 et U_2 étaient linéairement indépendants. Supposons montré que les U_i ($i \leq k$) sont également linéairement indépendants. Si U_{k+1} dépendait linéairement des autres U_i ($i \leq k$), alors V_{k+1} serait engendré par les U_i ($i \leq k$), c'est-à-dire, étant donné le mode de construction des U_i, par les V_i ($i \leq k$), ce qui contredirait l'indépendance linéaire des vecteurs V.

4.5. Si f est un vecteur propre de M, $Mf = \lambda f$. Dans la base formée des vecteurs f et f', f a pour composantes (1,0), f' pour composantes (0,1). $q(f) = (1,0)M(1,0)^t = (1,0)\lambda(1,0)^t = \lambda$. De même $q(f') = \lambda'$. v f et v' f' sont deux vecteurs orthogonaux : du théorème de Pythagore résulte que $q(v\,f + v'f') = q(vf) + q(v'f') = v^2\lambda + v'^2\lambda'$.

CHAPITRE VI

1.1.

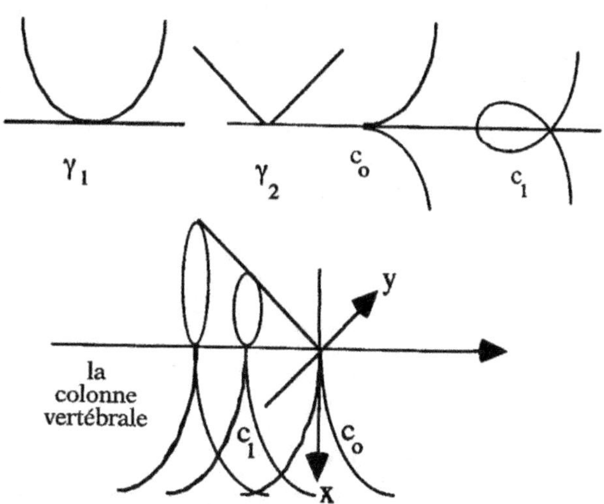

$\gamma_1'(t) = (1, 2t)$ ne s'annule jamais ; pour $t \neq 0$, $\gamma_2'(t) = (1, 1)$ si $t > 0$, $= (1, -1)$ si $t < 0$; si $t = 0$ la vitesse n'est pas définie (dérivée à droite et dérivée à gauche ne coïncident pas) ; $c_0'(t) = (2t, 3t^2)$ s'annule en $t = 0$; pour $\lambda \neq 0$, $c_\lambda'(t) = (2t, 3t^2 - \lambda)$ n'est pas nul.

$\gamma_1''(t) = (0, 2)$ ne s'annule jamais ; pour $t \neq 0$, $\gamma_2''(t) = (0,0)$, n'est pas définie en $t = 0$; $c_\lambda''(t) = (2, 6t)$ n'est pas nul.

1.2. Le vecteur $c'(s) = T(s)$ est unitaire. On peut donc poser, puisque $x'^2 + y'^2 = 1$ ($x' = \cos \theta$, $y' = \sin\theta$) $= T$. On remarque que $T'(s) = c''(s) = (-\sin\theta\,\theta', \cos\theta\,\theta')$ de longueur θ', vérifie $T.T' = 0$: il est donc orthogonal à T – d'ailleurs par dérivation de $T.T = 1$, on obtient $T'.T + T.T' = 0 = 2T.T'$. Le vecteur normal unitaire en $c(s)$ est $N = (-\sin\theta, \cos\theta)$. Par suite $T'(s) = \theta'(s)\,N(s) = k(s)\,N(s)$.

1.3. Par le théorème de Pythagore, $ds^2 = dx^2 + dy^2 = (x'(t)\,dt)^2 + (y'(t)\,dt)^2$ et $ds = \sqrt{((x'(t))^2 + (y'(t))^2}\,dt = \|c'(t)\|dt$. $\mathrm{tg}(\theta(t)) = y'(t)/x'(t)$; par dérivation : $\theta'(t)/\cos^2(\theta(t)) = \theta'(t)/[1 + \mathrm{tg}^2(\theta(t))] = [(x'(t))^2 + (y'(t))^2]/(x'(t))^2 = [(x'(t)y''(t) - y'(t)x''(t)]/(x'(t))^2$. Par suite $\theta'(s) = k(s) = k(t) = \theta'(t)\,s'(t) = $

$$k(t) = \frac{x'(t)y''(t) - y'(t)x''(t)}{[(x'(t)^2 + y'(t)^2]^{3/2}}$$. On remarquera que le numérateur est égal à la

longueur du produit vectoriel de $c'(t)$, vecteur vitesse, par $c''(t)$, vecteur accélération.

1.4. Le vecteur vitesse en M(t), parallèle au vecteur tangent en M(t) à la courbe, a pour composantes $c'(t) = (1, \mathrm{sh}\,t)$. La tangente à la courbe a pour équation $(y - \mathrm{ch}\,t)/(x - t) = \mathrm{sh}\,t/1$, d'où $Q(t) = (t - \coth t, 0)$. L'arc IM(t) a pour

longueur $s(t) = \int_0^t \sqrt{1 + \mathrm{sh}\,t^2}\,dt = \int_0^t (\mathrm{ch}\,t)dt = \mathrm{sh}\,t$.. $OP(t) = OM(t) + M(t)P(t) =$

$OM(t) - s(t)T(t)$. Par suite, $OP' = OM' - s'T - sT'$. $OM'(t) = c'(t) = (1, \mathrm{sh}\,t)$ a

pour longueur $\sqrt{1 + \mathrm{sh}\,t^2} = \mathrm{ch}\,t$, par conséquent $T(t) = (1/\mathrm{ch}\,t, \mathrm{sh}\,t/\mathrm{ch}\,t)$ et $s'(t)$

$= \mathrm{ch}\,t$, par suite $OM' - s'T = 0$. Comme $T.T = 1$, $T'.T = 0$: $OP' = -sT'$ est paral-

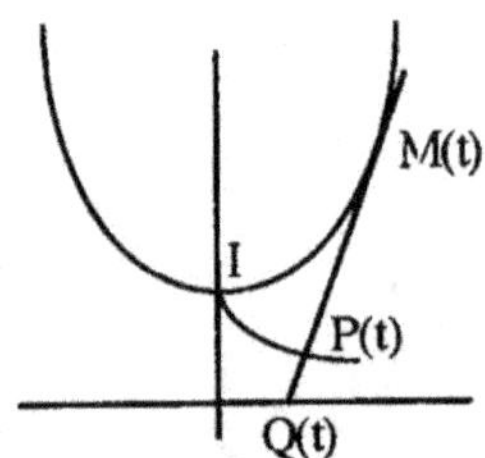

lèle à la normale en M à la chaînette. MQ a pour composantes $(\coth t, \mathrm{ch}\,t)$ et pour longueur $(\mathrm{ch}\,t)^2/\mathrm{sh}\,t$. Par suite, PQ a pour longueur $(\mathrm{ch}\,t)^2/\mathrm{sh}\,t - \mathrm{sh}\,t = 1/\mathrm{sh}\,t = 1/\mathrm{IM} = 1/\mathrm{MP}$. Puisque $OP = OM - sT$, le point P a pour coordonnées $(t - \mathrm{sh}\,t/\mathrm{ch}\,t, \mathrm{ch}\,t - (\mathrm{sh}\,t)^2/\mathrm{ch}\,t) = 1/\mathrm{ch}\,t)$. Par suite :

$$IP = \int_0^t \sqrt{(1 - 1/(\mathrm{ch}\,t)^2)^2 + (\mathrm{sh}\,t/\mathrm{ch}\,t)^2)^2}\,dt = \int_0^t (\mathrm{sh}\,t/\mathrm{ch}\,t)dt = \log \mathrm{ch}\,t.$$

2.1. $\mathbf{Jds_1} = \begin{pmatrix} 1 & 0 \\ 0 & 1 \\ -u/\sqrt{1 - (u^2 + v^2)} & -v/\sqrt{1 - (u^2 + v^2)} \end{pmatrix}$. $\mathrm{Jds_1}(e)$ (resp. e') est

un vecteur de composantes, celles de la première (resp. seconde) colonne de la matrice $\mathrm{Jds_1}$. Le plan tangent est l'ensemble des vecteurs engendrés par $\mathrm{Jds_1}(e)$ et $\mathrm{Jds_1}(e')$, basés en $s_1(u,v)$; il s'écrit donc $s_1(u,v) + a\,\mathrm{Jds_1}(e) + b$

$\mathrm{Jds_1}(e')$ où a et b sont deux réels, soit : $\begin{pmatrix} 2/3 + a \\ 2/3 + b \\ 1/3 - 2a - 2b \end{pmatrix}$. On a là l'équation paramétrique du plan tangent. On peut trouver l'équation cartésienne en écrivant une condition pour que le vecteur $s_1(P)M$, où $M(x,y,z)$ est un point de l'espace tangent, appartienne au sous-espace vectoriel engendré par $Jds_1(e)$ et $Jds_1(e')$: le 3-volume du parallélépipède construit sur ces trois vecteurs est nul, ou encore $\det(s_1(P)M, Jds_1(e), Jds_1(e')) = 0 =$

$$\det \begin{pmatrix} x-u & 1 & 0 \\ y-v & 0 & 1 \\ z-\sqrt{1-u^2-v^2} & -u/\sqrt{1-u^2-v^2} & -v/\sqrt{1-u^2-v^2} \end{pmatrix} = 0,$$

soit

$$(x - u)\, u/\sqrt{1-(u^2+v^2)} + (y - v)\, v/\sqrt{1-(u^2+v^2)} + (z - \sqrt{1-(u^2+v^2)})$$

$= 0$, ou encore $ux + yv + z\sqrt{1-(u^2+v^2)} + 1 = 0$ avec $u = v = 2/3$. L'équation cartésienne s'écrit donc $2x + 2y + z + 3 = 0$. Pour calculer un vecteur normal, on dispose de deux méthodes : ou bien on calcule le produit vectoriel $Jds_1(e) \wedge Jds_1(e')$, ou bien on calcule les composantes $(1,n,n')$ d'un vecteur orthogonal aux deux précédents en résolvant deux équations à deux inconnues n et n'. Cette seconde méthode nous donne un vecteur de composantes $(1, v/u, \sqrt{1-(u^2+v^2)}/u)$ de longueur $1/u$; d'où le vecteur normal unitaire $(u ; v, \sqrt{1-(u^2+v^2)})$, résultat attendu puisque le vecteur OM est normal à la sphère. En écrivant que le vecteur $s_1(P)M$ est perpendiculaire au vecteur normal, on en déduit à nouveau l'équation cartésienne du plan tangent : $(x-u)u + (y-v)v + (z - \sqrt{1-(u^2+v^2)})\sqrt{1-(u^2+v^2)} = 0$. Plus généralement,

le plan tangent a pour équation paramétrique :
$$\begin{pmatrix} u+a \\ v+b \\ f(u,v)+af'_u(u,v)+bf'_v(u,v) \end{pmatrix}$$

où $f'_u(u,v)$ désigne la dérivée partielle de f par rapport à u, calculée en (u,v). Les composantes $(1, n, n')$ d'un vecteur normal vérifient $1 + n'f'_u(u,v) = 0 = n + n'f'_v(u,v)$. Le vecteur normal unitaire s'obtient en divisant chaque composante par la longueur $\sqrt{1+n^2+n'^2}$. Le cosinus demandé vaut alors $1/f'u(u,v)\sqrt{1+n^2+n'^2}$. Soit, comme précédemment, par un calcul de déterminant, soit en écrivant l'orthogonalité du vecteur $s(PM)$ avec un vecteur normal, on obtient l'équation cartésienne du plan tangent :
$$- (x - u)f_u(u,v) + (y - v)f_v(u,v) - +(z - f(u,v)) = 0.$$

2.2. Si a tend vers l'infini, la section de la surface par le plan $x = 0$ est l'hyperbole équilatère $(z/c)^2 - (y/b)^2 = 1$. La surface est alors un cylindre dont la base, la directrice est cette hyperbole et dont les génératrices sont parallèles à l'axe des x.

Des égalités $z = x^2 - y^2 = k(x + y)(x - y)/k$, on déduit un premier système d'équations linéaires : $z = k(x + y)$, $k = x - y$; chacune des équations est celle

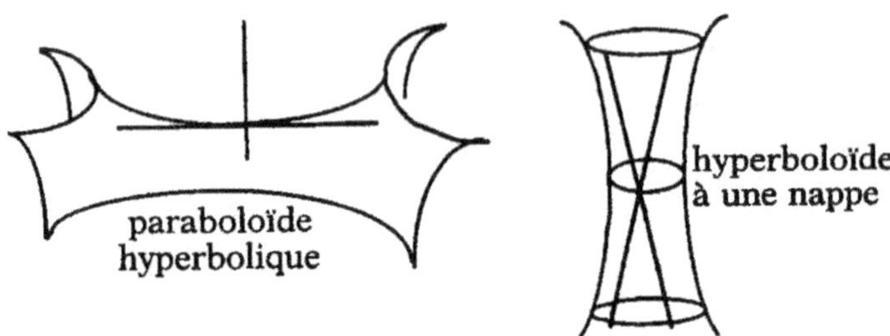

d'un plan, leur intersection est une droite qui est l'ensemble des solutions communes aux deux équations. On a un second système d'équations linéaires : $z = k(x - y)$, $k = x + y$, qui détermine une seconde famille de droites. Pareillement, l'hyperboloïde à une nappe peut être engendré par l'un des deux systèmes de droites suivants : $1 - z/c = k(x/a - y/b)$, $k(1 + z/c) = x/a + y/b$; $1 + z/c = k(x/a - y/b)$, $k(1 - z/c) = x/a + y/b$.

2.3. De la relation $OP' = - s\,T'$ on déduit que la longueur du vecteur vitesse en $P(t)$ est s, et que $OP'' = - s'T' - s\,T''$; par suite, le produit vectoriel de OP' par OP'' (cf. la fin de l'exercice 1.3) a pour longueur s^2 : la valeur de la courbure de la tractrice en P est $- 1/s$. Cette tractrice est orthogonale au cercle de centre Q passant par P tracé sur la surface, et ces deux courbes ont même normale. Le cercle a pour courbure $1/QP = s$. Par suite, la courbure gaussienne de la surface en P est égale au produit des courbures des deux courbes, soit $- 1$. On peut évaluer l'élément de longueur ds en le considérant comme le composé d'un déplacement infinitésimal $d\tau$ le long de la tractrice, suivi d'un déplacement infinitésimal par rotation le long du cercle perpendiculaire à la tractrice, soit dx/cht : $ds^2 = d\tau^2 + (dx/cht)^2$. De la relation $\tau = \log cht$, on déduit $e^\tau = cht$ et la relation $ds^2 = e^{-2\tau}\,dx^2 + d\tau^2$. Par dérivation, $d\tau = 1/cht = 1/y$, et $ds^2 = (dx^2 + dy^2)/y^2$.

2.4. $f_x(x,y) = a\,h(x,y) + a\,x\,h_x(x,y)$ est nul quand x est nul. Il en est de même pour $f_y(x,y)$. La courbure à l'origine du paraboloïde vaut 4 : le point est elliptique. La courbure à l'origine de la seconde surface est nulle, mais il existe une valeur propre non nulle : le point est parabolique. L'origine de la selle est un point planaire.

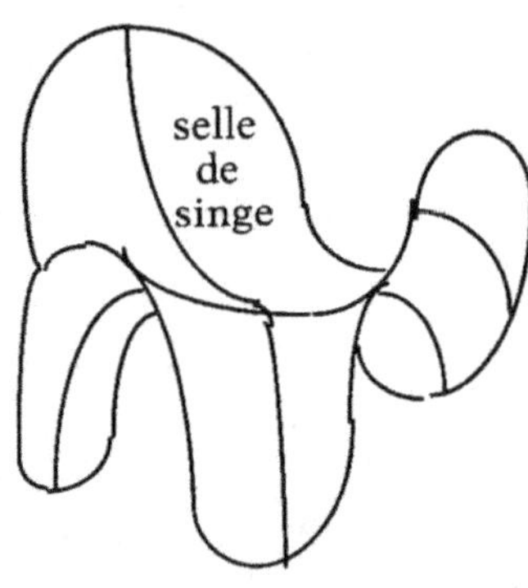

3.1. Les triangles NP'O et PP'p sont semblables, d'où par projection sur chacun des plans de coordonnées : $u = x/(r-z)$, $v = y/(r-z)$, $u^2 + v^2 + r^2 = 2(1-z)/(1-z)^2 = 2/(1-z)$. D'où $x = 2u/(u^2 + v^2 + r^2)$, $y = 2v/(u^2 + v^2 + r^2)$, $z = (u^2 + v^2 - r^2)/(u^2 + v^2 + r^2)$. Sauf en N, l'application est bijective et différentiable. Par un calcul standard, on évalue la métrique de la sphère, égale à celle du plan $du^2 + dv^2$ multipliée par une fonction de u et v : la transformation P –> P' est conforme.

3.2. Un point (x,y,z) du cercle vérifie : $ax + by + cz + d = 0$, $x^2 + y^2 + z^2 = r^2$. Le point image correspondant vérifie : $2au + 2bv + c(u^2 + v^2 + r^2) + d((u^2 + v^2 - r^2) = 0$, soit $(u^2 + v^2)(c + d) + 2au + 2bv + (d-c)r^2 = 0$. Il appartient à un cercle si $(c+d) \neq 0$, à une droite si $(c + d) = 0$.

4.1. $a = |a| \, e^{i\theta} = |a| \, (\cos \theta + \sin \theta)$. Si l'angle est nul, z' est la composée d'une homothétie et d'une translation. $|a| = 1$, z' est la composée d'une rotation d'angle θ et d'une translation. Dans le cas général, z' est le résultat d'une similitude et d'une translation. Si $z = OP \, e^{i\theta}$, $z' = 1/OP \, e^{-i\theta}$ (inversion de puissance 1 et symétrie). $h(z) = a(z + b/a + d/c - d/c)/c(z + d/c) = a/c + (bc - ad)/c^2(z + d/c)$ (translation, inversion et symétrie, similitude, translation).

4.2. $ds^2 = du^2 + dv^2$: on peut identifier $\mathbf{C}$ à $\mathbf{R}^2$ tant du point de vue topologique que métrique. $dz' = [a \, dz \, (cz + d) - c \, dz \, (az + b)]/(cz + d)^2 = -dz/(cz + d)^2$. Par suite, $dz \, d\underline{z} = |cz + d|^4 \, dz' \, d\underline{z}'$: la transformation homographique est conforme.

4.3. On vérifie d'abord que la composée de deux homographies est une homographie. $ß'o \, ß^{-1}(z) = i(z)$; iz est de la forme $(az + b)/(cz + d)$ et laisse invariants 0, 1, ∞, condition qui entraîne $a = d$, $b = c = 0$: i est l'identité. Que $ß(h(z)) = ß(z)$ peut se vérifier directement par le calcul. On peut aussi raisonner ainsi : $ß(z)$ envoie a sur 0, b sur ∞, c sur 1 ; par suite, comme $ß = ßo(h^{-1}oh)= (ßoh^{-1})(h)$, $ßoh^{-1}$ envoie h(a) sur 0, h(c) sur 1 ; h(b) sur ∞, tout comme ß par définition. Par suite $ßoh^{-1} = ß$, et $ß(h(z)) = ß(z)$.

5.1. Si $V' = AV$, $V'^t = V^tA^t$, de sorte que $V'^t V' = V^tA^tAV$. On vérifie rapidement que $A^tA = I$. Mêmes calculs avec B. A est une rotation d'angle θ, B est une rotation de même angle suivie d'une symétrie par rapport à l'axe des x. De manière générale, le produit A^tA conduit à écrire : $a^2 + c^2 = 1$, $b^2 + d^2 = 1$, $ab + cd = 0$. On peut donc poser $a = \cos \theta$, $c = - \sin \theta$. De la condition $ab + cd = 0$, on déduit l'écriture de la matrice soit sous la forme A, soit sous la forme B.

5.2. Mêmes calculs que précédemment. A doit vérifier $G = A^tGA$, d'où le résultat en posant $ß = c/a$. En posant $ß = th\mu$, on obtient les quatre matrices :

$$\begin{pmatrix} ch\mu & sh\mu \\ sh\mu & ch\mu \end{pmatrix}, \begin{pmatrix} ch\mu & -sh\mu \\ sh\mu & -ch\mu \end{pmatrix}, \begin{pmatrix} -ch\mu & sh\mu \\ -sh\mu & ch\mu \end{pmatrix}, \begin{pmatrix} -ch\mu & -sh\mu \\ -sh\mu & -ch\mu \end{pmatrix}.$$

5.3. $ds^2 = (c^2 - v^2)dt^2$. $OM = (c^2 - v^2)^{1/2}t = (1 - (v/c)^2)^{1/2} ct = (1 - (v/c)^2)^{1/2} x_0(t)$. Les transformations orthochrones sont représentées par les deux premières matrices ci-dessus. Après déplacement, $M' = (ct' = ct \, ch\mu + x_1 sh\mu, \; x_1'$

= ct shµ + $x_1$chµ). Lorsque x_1 = 0, $\underline{x_1}$/ct = v/c = thµ = ß. Par suite, x_1'(t) =

$$\frac{x_1 + vt}{\sqrt{1 - v^2/c^2}} \ , \ y'(t) = \frac{y(t) + vt}{\sqrt{1 - v^2/c^2}} , \ et \ l' = \frac{1}{\sqrt{1 - v^2/c^2}} \ ,$$

5.4 Le déterminant de A est soit 1, soit − 1. θ = 0 : ou bien A est l'identité, ou bien la symétrie par rapport au plan « horizontal » des (x,y). θ = π/2 : ou bien rotation de π/2 autour de l'axe de z, ou bien cette rotation suivie d'une symétrie par rapport au plan horizontal. θ = π : ou bien rotation de π autour de l'axe vertical, ou bien symétrie par rapport à l'origine.

5.5. L'écriture de l'homographie sous forme matricielle : $\begin{pmatrix} z'_1 \\ z'_2 \end{pmatrix} = \begin{pmatrix} a & b \\ c & d \end{pmatrix}\begin{pmatrix} z_1 \\ z_2 \end{pmatrix}$ donne immédiatement le premier résultat. $\underline{M}^t$ M = I se traduit par $|a|^2 + |c|^2 = 1$, $|b|^2 + |d|^2 = 1$, $a\underline{b} + c\underline{d} = 0$. Si on tient compte de la relation ad − bc = 1, on en déduit que M est de la forme $\begin{pmatrix} a & b \\ -\underline{b} & \underline{a} \end{pmatrix}$. $\underline{M}^t$ $\underline{I}$M = $\underline{I}$ se traduit par $|a|^2 − |c|^2 = 1$, $|b|^2 − |d|^2 = − 1$, $a\underline{b} − c\underline{d} = 0$. Si on tient compte de la relation ad − bc = 1, on en déduit que M est de la forme $\begin{pmatrix} a & b \\ \underline{b} & \underline{a} \end{pmatrix}$.

6.1. Considérons les triangles géodésiques. On peut toujours placer un sommet au pôle nord N, les côtés adjacents NB = c et NC = b étant des méridiens. Ce triangle sera dit *équatorial* si le troisième côté n, dit côté équatorial, est situé sur l'équateur associé à N. Soit a un côté du triangle, π(a) le plan dans lequel il se situe, d(a) le diamètre perpendiculaire à π(a). Ce diamètre coupe la sphère en deux points antipodaux, A et A'. Tout plan contenant d(a) coupe la sphère selon un grand cercle orthogonal à a. De la sorte, étant donné un triangle NBC, on peut toujours tracer, issue d'un sommet quelconque, une hauteur relative au côté opposé : ainsi la hauteur issue de B et relative à NC est située sur le grand cercle passant par les points CC'B. Lorsque le triangle est équatorial, le côté équatorial est hauteur relative aux côtés méridiens, et il existe une infinité de hauteurs issues de N relatives à n. Si le triangle géodésique possède un axe de symétrie, on le suppose passer par N : alors ce triangle est isocèle, et les hauteurs sont concourantes en un point situé sur l'axe de symétrie. Si le triangle n'est pas géodésique, la hauteur relative au côté n passe par N : c'est donc un méridien, situé dans un plan perpendiculaire au cercle équatorial contenant BC. Pareillement, la hauteur relative à NB, qui contient BC, est dans le plan perpendiculaire à NB. L'intersection des deux plans contenant les hauteurs passe par O, centre de la sphère, et par H l'intersection des hauteurs sur la sphère. Considérons alors, dans le tétraèdre ONBC, le triangle NBC ; ses hauteurs sont concourantes en H. Les plans OCH et ONH ont en commun OH, et sont perpendiculaires respectivement aux plans ONB et OCB. Donc OH est perpendiculaire au plan NBC, et par suite le plan OBH est perpendiculaire au plan ONC qui contient la perpendiculaire sphérique à NC. Par suite, les hauteurs sphériques sont concourantes en H.

6.2. Soit NBC un triangle géodésique dont le pôle nord N est un sommet, NB et NC étant portés par deux méridiens. La bissectrice en N est à l'intersection de la sphère et du plan bissecteur des deux plans contenant les méridiens précédents. Si le triangle géodésique est isocèle, les bissectrices sont concourantes pour des raisons de symétrie. Si le triangle n'est pas isocèle, considérons les plans bissecteurs des angles en N et en B ; le premier contient NO, le second BO, ils se coupent selon une droite d. D est le lieu des points équidistants des plans ONB et ONC, d'une part, OBN et OBC d'autre part. Donc d est le lieu des points équidistants des plans OCN et OCB : cette droite appartient donc au plan médiateur de l'angle en C. Les sections de la sphère par les plans (d, N), (d, B), (d, C) sont les bissectrices du triangle géodésique qui se rencontrent à l'intersection de la sphère et de d.

6.3. L'aire du triangle AOC, par exemple, vaut 1/2 OA.OC sin <AOC> et 1/2 OH.CA où OH est la longueur de la hauteur issue de O relative à CA. D'où l'on déduit quatre relations du type OH.CA/OH'.C'A' = OA.OC/OA'.OC', et, après substitution, l'invariance de ß. Soit K et L (resp. K' et L') les projections de C (resp. D) sur a et b. On remarque que sont semblables les triangles CAK (resp. DAK) et DBL (resp. DBL'), d'où la valeur du birapport : (CK/CL)/(DK/DL). En observant que CK = OC sin (c,a) où (c,a) désigne ici l'angle <COA>, CK' = OC sin(c,b), etc., on obtient le résultat énoncé. Coupons les quatre plans par un plan π coupant également leur droite de concours : dans ce plan, le birapport des quatre droites d'intersection est indépendant de la transversale choisie. Soit maintenant un autre plan de section π', et μ un dernier plan qui coupe tous les plans précédents de sorte que l'intersection de π et μ est une droite ∂, l'intersection de π' et de μ est une droite ∂'. Le birapport défini dans le plan μ sur ∂ par les points d'intersection des plans a, b, c, d, π et μ est égal au birapport défini dans ce même plan μ sur ∂' par les points d'intersection des plans a, b, c, d, π' et μ. Par suite, le birapport des quatre plans est défini de manière unique par le choix d'une transversale quelconque. On peut alors convenir de définir le birapport des quatre cercles par celui des plans concourants qui les contiennent. Supposons que la droite de concours des plans soit définie une fois pour toutes dans un plan méridien. Alors la donnée de l'angle d'un plan avec l'axe nord-sud détermine le rayon du cercle d'intersection. Comme le birapport de quatre plans peut être défini à partir d'une fonction trigonométrique de leurs angles, on peut évaluer ce birapport à partir de celui des rayons des cercles d'intersection. Comme deux cercles de la sphère ont même rayon si l'on passe de l'un à l'autre par rotation, on peut étendre à quatre cercles quelconques dessinés sur la sphère la définition du birapport de quatre cercles de la sphère situés dans des plans concourants. Comme toute rotation sur la sphère est équivalente à une homographie sur le plan de projection stéréographique, et que, par cette projection, l'image d'un cercle de la sphère est un cercle du plan, on peut donc définir le birapport de quatre cercles du plan, qui est invariant par homographie (cf. 4.3).

6.4. Le rayon du parallèle de colatitude θ est $\sin\theta$; par conséquent, l'élément infinitésimal de cercle a pour longueur $\sin\theta\, d\varphi$. L'élément d'aire infinitésimal sur la sphère est donc celle du rectangle $\sin\theta\, d\varphi\, d\theta$. L'aire d'une lune vaut donc $\iint \sin\theta\, d\varphi\, d\theta = \int_0^\varphi d\varphi\left(\int_0^\pi \sin\theta\, d\theta\right) = \int_0^\varphi d\varphi\,[-\cos\theta]_0^\pi = 2\varphi$, et celle de la sphère $2.2\pi = 4\pi$. L'aire de la lune l(A) est égale à la somme l(T) + l($\underline{A}$) de l'aire du triangle donné T et de son complément $\underline{A}$ dans la lune ; au total : l(A) + l(B) + l(C) = 3l(T) + l($\underline{A}$) + l($\underline{B}$) + l($\underline{C}$) = $2(\alpha + \beta + \gamma)$. Les trois grands cercles divisent la sphère en huit parties triangulaires appariées, symétriques par rapport au centre de la sphère, de sorte que l($\underline{A}$) + l($\underline{B}$) + l($\underline{C}$) + l(T) = 2π, et l(T) = $\alpha + \beta + \gamma \angle \pi > 0$.

CHAPITRE VII

1. Soit e(0,1) (resp. e'(1,0)) un vecteur de la base canonique du plan. Par définition, la dérivée partielle de F en P(x,y) dans la direction du vecteur e (resp. e'), F_x (P) = $\partial F(P)/\partial x$ (resp. $F_y = \partial F/\partial y$), est la limite quand $\varepsilon -> 0$ de $[F(P + \varepsilon e) - F(P)]/\varepsilon = [F(x + \varepsilon, y) - F(x,y)]/\varepsilon$ (resp. $[F(P + \varepsilon e') - F(P)]/\varepsilon = [F(x, y + \varepsilon) - F(x,y)]/\varepsilon$). Dans le cas présent, quel que soit le point P, F_x (P) = -2, F_y (P) = 1. JF(P*) = (F_x (x*,y*), F_y (x*,y*)) = (-2, 1) est de rang 1. La droite D peut s'interpréter comme la courbe h : $\mathbf{R} -> \mathbf{R}^2$ où h(t) = (x = t, y = 2t + 1), de sorte que dh a pour matrice (1,2). Le vecteur vitesse en t à $\mathbf{R}$ est V(t) = 1, et l'ensemble des vecteurs tangents à $\mathbf{R}$ en t est l'ensemble des vecteurs rV où r parcourt $\mathbf{R}$. L'image de cet espace tangent par dh est l'ensemble des vecteurs W = dh(rV) = (r, 2r), transporté au point (1, 3) : on obtient l'espace tangent $T_D(P^*)$ d'équation paramétrée (x = 1 + r, y = 3 + r), et par suite d'équation cartésienne y − 2x − 1 = 0. ß : D −> ($\mathbf{R}_X$, 0) est défini par ß(x,y) = (x,0), (x,y) appartenant à D. Par suite, $d\text{ß} = \begin{pmatrix} 1 & 0 \\ 0 & 0 \end{pmatrix}$ est de rang 1, et dß(1 + r, 3 + r) = (1+ r, 0). ß, comme dß, sont des applications linéaires injectives, surjectives : ce sont des isomorphismes. $T_D(P^*)$, ensemble des vecteurs de composantes (1+ r, 0), a pour équation cartésienne y = 0. dß étant un isomorphisme, il résulte du théorème des fonctions inverses que ß est aussi un difféomorphisme entre un voisinage A de p* et un voisinage C de P* (dans le cas présent, on peut se dispenser de l'emploi du théorème des fonctions inverses pour montrer ce fait). π possède les mêmes propriétés que ß. Par suite $\pi \circ \text{ß}^{-1} = g$ est un difféomorphisme de A sur B, voisinage de $\pi(P^*)$. Comme ß$^{-1}$(p*) appartient à D, F(ß$^{-1}$(p*)) = 0 = F(x*,y*) = F(x*,g(x*)).

2. Si F(x,y) = x − 1 = 0, ß(x,y) = (1,0), dß est la matrice nulle ; ß, dß ne sont plus des isomorphismes, on ne peut plus avancer.

3. Fixons x à la valeur a. Le coefficient de la matrice jacobienne de l'application f(a,) : $\mathbf{R} -> \mathbf{R}$ est égal à $f_y(a,y) = 3y^2$. Cette matrice est donc de rang 1 si y ≠ 0. Si b est tel que (fa,b) = c, il existe alors, par le théorème des fonctions implicites, un voisinage A de a dans $\mathbf{R}$, un voisinage B de b dans $\mathbf{R}$, une fonction g : A −> B telle que $x^2 + g^3(x) = c$ pour tout élément x de A.

On en déduit $g(x) = [c - x^2]^{1/3}$. $Jf = (2x, 3y^2)$ est de rang < 1 en $x = y = 0$: l'origine est point critique. $(1,1)$ est un point régulier de f ; par suite, la tangente en $(1,1)$ à la courbe $f^{-1}(2)$ a pour équation $2(x - 1) + 3(y - 1) = 0 = 2x + 3y - 5$. De l'équation $f(x,y) = x^2 + y^3 = 0$, on déduit l'application $h : \mathbf{R} -> \mathbf{R}^2$ définie par $h(t) = (x(t) = t^3, y(t) = -t^2)$. dh a pour matrice $(3t^2, -2t)$ de rang nul à l'origine, laquelle est donc également point singulier de h.

4. $Jf = \begin{pmatrix} y & x & 0 \\ z & 0 & x \end{pmatrix}$. Les déterminants des sous-matrices de format 2x2

sont : $-zx$, x^2, yx ; ils ne s'annulent simultanément que si $x = 0$: le plan « horizontal » $x = 0$ est constitué de points critiques (il est de mesure (volumique) nulle dans $\mathbf{R}^3$) ; son image par f est l'origine. Si (x,y,z) n'est pas critique, $x = a \neq 0$, tout comme a^2, et on peut appliquer le théorème des fonctions implicites : A désignant un voisinage de a dans $\mathbf{R}$, il existe $g : A -> \mathbf{R}^2$ telle que, pour tout x de A, $g(x) = (y(x), z(x))$ vérifie $f(x, y(x), z(x)) = (c_1, c_2) = (x\, y(x), x\, z(x))$. On en déduit : $y(x) = c_1/x$, $z(x) = c_2/x$.

5. dh a pour matrice :

$$\begin{pmatrix} 1 & 0 \\ \dfrac{\cos v}{3}[-\sqrt{u} + (3-u)/2\sqrt{u}] & \dfrac{-\sin v}{3}(3-u)\sqrt{u} \\ \sin v[(1-u)/2\sqrt{u}] & \dfrac{\cos v}{3}(3-u)\sqrt{u} \end{pmatrix}.$$

On notera que cette matrice n'est définie que si u n'est pas nul (mais on peut établir une convention d'infinité dans ce cas). Le rang de cette matrice est inférieur à 2 lorsque les déterminants des sous-matrices carrées de format 2x2 sont tous nuls, soit lorsque : (lignes 1 & 2) $v = 0$ ou $u = 3$ (lignes 2 & 3) $u = 1$ ou $u = 3$ (lignes 3 & 1) $u = 3$. Les points singuliers de composantes $(3,v)$ forment une droite (de mesure nulle dans le plan), dont l'image est le point $(3,0,0)$ du plan horizontal.

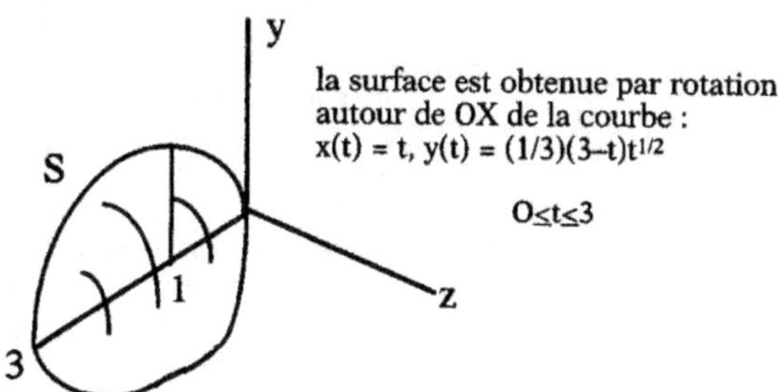

Au point $h(1,v)$, l'équation paramétrée du plan tangent s'écrit : $x = 1 + a$, $y = (2/3)\cos v - (2b/9)\sin v$, $z = (2/3)\sin v + (2b/9)\cos v$. S a pour équation cartésienne $F(x,y,z) = y^2 + z^2 - (3 - x)^2 x = 0$. $dF = ((3 - x)(x - 1), 2y, 2z)$ est de rang nul aux points $(3,0,0)$ et $(1,0,0)$ ce dernier n'appartenant pas à S.

Donc seul le point critique $(3,0,0)$ est à prendre ici en compte. Chaque valeur de v détermine une courbe tracée sur S. Par exemple, pour v = 0 est tracée la courbe $(u, (1/3)(3 - u)u^{1/2}, 0)$; le vecteur tangent à cette courbe en un point a pour composantes $(1, (1 - u)/u^{1/2})$, soit pour u = 3, $(1, - 2/3^{1/2})$. Par suite, en $(3,0,0)$, la courbe a pour tangente la droite d'équation $y + 2/3^{1/2}x = 0$. C'est aussi l'équation d'un plan tangent à la surface S en ce point. Quand on fait tourner la courbe et cette tangente autour de l'axe des x, on obtient la surface S et le cône tangent à S en $(3,0,0)$.

6. Un point (x,y,c) de la surface vérifie par hypothèse $F(x,y,c) = 0$. L'espace tangent en ce point est vertical si le vecteur $(0,0,1)$ appartient au noyau de dF, i.e. si $F'_z(x,y,c) = 0$. Par suite, le contour apparent est le lieu des $(x,y,0)$ tels que $F(x,y,c) = F'_z(x,y,c) = 0$: il suffit donc d'éliminer c entre les deux équations pour obtenir la relation qui lie les composantes x et y des points du contour apparent.

Tous les cercles F_c sont tangents aux droites $y = \pm 1$ du plan horizontal ; le ruban intérieur à ces droites représente l'ombre portée par le cylindre incliné à 45°, de directrice le cercle unité centré à l'origine. $F'_z(x,y,z) = - 2(x–z)$ s'annule pour x = z = c ; alors $F(x,y,c) = y^2 - 1$, et $y = \pm 1$. La parabole $(x = t, y = t^2)$ a pour vecteur vitesse le vecteur $(1, 2t)$ et pour normale la droite $(x - t) + (y - t^2)2t = 0 = 2t^3 + t(1 - 2y) - x$: t joue ici le rôle du paramètre c. La surface définie par $F(x,y,z) = 2z^3 + z(1 - 2y) - x = 0$ s'appelle la *fronce* (en anglais *the cusp*). $F'_z(x,y,z) = 6 z^2 - 2y + 1 = 0$ entraîne $6z^2 = 2y - 1$, et par suite $F(x,y,z) = z(2z^2 + 1 - 2y) - x = z(2z^2 - 6 z^2) - x = - 4 z^3 - x = 0$.

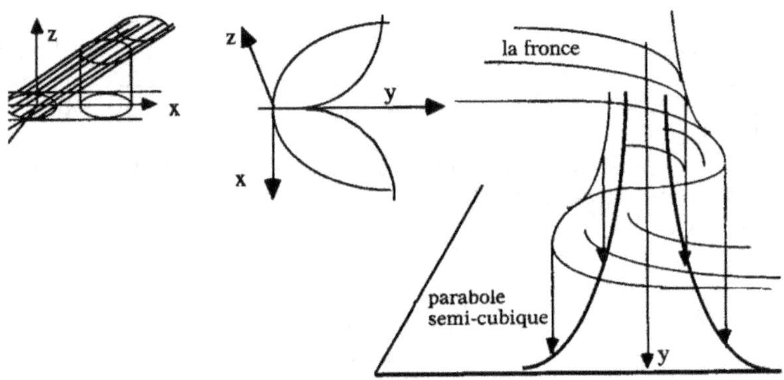

On en déduit $x = - 4z^3$ et $y = 3 z^2 + 1/2$: on a ainsi obtenu l'équation de l'enveloppe, paramétrée par z ; on reconnaît la parabole semi-cubique (cf. l'exercice 1.1 du chapitre 7). En posant x = X, y – 1/2 = Y, on retrouve l'équation cartésienne classique $27X^2 - 4Y^3 = 0$.

CHAPITRE VIII

1. Le disque D², la sphère percée et le tronc de cône sont homéomorphes.

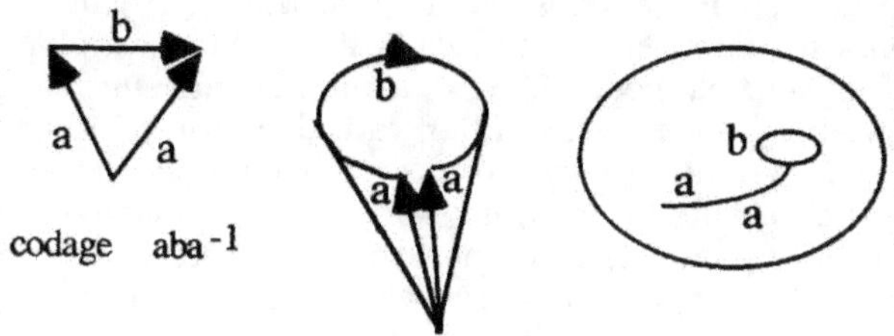

2. On sait qu'on obtient le plan projectif, qu'on peut coder par aa.

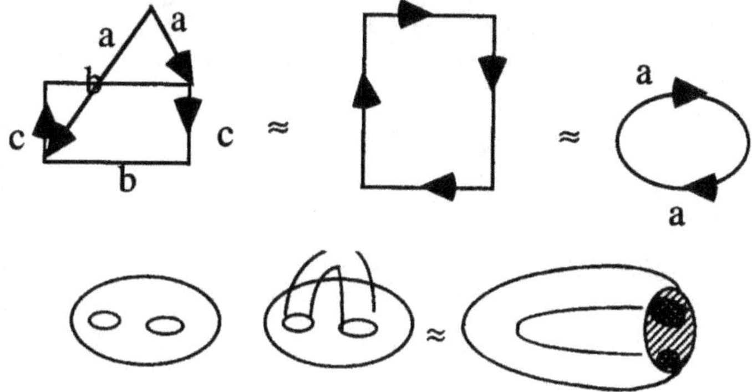

3. On déplacera un trou le long du ruban jusqu'à ce que les deux trous soient près l'un de l'autre : on pourra alors coller facilement l'anse à collier ci-dessus.

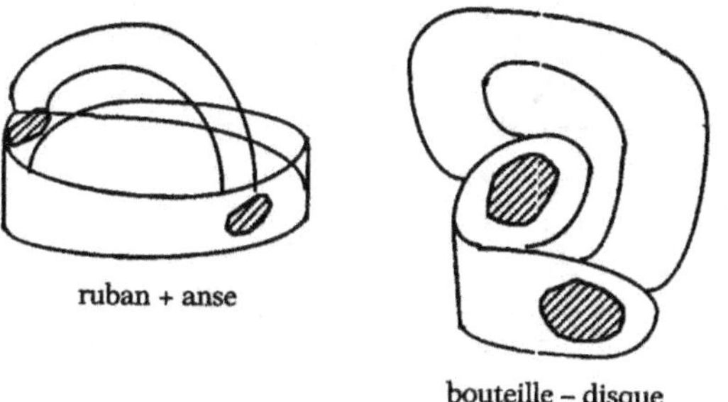

ruban + anse

bouteille – disque

5. Partons d'un point P voisin du bord : au bout d'un tour (2π) dans un plan horizontal, le point P(2π) se trouve à l'opposé du point P dans la section verticale du ruban ; il faut encore accomplir un tour pour parvenir en P(4π) situé au niveau de P, mais sur l'autre versant du ruban. Le chemin C qui mène de P à P(4π) est d'un seul tenant, et ne traverse pas le milieu du ruban. Par suite, la section du ruban par son milieu ne coupe pas ce chemin ni son voisinage CxI où I désigne un intervalle de longueur inférieure à la demi-hauteur du ruban. Par conséquent, la section du ruban conduit à créer un ruban connexe (d'un seul tenant). Par ailleurs cette section crée à chaque coup de ciseaux deux éléments de bord de même longueur ; par conséquent, la longueur du bord du nouveau ruban vaut deux fois la longueur du bord du ruban initial, et naturellement, on a créé une seconde torsade identique à la première : on a obtenu un ruban doublement torsadé. Chaque torsade crée une rotation verticale de 180° ; par suite, la succession de deux torsades ramène le point P en sa position initiale. Le ruban doublement torsadé possède donc une symétrie par rapport à un plan médian et la section par ce plan créera simplement deux rubans doublement torsadés identiques.

Si l'on procède à la section longitudinale de la double torsade représentée ci-dessous, on voit immédiatement en suivant la trajectoire épaissie d'un point P voisin du bord supérieur du ruban que celui-ci passe alternativement par-dessus puis par-dessous la trajectoire épaissie d'un point Q voisin du bord inférieur du ruban.

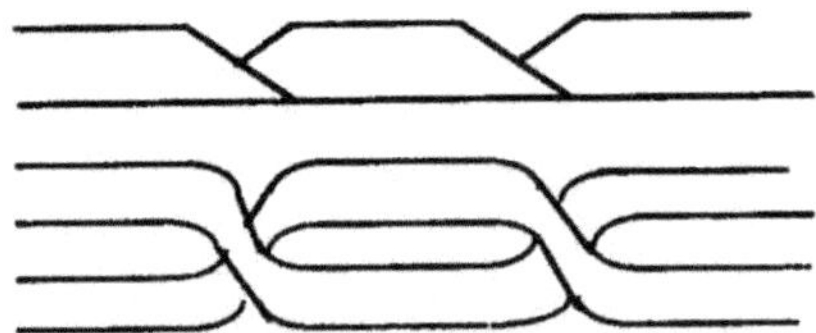

On obtient ainsi deux rubans enlacés qui forment localement une tresse.

L'extension de ces résultats à des rubans à plusieurs torsades se fait rapidement.

6. On vérifiera qu'on ne peut pas orienter dans le même sens tous les triangles de la figure de manière à rester compatible avec l'orientation imposée des arêtes du ruban.

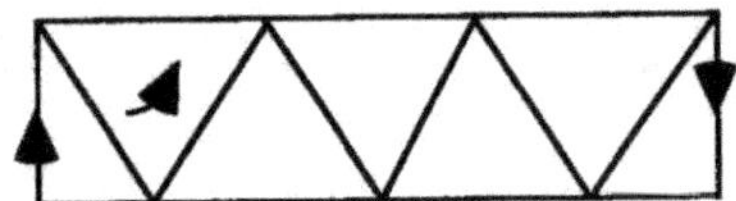

CHAPITRE IX

1. L'ellipsoïde a même caractéristique d'Euler-Poincaré, 2, que la sphère puisqu'elle lui est homéomorphe. Les fonctions $y^2 -> y^4$ et $z^2 -> z^6$ sont continues et bijectives : les deux surfaces ont même caractéristique d'Euler-Poincaré.

2. La sphère est de courbure constante 1 ; sa caractéristique d'Euler-Poincaré vaut 2. Par le théorème de Gauss-Bonnet, l'aire de la sphère est donc égale à 4π.

3. La caractéristique d'Euler-Poincaré du tore est nulle.

4. m et n ne peuvent être inférieurs à 3. Le décompte des sommets et des arêtes donne $nS = 2A$, $mF = 2A$. En remplaçant S et A dans la formule d'Euler $F - A + S = 2$, on obtient : $1/m + 1/n = 1/2 + 1/A$, et en particulier $1/m + 1/n > 1/2$. Cette dernière condition implique que n et m ne peuvent être simultanément supérieurs à 3 ; par suite, si $m = 3$ (resp. $n = 3$), $n < 6$ (resp. $m < 6$). On a donc les cinq solutions suivantes :

$m = n = 3$, $A = 6$, $S = F = 4$

$m, n = 3, 4$, $A = 12$, $S, F = 6, 8$

$m, n = 3, 5$ $A = 30$, $S, F = 12, 20$.

5. S'il n'y a pas d'identification, la surface est celle bordée par le triangle : $\chi(\Sigma(1)) = 1 = 3 - 3 + 1$. S'il y a identification d'une arête, alors la surface est un tronc de cône ou encore un disque : $\chi(\Sigma(1)) = 1 = 3 - 3 + 1$.

Si à $P(k-1)$, on ajoute un triangle par identification d'une seule arête et que les deux autres arêtes fassent partie du bord de $P(k)$ sans faire partie du bord de $P(k-1)$, $s(k) = s(k-1) + 1$, $a(k) = a(k-1) + 2 - 1$ (on ajoute deux arêtes, on supprime l'arête identifiée) $= a(k-1) + 1$, de sorte que $s(k) - a(k) + 1 = s(k-1) - a(k-1) + 1$, quantité égale à $\chi(\Sigma_{k-1})$ par l'hypothèse de récurrence.

Par ailleurs, notons par $S(k)$, $A(k)$, $F(k)$ le nombre de sommets, d'arêtes et de faces de $\Sigma(k)$. L'ajout du triangle à la triangulation de $\Sigma(k-1)$ pour obtenir $\Sigma(k)$, revient à augmenter $S(k-1)$ d'un sommet, $A(k-1)$ de deux arêtes et $F(k-1)$ d'une face, de sorte que, par la relation d'Euler, $\chi(\Sigma(k-1)) = \chi(\Sigma(k))$.

Si une seule arête est sur le bord de $P(k)$, l'autre sur le bord de $P(k-1)$, $s(k) = s(k-1)$, $a(k) = a(k-1) + 1 - 1$. Par ailleurs $S(k) = S(k-1)$, $A(k) = A(k-1) + 1$, $F(k) = F(k-1) + 1$. Par suite, $\chi(\Sigma(k-1)) = \chi(\Sigma(k))$.

Si les deux arêtes sont sur le bord de $P(k-1)$, $s(k) = s(k-1)$, $a(k) = a(k-1) - 1$, $S(k) = S(k-1)$, $A(k) = A(k-1)$, $F(k) = F(k-1) + 1$, et on vérifie les relations.

Si l'ajout du triangle à $P(k-1)$ se fait à l'aide de deux identifications, l'arête restante est sur le bord de $P(k-1)$ ($s(k) = s(k-1) - 1$, $a(k) = a(k-1) - 2$, $S(k) = S(k-1)$, $A(k) = A(k-1)$, $F(k) = F(k-1) + 1$) ou non ($s(k) = s(k-1) - 1$, $a(k) = a(k-1) - 1$, $S(k) = S(k-1)$, $A(k) = A(k-1) + 1$, $F(k) = F(k-1) + 1$).

CHAPITRE X

1.1. I) $e_1(t) = (1,0)$, $e_2(t) = (0,1)$; II) $e_1(t) = [x'^2(t) + y'^2(t)]^{-1/2}(x'(t),y'(t))$, $e_2(t) = [x'^2(t) + y'^2(t)]^{-1/2}(-y'(t),x'(t))$.

1.2. L'application $M(t) = x(t)f_1 + y(t)f_2$ est de degré 0. Les vecteurs f_1 et f_2 étant constants, $dM(t) = dx(t)f_1 + dy(t)f_2 = (x'(t)f_1 + y'(t)f_2)dt$ est une forme de degré 1 : dM, dx, dy sont des éléments de longueur. Le changement de repère qui fait passer de la base canonique à la base locale est une application linéaire : elle transforme l'expression de $dM(t)$ en $dM(t) = (u(t)e_1(t)+ v(t)e_2(t))dt = \omega_1(t)\,e_1(t) + \omega_2(t)\,e_2(t)$: les $\omega_i(t)$ sont des formes de degré 1. Dans le cas I), $\omega_1(t) = x'(t)dt$, $\omega_2(t) = y'(t)dt$; dans le cas II), $e_1(t) = [x'^2(t) +$

$y'^2(t)]^{-1/2}(x'(t)f_1 + y'(t)f_2)$, $e_2(t) = [x'^2(t) + y'^2(t)]^{-1/2}(-y'(t)f_1 + x'(t)f_2)$, d'où l'on déduit par identification que $\omega_2(t) = 0$, et que $\omega_1(t) = [x'^2(t) + y'^2(t)]^{1/2}$ dt. De manière générale, $d(dM) = 0 = d(\omega_1(t)\ e_1(t) + \omega_2(t)\ e_2(t)) = d\omega_1(t)\ e_1(t) - \omega_1(t)\wedge de_1(t) + d\omega_2(t)\ e_2(t) - \omega_2(t)\wedge de_2(t)$.

1.3. On vient de voir que $e_1(t) = [x'^2(t) + y'^2(t)]^{-1/2}(x'(t)f_1 + y'(t)f_2) = a(t)f_1 + b(t)f_2$. Par suite, $de_1(t) = (a'(t)f_1 + b'(t)f_2)dt$. De même, $e_2(t) = (-b(t)f_1 + a(t)f_2)$, et $de_2(t) = (-b'(t)f_1 + a'(t)f_2)dt$. On en déduit $f_1 = (a\ e_1 + b\ e_2)/(a^2 + b^2)$ et $f_2 = (be_1 + ae_2)/(a^2 + b^2)$, et $de_1(t)/dt = (aa' + bb')e_1(t)/(a^2 + b^2) + (ab' + ba')e_2(t)/(a^2 + b^2)$, d'où les valeurs de $\omega_{11}(t)$ et $\omega_{12}(t)$ par identification. Or $(a^2 + b^2) = 1$, ce qui entraîne $aa' + bb' = 0$: $\omega_{11}(t) = 0$, et $\omega_{12}(t)/dt = a'b + ba' = 1/(ch^2t + sh^2t)^{3/2}$. Pareillement, $\omega_{22}(t) = 0$, $\omega_{21}(t)/dt = -(a'b + ba')$. On a vu que : $0 = d\omega_1\ e_1 - \omega_1\wedge de_1 + d\omega_2\ e_2 - \omega_2\wedge de_2 = d\omega_1\ e_1 - \omega_1\wedge(\omega_{11}e_1 + \omega_{12}\ e_2) + d\omega_2\ e_2 - \omega_2\wedge(\omega_{21}\ e_1 + \omega_{22}\ e_2)$. Par identification des termes en e_i : $d\omega_1 = \omega_1\wedge\omega_{11} + \omega_2\wedge\omega_{21}$, $d\omega_2 = \omega_1\wedge\omega_{12} + \omega_2\wedge\omega_{22}$. On a déjà établi que $\omega_2(t) = 0$, $\omega_{11}(t) = 0$, donc $d\omega_1(t) = 0$.

1.4. Puisque $de_i = \omega_{i1}\ e_1 + \omega_{i2}\ e_2$, $d(de_i) = 0 = d(\omega_{i1}\ e_1 + \omega_{i2}\ e_2) = d\omega_{i1}\ e_1 + d\omega_{i2}\ e_2 - \omega_{i1}\wedge de_1 - \omega_{i2}\wedge de_2 = d\omega_{i1}\ e_1 + d\omega_{i2}\ e_2 - \omega_{i1}\wedge(\omega_{11}\ e_1 + \omega_{12}\ e_2) - \omega_{i2}\wedge(\omega_{21}\ e_1 + \omega_{22}\ e_2)$. D'où le résultat demandé par identification. Ces formules se généralisent aisément :

$$d\omega_j = \sum_{i=1}^{n}\omega_i \wedge \omega_{ij},\ 1\le j\le n;\quad d\omega_{ij} = \sum_{k=1}^{n}\omega_{ki} \wedge \omega_{kj},\ 1\le i\le n, 1\le j\le n.$$

1.5. La relation $e_1.e_2 = 0$ entraîne par différenciation $de_1.e_2 + e_1.de_2 = 0 = (\omega_{11}\ e_1 + \omega_{12}\ e_2).e_2 + e_1.(\omega_{21}\ e_1 + \omega_{22}\ e_2)$, d'où l'on déduit $\omega_{12} + \omega_{21} = 0$. De même, la relation $e_i.e_i = 1$ entraîne par différenciation $2de_i.e_i = 0$, d'où la relation $\omega_{ii} = 0$.

1.6. M a pour vitesse $M'(t)$. Si on choisit pour repère local un repère contenant un vecteur unitaire parallèle à ce vecteur vitesse, il est évident que ce vecteur a dans le repère local une seule composante non nulle, égale à la valeur de la vitesse : c'est heureusement ce que nous avons établi en 1.1. On a ici $e_1 = T$, $e_2 = N$; par suite, $T' = de_1 = \omega_{11}\ e_1 + \omega_{12}\ e_2 = \omega_{12}\ e_2 = \omega_{12}\ N$: ω_{12} est donc ici égal à l'opposé de la courbure. On retrouve les formules établies au chapitre VII.

2.

$$\omega = d(\frac{\partial T}{\partial q'_1}dq_1 + \frac{\partial T}{\partial q'_2}dq_2) = d(\frac{\partial T}{\partial q'_1}dq_1) + d(\frac{\partial T}{\partial q'_2}dq_2) = (\frac{\partial^2 T}{\partial q'_1\,\partial q_1}dq_1 +$$

$$\frac{\partial^2 T}{\partial q'_1\,\partial q_2}dq_2 + \frac{\partial^2 T}{\partial q'_1\,\partial q'_1}dq'_1 + \frac{\partial^2 T}{\partial q'_1\,\partial q'_2}dq'_2)\wedge dq_1 + (\frac{\partial^2 T}{\partial q'_2\,\partial q_1}dq_1 + \frac{\partial^2 T}{\partial q'_2\,\partial q_2}dq_2$$

$$+\frac{\partial^2 T}{\partial q'_2\,\partial q'_1}dq'_1 + \frac{\partial^2 T}{\partial q'_2\,\partial q'_2}dq'_2)\wedge dq_2,\ \text{soit, tenant compte de ce que } dx \wedge dx$$

$$= 0,\ \omega = (\frac{\partial^2 T}{\partial q'_2\,\partial q_1} - \frac{\partial^2 T}{\partial q'_1\,\partial q_2})dq_1 \wedge dq_2 + \frac{\partial^2 T}{\partial q'_1\,\partial q'_1}dq'_1 \wedge dq_1 + \frac{\partial^2 T}{\partial q'_1\,\partial q'_2}dq'_2 \wedge dq_1$$

$$+\frac{\partial^2 T}{\partial q'_2\,\partial q'_1}dq'_1 \wedge dq_2 + \frac{\partial^2 T}{\partial q'_2\,\partial q'_2}dq'_2 \wedge dq_2.$$

Plus généralement : $\omega = \sum_{i,j} \left(\dfrac{\partial^2 T}{\partial q_i \partial q'_j} dq_i \wedge dq_j + \dfrac{\partial^2 T}{\partial q'_i \partial q'_j} dq'_i \wedge dq'_j \right)$.

Compte tenu du fait que le produit extérieur s'annule dès qu'il contient deux termes identiques :

$$\omega \wedge \omega = 2[\dfrac{\partial^2 T}{\partial q'_1 \partial q'_1} dq'_1 \wedge dq_1 \wedge \dfrac{\partial^2 T}{\partial q'_2 \partial q'_2} dq'_2 \wedge dq_2 + \dfrac{\partial^2 T}{\partial q'_1 \partial q'_2} dq'_2 \wedge dq_1$$

$$\wedge \dfrac{\partial^2 T}{\partial q'_2 \partial q'_1} dq'_1 \wedge dq_2] = 2[- \dfrac{\partial^2 T}{\partial q'_1 \partial q'_1} \dfrac{\partial^2 T}{\partial q'_2 \partial q'_2} dq'_1 \wedge dq'_1 \wedge dq_1 \wedge dq_2 +$$

$$\dfrac{\partial^2 T}{\partial q'_1 \partial q'_2} \dfrac{\partial^2 T}{\partial q'_2 \partial q'_1} dq'_1 \wedge dq'_2 \wedge dq_1 \wedge dq_2] = -2 \det \left(\dfrac{\partial^2 T}{\partial q'_i \partial q'_j}\right) dq'_1 \wedge dq'_2 \wedge dq_1 \wedge dq_2 .$$

Les formes dq_i et dq_i' étant indépendantes entre elles quel que soit i, leur produit extérieur est une forme volume sur $\mathbf{R}^{2\times 2}$, et pourvu que le déterminant des dérivées partielles secondes de t par rapport aux vitesses (le hessien $H_v(T)$ de T par rapport aux vitesses) ne s'annule pas, ω^2 n'est pas nul. Dans le cas général, au signe près, ω^n vaut : $n!\, H_v(T)\, dq_1' \wedge dq_2' \wedge \ldots \wedge dq_n' \wedge dq_1 \wedge \ldots \wedge dq_n$. Si T est une fonction quadratique des seuls q_i', $\omega = \sum a_{ij}\, dq_i' \wedge dq_j'$, $H_v(T) = \det(A)$. La forme symplectique ω est liée aux trajectoires par le fait que sa dérivée en un point quelconque dans la direction de la trajectoire passant par ce point est nulle. Les trajectoires sont des lignes de niveau d'une autre forme d'expression de l'énergie, appelée le hamiltonien $H = 2T - L$, de sorte que $dH = 0$ le long d'une trajectoire : les systèmes de la physique classique sont de nature conservative, rien ne se perd, rien ne se crée. On va retrouver la présence de ce caractère conservatif dans l'exercice suivant.

3.1. Puisque $U = - km/q = - km(x^2 + y^2 + z^2)^{-1/2}$, $F = (\partial U/\partial x, \partial U/\partial y, \partial U/\partial z) = km(x/q^3, y/q^3, z/q^3)$. $\mathrm{div}(F) = \partial^2 U/\partial x^2 + \partial^2 U/\partial y^2 + \partial^2 U/\partial z^2 = (q^3 - 3x^2 q + q^3 - 3y^2 q + q^3 - 3z^2 q)/q^6 = 0$. On sait que $\mathrm{rot}(\mathrm{grad}\,U) = 0 = \mathrm{rot}(F)$. La normale unitaire à la sphère de rayon q est le vecteur $N(x/q, y/q, z/q)$. Par suite, $F.N = km(x^2/q^4 + y^2/q^4 + z^2/q^4) = km/q^2$. Par suite, le flux de F à travers cette sphère vaut $\iint_S (km/q^2)\, q^2 \sin\phi\, d\phi\, d\theta = km\, 4\pi$ (cf. l'exercice 6.4 du chapitre VI). Si D' est un domaine compact de $\mathbf{R}^3$ ne contenant pas l'origine, alors par le théorème d'Ostrogradski, le flux de F à travers son bord est nul puisque égal à l'intégrale de surface de la divergence de F, laquelle est nulle. Si D contient l'origine, alors D est l'union d'une petite boule D" contenant l'origine, et de son complémentaire D' dans D ; le flux sortant à travers le bord de D", $4\pi\, km$, d'après le calcul ci-dessus, est égal au flux entrant dans D', lequel doit être égal au flux sortant de D' pour que le flux total sur D' soit nul. Or le flux sortant de D' est égal au flux sortant de D, soit donc $4\pi\, km$. Soit S un élément de surface dont le bord est constitué par les deux chemins joignant P à P' ; par le théorème de Stokes, le travail de la force le long de ce contour fermé est égal à l'intégrale sur S de $\mathrm{rot}(F)$, lequel est nul. Par suite, le travail pour aller de P à P' selon le premier chemin est égal à l'opposé du travail pour aller de P' à P le long du second chemin.

3.2. Le potentiel associé à D en un point P (X, Y, Z) vaut $\iiint_D -k\rho(x,y,z)dxdydz/q(M,P)$. rot(F) = rot(grad U) = 0. En commençant par supposer que D est une boule dont le bord est une sphère, on obtient, comme en 3.1 par un calcul direct, que le flux de F à travers le bord de Δ est égal à $\iiint_D k\rho(M)dxdydz = 4\pi$ km. Par le théorème d'Ostrogradski, ce flux est aussi égal à $\iiint_D div(F)\,dxdydz$. On en déduit la relation : div(F) = kρ = div(gradU) = $\partial^2U/\partial x^2 + \partial^2U/\partial y^2 + \partial^2U/\partial z^2 = \Delta U$ (laplacien de U).

3.3. La variation instantanée de masse est $\partial/\partial t \iiint_D \rho dxdydz = \iiint_D \partial\rho/\partial t\,dxdydz = -\iiint_D div(\rho u)\,dxdydz$, d'où la relation : $\partial\rho/\partial t + div(\rho u) = 0$.

Conclusion

Mathématiques, mythe et poésie

Faut-il considérer les mathématiques comme des modèles du monde physique, ou comme des métaphores destinées à éveiller en nous l'intelligence du monde qui nous entoure ? Ce n'est pas ce thème de réflexion qui, dans cette conclusion, fera l'objet de commentaires. Le lecteur aura plaisir à en débattre avec lui-même.

Plus inattendu peut-être, le sujet qui sera abordé ici est celui des analogies entre mathématiques et poésie : on s'apercevra avec étonnement qu'elles sont finalement assez nombreuses. Voilà de quoi conforter la thèse de la constance des modes d'activité de l'esprit, quels que soient les domaines dans lesquels celui-ci s'exerce.

Dans leur étude du rapport entre modèles et métaphores, Mary Hesse et Paul Ricœur renvoient, fort à propos, à la *Poétique* d'Aristote. Aristote relie, par l'imitation, la poésie au mythe. C'est donc par l'intermédiaire du mythe que nous allons tenter de mettre en évidence les liens de parenté entre la poésie et les mathématiques.

Quatre traits principaux dessinent le contour de la classe des mythes ; un cinquième sera évoqué plus tard. En premier lieu, leur ancienneté. En second lieu, leur présence et leur similitude dans toutes les sociétés. En troisième lieu, leur objet : la société humaine, dans sa genèse, dans son évolution, dans les comportements des différentes strates qui la constituent. En quatrième lieu, leur caractère idéal et irréel : fables et mythes sont conçus comme des modèles sémantiques et actantiels de nos sociétés, où défauts et vertus sont magnifiés ; les héros sont parfaits dans leur nature, leur pouvoir est sans limite ; mais nul n'a jamais rencontré une Athénée aux yeux clairs, armée d'une baguette capable, au seul toucher, de faire tomber les blonds cheveux d'un divin Ulysse, chargeant ainsi tout son corps d'une vieillesse pesante.

Les mathématiques, de leur côté, n'ont-elles pas des ressemblances avec les mythes, ne partagent-elles pas avec eux les mêmes caractères ?

Ne sont-elles pas également très anciennes, certes, de manière tout à fait rudimentaire dans les sociétés primitives où l'on se contentait de procéder à des dénombrements et de désigner le résultat de ceux-ci ? Il n'en reste pas moins qu'elles sont partie constitutive des activités humaines, ce qui assure à la fois leur long passé d'existence, leur longévité future et leur présence au sein de toutes les sociétés, tout comme les mythes.

Si ces derniers font mouvoir sur la scène des idéalisations des affaires humaines, les mathématiques, de leur côté, constituent également des représentations. Mais les mathématiques se distinguent essentiellement des mythes en ceci : elles sont, fondamentalement, des modèles du monde physique.

Le fait d'être une représentation autorise le comportement idéal et irréel des acteurs, fussent-ils fictifs, simplement présents en puissance et non en acte : la ligne droite indique le chemin parfait à suivre, mais ligne irréelle puisque nul n'a forgé sur son enclume un tel objet sans épaisseur. Le statut du nombre est à l'image de celui de la ligne : personne n'a rencontré de nombre sur son chemin, nombre que nous représentons par le chiffre, comme la ligne par le trait.

De fait, les mathématiques, comme les mythes, nous renvoient à l'imaginaire, à l'« invisible », pour reprendre le terme approprié employé par Krystof Pomian. Marguerite Yourcenar disait de Caillois, auteur par ailleurs d'un beau texte sur la dissymétrie, qu'il préférait « la poésie, qui, dans ses meilleurs moments, dépersonnalise ». La mathématique en fait autant. Entre l'objet à représenter et son image, figure un troisième terme, le révélateur, en l'occurrence l'homme, qui transmute les objets du monde substantiel dans le monde idéel, et inversement. Au contact de ce monde désincarné, l'homme pourrait perdre de sa substance charnelle et affective par un manque de prévenance à l'égard des nécessités du corps et des sens. Mais ce monde idéel est celui des données architecturales essentielles de notre univers.

Si les mathématiques ont aussi vocation à représenter les formes et les schémas de la nature, leur caractère d'universalité va de soi. Ce trait est aussi partagé par la poésie, si toutefois on en croit Aristote, accordant il est vrai aux historiens la conception historiciste et restrictive de leur science : « Aussi la poésie est-elle plus philosophique et d'un caractère plus élevé que l'histoire, car la poésie raconte plutôt le général, l'histoire le particulier. » L'histoire n'a pas seulement pour objet le particulier. Elle est aussi l'étude des grands principes qui président aux transformations des sociétés, où les concepts universels trouvent également leur expression. Mais l'exemplarité des fables qui traversent l'espace et le temps, le caractère universel des mythes aujourd'hui bien établi assurent des fondements solides au jugement d'Aristote.

Voici maintenant une cinquième qualité commune aux mathématiques et aux mythes : celles-là, comme les mythes, tentent de nous persuader ; les mathématiques surtout par leur puissance causale et rationnelle qui dompte l'esprit, les mythes principalement par la force de leur imprégnation affective.

Le langage mathématique est dépouillé de toute connotation affective voulue, il entend être celui de la rigueur causale. Le style du mathématicien est en général lumineux. Du discours mathématique émanent souvent harmonie et beauté : les ouvrages de Bourbaki procurent toujours au lecteur une sensation de joie intime et suscitent l'admiration. C'est dire aussi que les mathématiques exercent leur pouvoir pénétrant par la mise en mouvement subtile d'affects profonds.

Dans l'épopée, la tragédie, l'emploi du langage poétique permet de déployer la symbolique du mythe. Ce langage est en quelque sorte le symétrique du langage mathématique. Il fait appel à la métaphore qui est du domaine de l'invisible, et non point à la cause qui reste du domaine du tangible. Il possède lui aussi sa rigueur ; elle n'a pas son origine dans l'enchaînement parfait des causes, mais se manifeste par la soumission du rythme et de la musique syllabique à des règles métriques parfois extrêmement rigides. La devise de Léonard que cite en note Valéry, « *Hostinato rigore* », « Rigueur obstinée », s'applique à tous les arts.

Souvent la pureté cristalline du langage et de l'image poétique rejoint celle, architecturale, du langage mathématique. On comprend que bien des poètes, tel Roger Caillois, aient été fascinés par les mathématiques, et que bien des mathématiciens, tels Omar Kayhâm et Arnaud Denjoy, furent aussi des poètes : « Dans cette eau morte et sans fond de l'âme passive, à différents niveaux de profondeur et d'incertaine clarté, ne cessent de glisser, en traînes nébuleuses, des chaînes de songes en virtualité, infatigablement émanées de la vie machinale de notre âme. »

Max Planck opposait « le désordonné, l'ordinaire, le vulgaire », à « l'ordonné, l'excellent, le supérieur ». Cette lutte manichéenne, si souvent évoquée par Ernst Jünger, entre le vulgaire et le supérieur, entre le Bien et le Mal, entre l'obscur et la clarté, est celle de tous les êtres. Elle ne s'achève que lorsque la ténacité a enfin brisé le cercle de la souffrance. Le vulgaire et le supérieur seront sans doute de tout temps, et, entre ces deux caps, l'océan du commun fluera et refluera avec mesure. Pourtant, selon ma conviction, le supérieur aura toujours tendance à l'emporter sur le vulgaire, car il existe, dans le monde, alimentée par le renouvellement du feu, une légère dissymétrie. La matière dompte l'antimatière, et l'esprit, petit à petit, dompte les forces substantielles. La perception de cette légère dissymétrie entre le monde substantiel et le monde idéel est source d'optimisme. Par ses capacités organisatrices, le monde idéel possède peut-être un pouvoir supérieur à celui du monde substantiel, par ailleurs plus immédiatement accessible à nos sens.

Monde substantiel et monde idéel sont deux univers qui se déploient sans doute simultanément. Affirmer la prééminence du second sur le premier tient encore du pari. Mais ce pari, souvent inconsciemment, l'humanité n'a jamais cessé de le tenir : « Nous sommes embarqués », disait Pascal. Puissent les vents nous être favorables !

Bibliographie

Aristote, *Poétique*, Paris, Les Belles Lettres, 1975.

C.P. Bruter, *Sur la nature des mathématiques*, Paris, Gauthier-Villars, 1973.

C.P. Bruter, *Topologie et perception,* tome 1 (2e édition), Paris, Maloine, 1985.

C.P. Bruter, *Les Architectures du feu, Considérations sur les modèles*, Paris, Flammarion, 1982.

C.P. Bruter, *Le Parc mathématique : Éléments pour l'étude de faisabilité architecturale et muséographique,* Gometz-le-Chatel, Arpam, 1994.

R. Caillois, *Cohérences aventureuses*, Paris, Gallimard, 1976.

É. Cartan, *Les Espaces métriques fondés sur la notion d'aire*, Paris, Hermann, 1933.

A. Denjoy, *Hommes, formes, et le nombre*, Paris, A. Blanchard, 1964.

A. Fomenko, *Visual Geometry and Topology*, Heidelberg, Springer-Verlag, 1994.

M.B. Hesse, *Models and Analogies*, Notre Dame University Press, 1966.

A. Jaffé et F. Quinn, « Theoretical mathematics : Toward a cultural synthesis of mathematics and theoretical physics », *Bulletin of the Mathematical American Society*, XXIX (1993), p. 1-13.

F. Lurçat, *Niels Bohr*, Paris, Criterion, 1990.

M. Planck, *Initiations à la physique*, Paris, Flammarion, 1941.

H. Poincaré, *La Science et l'hypothèse,* Paris, Flammarion, 1968.

H. Poincaré, *Dernières Pensées*, Paris, Flammarion, 1913.

H. Poincaré, « La logique et l'intuition dans la science mathématique et dans l'enseignement », *L'Enseignement mathématique*, I (1889), p. 157-162.

H. Poincaré, « Les fondements de la géométrie », *Bulletin des Sciences mathématiques*, XXVI (1902), p. 249-272.

H. Poincaré, « Les hypothèses fondamentales de la géométrie », *Bulletin de la Société mathématique de France*, XV (1887), p. 203-216.

K. Pomian, « Théorie générale de la collection », *Libre*, III, Paris, Payot (1978) p. 3-56.

P. Ricœur, *La Métaphore vive*, Paris, Seuil, 1975.

R. Schwartz, « The pentagram map », *Journal of Experimental Mathematics*, I (1992), p. 71-81.

W.P. Thurston, « On proof and progress in mathematics », *Bulletin of the American Mathematical Society*, XXX (1994), p. 161-177.

P. Valéry, « Introduction à la méthode de Léonard de Vinci », *in Œuvres*, Paris, Gallimard, 1957.

M. Yourcenar, « Discours de réception à l'Académie française », *Le Monde*, 23 janvier 1981, p. 17-20.

Index

Table des matières

FAIRE DES MATHEMATIQUES

Imprimé par Lightning Source France
1 avenue Gutenberg
78310 Maurepas

N° d'édition : 7381-0435-Y